15 일에 완성하는 영역별 강화

바쁜 중학생을 위한 빠른 일차방정식

$x+3 = 2x$

이지스에듀

지은이 | 징검다리 교육연구소, 임영선

징검다리 교육연구소는 바쁜 친구들을 위한 빠른 학습법을 연구하는 이지스에듀의 공부 연구소입니다. 아이들이 기계적으로 공부하지 않도록, 두뇌가 활성화되는 과학적 학습 설계가 적용된 책을 만듭니다.

임영선 선생님은 교학사와 천재교육에서 중고등 수학 교과서와 참고서를 기획, 개발했고 디딤돌, 개념원리, 비상교육 등에서 중고등 수학 참고서를 집필, 검토한 수학 전문가이다. 2011학년도부터 수능 연계 교재인 'EBS 수능특강', 'EBS 수능완성'과 수능 비연계 교재 등의 책임 편집자로 활동하고 있다. 수학 교재를 개발한 노하우와 조카에게 직접 중학수학을 가르치며 느꼈던 지도 노하우를 녹여 《바쁜 중학생을 위한 빠른 일차방정식》과 《바쁜 중학생을 위한 빠른 일차함수》를 집필하였다.

바빠 중학수학 특강 — 15일에 완성하는 영역별 강화 프로그램

바쁜 중학생을 위한 빠른 일차방정식

초판 1쇄 발행 2023년 10월 30일
초판 4쇄 발행 2025년 1월 15일
지은이 징검다리 교육연구소, 임영선
발행인 이지연
펴낸곳 이지스퍼블리싱(주)
출판사 등록번호 제313-2010-123호
주소 서울시 마포구 잔다리로 109 이지스빌딩 5층(우편번호 04003)
대표전화 02-325-1722　**팩스** 02-326-1723
이지스퍼블리싱 홈페이지 www.easyspub.com　**이지스에듀 카페** www.easysedu.co.kr
바빠 아지트 블로그 blog.naver.com/easyspub　**인스타그램** @easys_edu
페이스북 www.facebook.com/easyspub2014　**이메일** service@easyspub.co.kr

본부장 조은미 **기획 및 책임 편집** 박지연 | 김현주, 정지연, 이지혜 **교정 교열** 신화정, 정혜선
표지 및 내지 디자인 손한나 **그림** 김학수 **전산편집** 이츠북스 **인쇄** 보광문화사 **독자지원** 박애림, 김수경
영업 및 문의 이주동, 김요한(support@easyspub.co.kr) **마케팅** 라혜주

ISBN 979-11-6303-505-3 53410
가격 **16,800원**

• **이지스에듀**는 이지스퍼블리싱(주)의 교육 브랜드입니다.
(이지스에듀는 학생들을 탈락시키지 않고 모두 목적지까지 데려가는 책을 만듭니다!)

“평펑 쏟아져야 눈이 쌓이듯, 공부도 집중해야 실력이 쌓인다.”

바쁜 중학생을 위한 최고의 수학 특강 교재!

명강사들이 적극 추천하는 **'바쁜 중학생을 위한 빠른 일차방정식'**

중등 입문 과정에서 가장 중요한 '일차방정식' 단원을 개념 이해와 적용 훈련을 통해 쉽게 익히도록 구성되어 있습니다. 이 책을 통해 중학수학에 대한 두려움을 떨치고 수학 실력이 한층 더 향상되리라 생각되어 강력 추천합니다.

박지현 원장 | 대치동 현수학학원

중학수학에서 반드시 복습해야 하는 첫 번째 단원이 '일차방정식'입니다. 일차방정식은 연립방정식, 이차방정식으로 이어지는 기초 개념이기 때문에 잘 익혀 두는 것이 중요합니다. 중학수학 심화 문제집을 풀기 전 이 책을 꼭 풀 것을 추천합니다.

김승태 저자 | 수학자가 들려주는 수학 이야기

중학수학 학기별 연산 책은 많은데, 취약한 영역만 집중하여 연습할 수 있는 책이 없어서 아쉬웠어요. 학원에서도 '일차방정식'만 단기간에 완성할 수 있는 특강 교재가 필요했는데 이 책이 안성맞춤이네요.

정경이 원장 | 꿈이있는뜰 문래학원

'일차방정식'을 공부한다는 것은 중학수학의 초석을 다지는 일과 같습니다. 어렵고 힘들다고 포기하지 말고 '바빠 중학 일차방정식'으로 일차방정식의 개념부터 활용 문제까지 한 권으로 총정리하기를 바랍니다.

김민경 원장 | 동탄 더원수학

방정식의 기초 개념과 연산 훈련뿐 아니라 학생들이 가장 어려워하는 '일차방정식의 활용'을 비중 있게 다룬 점이 눈에 띕니다. 이 책으로 공부하면 중학수학에 대한 자신감이 생길 뿐 아니라 문제해결력을 기르는 데에도 도움을 줄 것이라고 확신합니다.

신화정 선생 | 삼성동 다른수학 학원

'바빠 중학 일차방정식'은 중등 선행을 준비하는 초등학생부터 현행 학습 중인 중1, 기초가 부족해 복습이 필요한 중2, 중3 학생들이 모두 원하던 교재입니다. '일차방정식'이 부족하다고 생각된다면 유형별로 잘 정리되어 있으니 꼭 풀어 보세요. 절대 강추합니다.

서은아 선생 | 광진 공부방

중학수학의 첫 걸림돌

'일차방정식'만 모아 풀자!

일차방정식만 한 권으로 집중해서 끝낸다!

중학 수포자가 시작되는 지점, '일차방정식'을 제대로 잡자!

초등학교 때 수학을 잘했던 친구들도 수학이 어렵다고 느끼게 되는 첫 단원이 중학교 1학년 1학기 때 배우는 '일차방정식'입니다. 많은 낯선 용어들과 미지수를 나타내는 문자에 당황하고 특히 '일차방정식의 활용' 문제에서 주눅이 들곤 합니다.

수학은 계통성이 강한 과목으로, 중1부터 중3까지 많은 단원이 연계되어 있습니다. 중1 때 '일차방정식'을 확실하게 잡지 못한다면 중2 때 배우는 '연립방정식'은 물론 중3 때 배우는 '이차방정식'도 해내지 못하게 됩니다. 나아가 방정식은 함수의 기초이자 고등수학의 초석이기도 하기 때문에 방정식을 포기한다는 건 수학을 포기한다는 것과 같습니다. 따라서 수포자가 되지 않으려면 '일차방정식'을 확실하게 잡고 넘어가는 것이 중요합니다.

'일차방정식'만 모아 한 권에 끝낸다!

중학수학 전문학원에서는 기본적으로 중1 1학기 교재의 '일차방정식' 단원을 뽑아 여러 번 풀리고, '일차방정식의 활용' 특강을 하는 곳도 많습니다. 그 이유는 중1 수학의 '일차방정식' 단원에서 오답이 가장 많이 나오기 때문입니다.

이 책, '바빠 중학 일차방정식'은 방정식이 약한 중학생을 위한 맞춤용 교재입니다. 방정식의 기초부터 차근차근 이해할 수 있도록 개념을 설명하여 혼자서도 충분히 학습할 수 있습니다. 개념을 이해하고 유형별로 충분한 개념 적용 훈련을 한 다음 활용 문제까지 해결하니, 이 책을 마치고 나면 일차방정식에 자신감이 생길 것입니다.

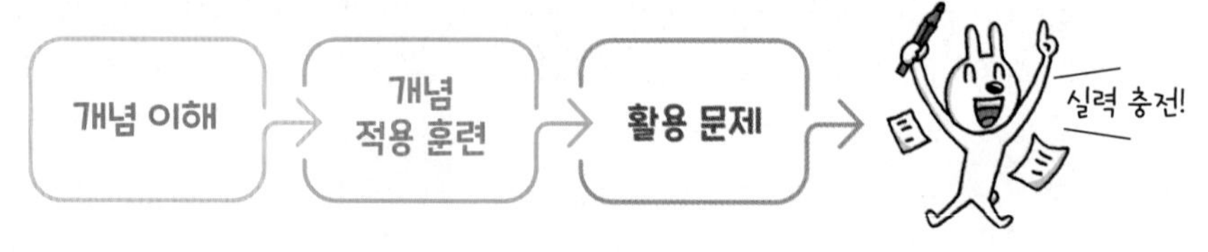

'일차방정식의 활용'도 두렵지 않게 된다!

일차방정식의 계산을 잘하는 친구들 중에서도 많은 친구들이 일차방정식의 활용 문제를 어려워합니다. '일차방정식의 활용' 유형은 문제를 잘 파악하고 식을 정확하게 세우는 능력을 키우는 것이 중요합니다. 이 책에서는 긴 문장을 알맞게 끊어 읽는 방법을 연습합니다. 또한 표와 그림을 활용하여 식을 세우기 전 문장 속 상황을 이해하도록 도와줍니다. 방정식을 세우는 원리만 제대로 알면 어떤 유형이 나와도 문제를 해결할 수 있습니다.

또한 방정식의 해만 구하고 끝내는 것이 아닌 그 계산 결과가 맞는지 확인하는 연습을 합니다. 구한 해를 문장에 넣어 다시 읽어 보면 더 이상 활용 유형이 두렵지 않게 될 것입니다.

혼자 봐도 이해된다! 선생님이 옆에 있는 것 같다.

이 책은 각 단계의 개념마다 친절한 설명과 함께 '바빠 꿀팁'부터 실수를 줄여 주는 '앗! 실수'까지 담았습니다. 그리고 각 개념에 나오는 핵심 용어를 정확하게 알고 그 위에 새로운 개념을 쌓을 수 있습니다. 또한 책 곳곳에 힌트를 제시해 혼자 푸는데도 선생님이 얼굴을 맞대고 알려주시는 것 같은 효과를 얻을 수 있습니다.

펑펑 쏟아져야 눈이 쌓이듯, 공부도 집중해야 실력이 쌓인다!

'바빠 중학 일차방정식'은 같은 시간을 들여도 더 효과적으로 실력을 쌓는 학습법을 제시합니다.

간단한 연습만으로 충분한 단계는 빠르게 확인하고 넘어가고, 더 많은 학습량이 필요한 단계는 충분한 훈련이 가능하도록 확대하여 구성했습니다. 또한 하루에 1~2단계씩 15~25일 안에 풀 수 있도록 구성하여 단기간 집중적으로 학습할 수 있습니다. 집중해서 공부하면 전체 맥락을 쉽게 이해할 수 있어서 한 권을 모두 푸는 데 걸리는 시간도 줄어들고, 펑펑 쏟아져야 눈이 쌓이듯, 실력도 차곡차곡 쌓일 것입니다.

'바빠 중학 일차방정식'으로 일차방정식의 개념부터 활용 문제까지 완성하고 넘어가 보세요!

1단계 | 공부의 시작은 계획부터! — 나만의 맞춤형 공부 계획을 먼저 세워요!

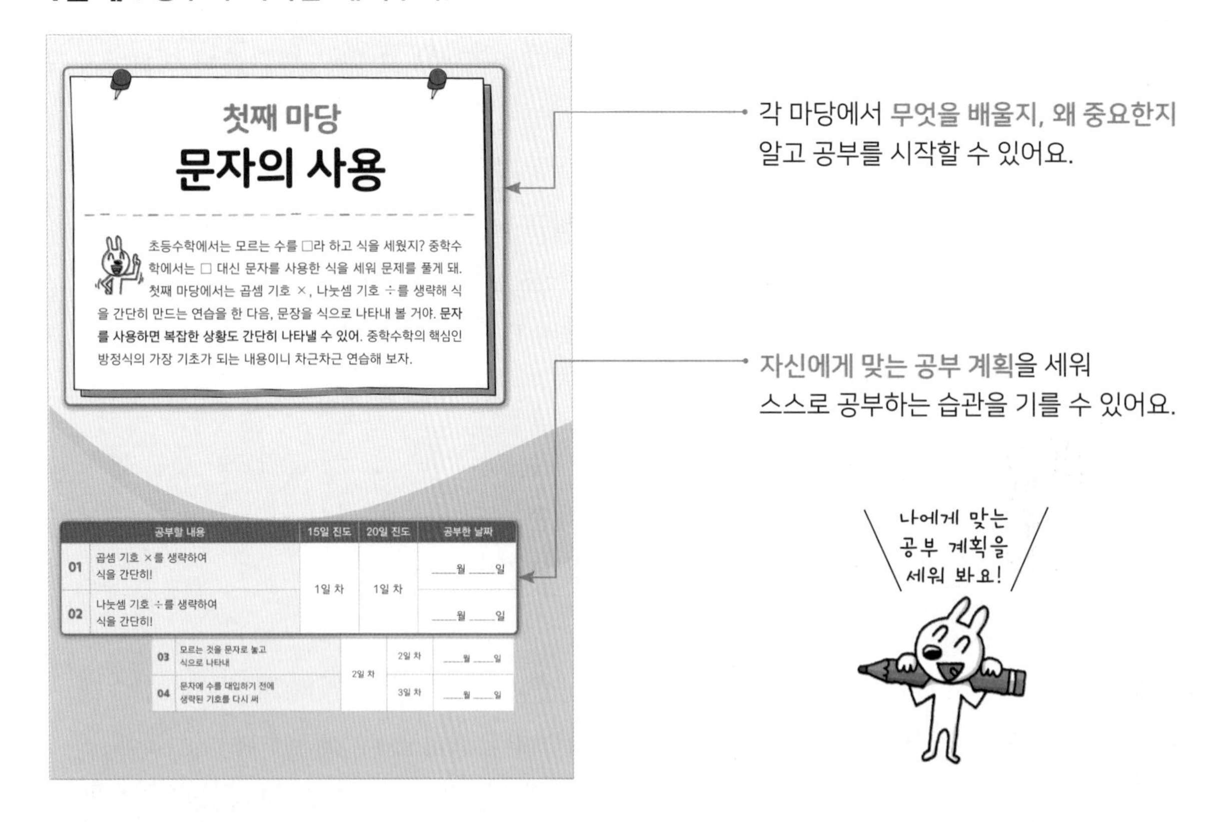

첫째 마당

문자의 사용

초등수학에서는 모르는 수를 □라 하고 식을 세웠지? 중학수학에서는 □ 대신 문자를 사용한 식을 세워 문제를 풀게 돼. 첫째 마당에서는 곱셈 기호 ×, 나눗셈 기호 ÷를 생략해 식을 간단히 만드는 연습을 한 다음, 문장을 식으로 나타내 볼 거야. **문자를 사용하면 복잡한 상황도 간단히 나타낼 수 있어.** 중학수학의 핵심인 방정식의 가장 기초가 되는 내용이니 차근차근 연습해 보자.

	공부할 내용	15일 진도	20일 진도	공부한 날짜
01	곱셈 기호 ×를 생략하여 식을 간단히!	1일 차	1일 차	___월 ___일
02	나눗셈 기호 ÷를 생략하여 식을 간단히!			___월 ___일
03	모르는 것을 문자로 놓고 식으로 나타내	2일 차	2일 차	___월 ___일
04	문자에 수를 대입하기 전에 생략된 기호를 다시 써		3일 차	___월 ___일

2단계 | 개념을 먼저 이해하자! — 각각의 주제마다 친절한 핵심 개념 설명이 있어요!

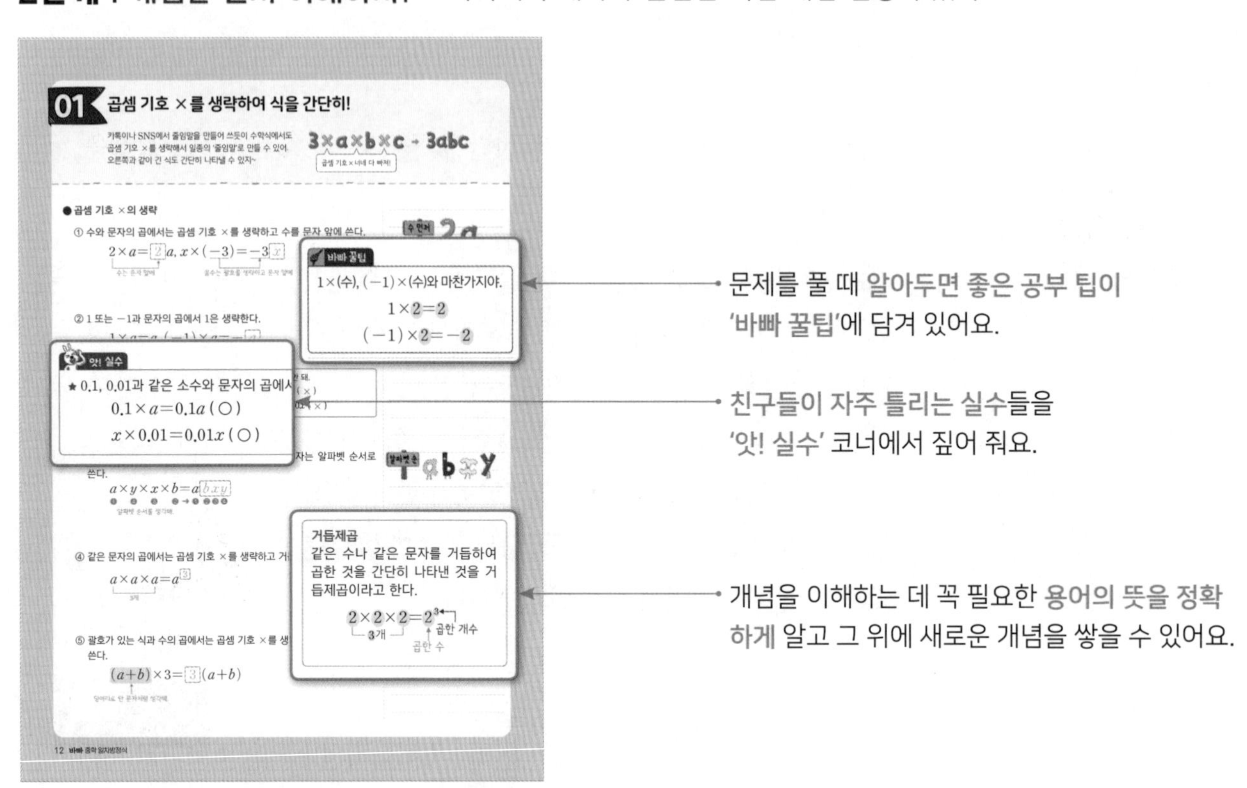

01 곱셈 기호 ×를 생략하여 식을 간단히!

3×a×b×c → 3abc

● 곱셈 기호 ×의 생략

① 수와 문자의 곱에서는 곱셈 기호 ×를 생략하고 수를 문자 앞에 쓴다.

$2\times a=2a$, $x\times(-3)=-3x$

② 1 또는 −1과 문자의 곱에서 1은 생략한다.

바빠 꿀팁

$1\times$(수), $(-1)\times$(수)와 마찬가지야.

$1\times2=2$

$(-1)\times2=-2$

앗! 실수

★ 0.1, 0.01과 같은 소수와 문자의 곱에서

$0.1\times a=0.1a$ (○)

$x\times0.01=0.01x$ (○)

$a\times y\times x\times b=abxy$

④ 같은 문자의 곱에서는 곱셈 기호 ×를 생략하고 거

$a\times a\times a=a^3$

⑤ 괄호가 있는 식과 수의 곱에서는 곱셈 기호 ×를 생 쓴다.

$(a+b)\times3=3(a+b)$

거듭제곱

같은 수나 같은 문자를 거듭하여 곱한 것을 간단히 나타낸 것을 거듭제곱이라고 한다.

$2\times2\times2=2^3$ (3개, 곱한 개수, 곱한 수)

12 바빠 중학 일차방정식

3단계 | 체계적인 훈련! — 쉬운 문제부터 유형별로 풀다 보면 개념이 잡혀요!

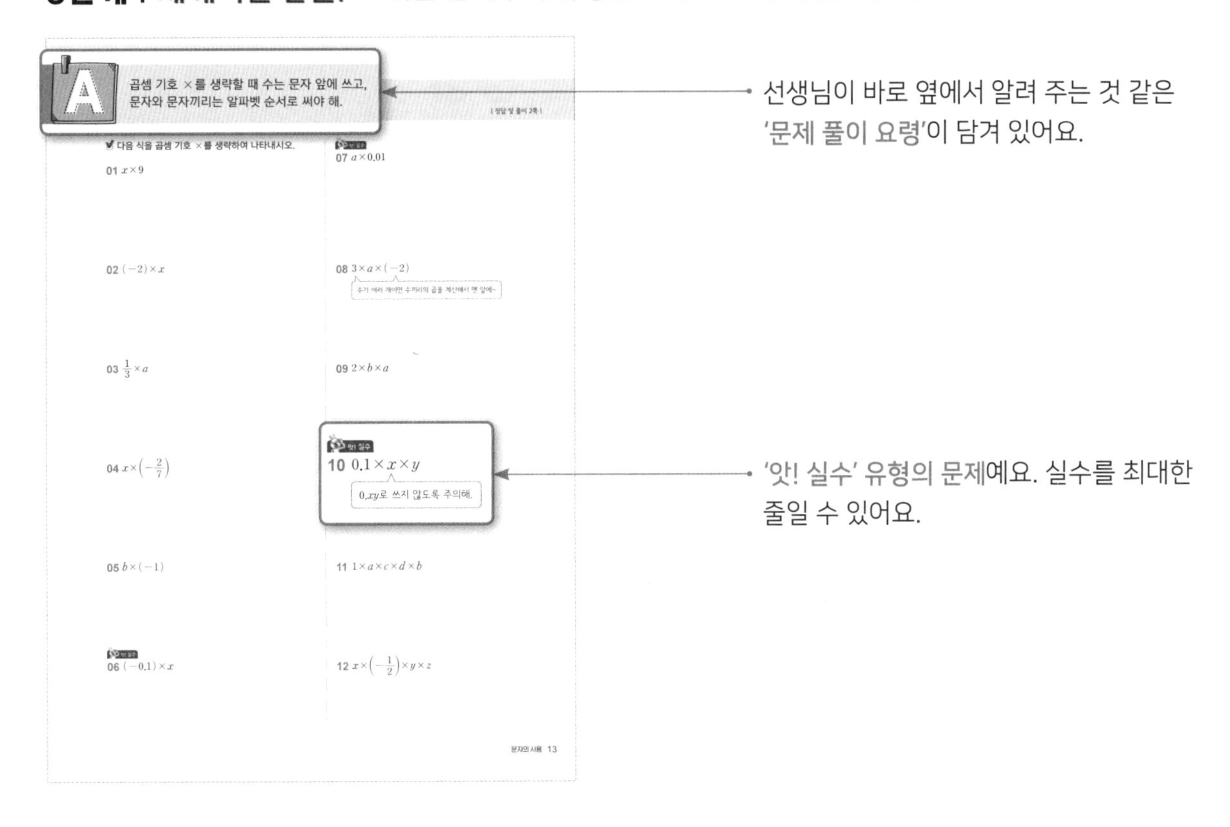

A 곱셈 기호 ×를 생략할 때 수는 문자 앞에 쓰고, 문자와 문자끼리는 알파벳 순서로 써야 해.

✔ 다음 식을 곱셈 기호 ×를 생략하여 나타내시오.

01 $x\times 9$

02 $(-2)\times x$

03 $\frac{1}{3}\times a$

04 $x\times\left(-\frac{2}{7}\right)$

05 $b\times(-1)$

06 $(-0.1)\times x$

07 $a\times 0.01$

08 $3\times a\times(-2)$

09 $2\times b\times a$

앗! 실수

10 $0.1\times x\times y$

$0.xy$로 쓰지 않도록 주의해.

11 $1\times a\times c\times d\times b$

12 $x\times\left(-\frac{1}{2}\right)\times y\times z$

문자의 사용 13

선생님이 바로 옆에서 알려 주는 것 같은 '문제 풀이 요령'이 담겨 있어요.

'앗! 실수' 유형의 문제예요. 실수를 최대한 줄일 수 있어요.

4단계 | 시험에는 이렇게 나온다! — 여기 있는 문제만 다 풀어도 학교 시험 문제없어요!

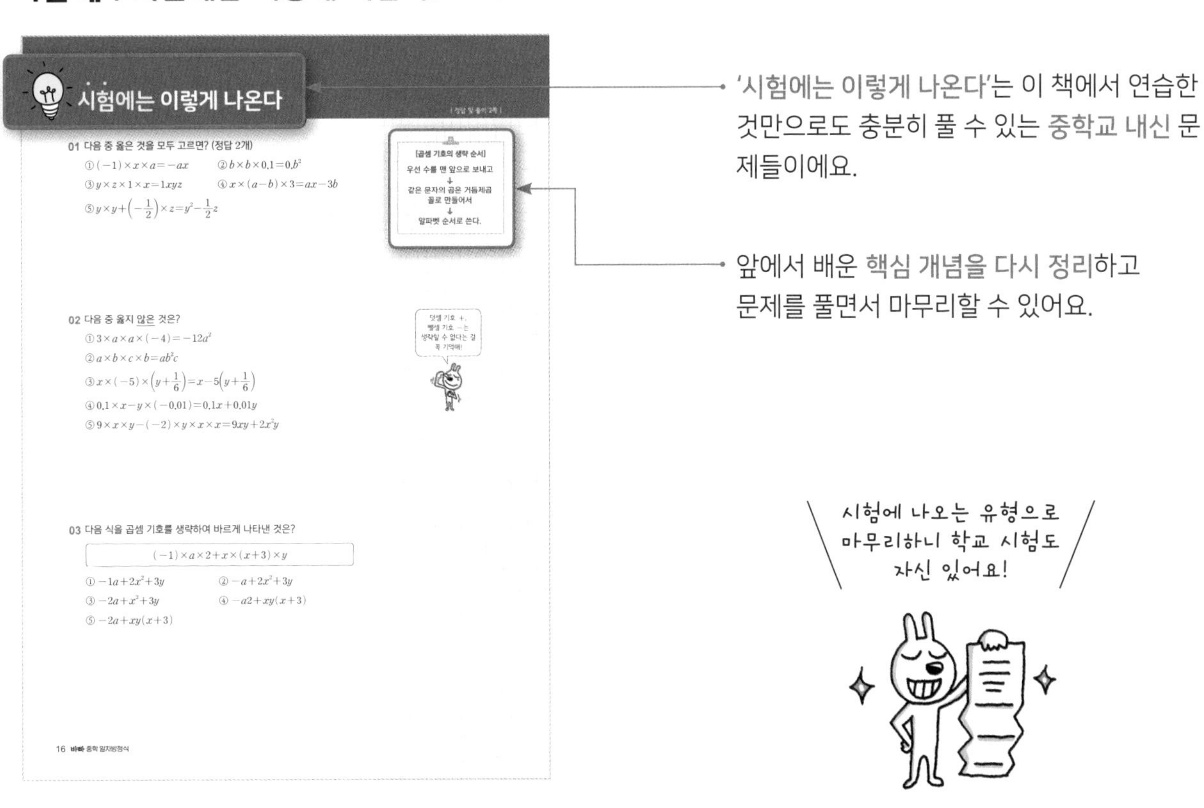

시험에는 이렇게 나온다

01 다음 중 옳은 것을 모두 고르면? (정답 2개)

① $(-1)\times x\times a=-ax$ ② $b\times b\times 0.1=0.b^2$

③ $y\times z\times 1\times x=1xyz$ ④ $x\times(a-b)\times 3=ax-3b$

⑤ $y\times y+\left(-\frac{1}{2}\right)\times z=y^2-\frac{1}{2}z$

[곱셈 기호의 생략 순서]
우선 수를 맨 앞으로 보내고
↓
같은 문자의 곱은 거듭제곱 꼴로 만들어서
↓
알파벳 순서로 쓴다.

02 다음 중 옳지 않은 것은?

① $3\times a\times a\times(-4)=-12a^2$

② $a\times b\times c\times b=ab^2c$

③ $x\times(-5)\times\left(y+\frac{1}{6}\right)=x-5\left(y+\frac{1}{6}\right)$

④ $0.1\times x-y\times(-0.01)=0.1x+0.01y$

⑤ $9\times x\times y-(-2)\times y\times x\times x=9xy+2x^2y$

03 다음 식을 곱셈 기호를 생략하여 바르게 나타낸 것은?

$(-1)\times a\times 2+x\times(x+3)\times y$

① $-1a+2x^2+3y$ ② $-a+2x^2+3y$

③ $-2a+x^2+3y$ ④ $-a2+xy(x+3)$

⑤ $-2a+xy(x+3)$

16 바빠 중학 일차방정식

'시험에는 이렇게 나온다'는 이 책에서 연습한 것만으로도 충분히 풀 수 있는 중학교 내신 문제들이에요.

앞에서 배운 핵심 개념을 다시 정리하고 문제를 풀면서 마무리할 수 있어요.

《바빠 중학수학》 시리즈를 효과적으로 보는 방법

<바빠 중학수학> 시리즈는 **기초 완성용**, **취약한 영역 보충용**, **총정리용**으로 구성되어 있습니다.

1. 중학수학을 처음 공부한다면? - '바빠 중학연산', '바빠 중학도형'

중학수학의 기초를 탄탄하게 다질 수 있는 가장 쉬운 중학수학 문제집입니다. 각 학년별로 1학기 과정이 '바빠 중학연산' 두 권, 2학기 과정이 '바빠 중학도형' 한 권으로 구성되어 있습니다.
[중학연산 1권 → 중학연산 2권 → 중학도형] 순서로 공부해, 중학수학의 기초를 완성하세요!

2. 취약한 영역만 빠르게 보강하려면? - '바빠 일차방정식', '바빠 일차함수'

일차방정식이 힘들다면 '바빠 중학 일차방정식'을, 일차함수에서 막힌다면 '바빠 중학 일차함수'를 선택하여 집중 훈련하세요. 기초 개념부터 활용 문제까지 모두 잡을 수 있는 책이므로 자신이 취약한 영역을 선택하여 학습 결손을 빠르게 보충하세요.

3. 중학수학을 총정리하고 싶다면? - '바빠 중학수학 총정리', '바빠 중학도형 총정리'

고등수학에서 필요한 중학수학 내용만 추려내어 정리한 책입니다. 중학수학의 핵심 개념을 초단기로 복습할 수 있는 책이므로 바쁜 예비 고1이라면 고등수학을 선행하기 전에 이 책으로 총정리하고 넘어가세요!
중학 3개년 도형 영역을 총정리하는 '바빠 고등수학으로 연결되는 중학도형 총정리'도 있습니다.

★학원이나 공부방 선생님이라면?
'바빠 중학수학' 시리즈는 초단기 예습과 초단기 복습이 가능한 책입니다.
과제용이나 **방학용 특강 교재**로 활용하세요!

바쁜 중학생을 위한 빠른 일차방정식

첫째 마당
문자의 사용

둘째 마당
일차식과 그 계산

셋째 마당
일차방정식의 풀이

넷째 마당
일차방정식의 활용

《바빠 중학 일차방정식》 나에게 맞는 방법 찾기

나는 어떤 학생인가?	권장 진도
✔ 예비 중학생이다. ✔ 문자의 식과 일차방정식의 개념 이해가 안 된다. ✔ 일차방정식에서 계산 실수가 자주 나온다.	25일 진도 권장
✔ 일차방정식의 계산은 자신 있지만 일차방정식의 활용에서 막힌다. ✔ 중2 수학 부등식과 연립방정식으로 넘어가는 데 어려움이 있다.	20일 진도 권장
✔ 중학수학에 자신이 있지만, 일차방정식을 완벽하게 마스터하고 싶다.	15일 진도 권장

권장 진도표 ▸ 15일, 20일, 25일 진도 중 나에게 맞는 진도로 공부하세요!

✓	1일 차	2일 차	3일 차	4일 차	5일 차	6일 차	7일 차
15일 진도	01~02	03~04	05~06	07~08	09	10~11	12~13
20일 진도	01~02	03	04	05~06	07	08	09

✓	8일 차	9일 차	10일 차	11일 차	12일 차	13일 차	14일 차
15일 진도	14~15	16~17	18~19	20~21	22	23	24
20일 진도	10~11	12~13	14	15	16	17	18~19

✓	15일 차	16일 차	17일 차	18일 차	19일 차	20일 차
15일 진도	25 끝					
20일 진도	20	21	22	23	24	25 끝

*25일 진도는 하루에 1과씩 공부하면 됩니다.

첫째 마당

문자의 사용

초등수학에서는 모르는 수를 □라 하고 식을 세웠지? 중학수학에서는 □ 대신 문자를 사용한 식을 세워 문제를 풀게 돼. 첫째 마당에서는 곱셈 기호 ×, 나눗셈 기호 ÷를 생략해 식을 간단히 만드는 연습을 한 다음, 문장을 식으로 나타내 볼 거야. **문자를 사용하면 복잡한 상황도 간단히 나타낼 수 있어.** 중학수학의 핵심인 방정식의 가장 기초가 되는 내용이니 차근차근 연습해 보자.

	공부할 내용	15일 진도	20일 진도	공부한 날짜
01	곱셈 기호 ×를 생략하여 식을 간단히!	1일 차	1일 차	____월 ____일
02	나눗셈 기호 ÷를 생략하여 식을 간단히!			____월 ____일
03	모르는 것을 문자로 놓고 식으로 나타내	2일 차	2일 차	____월 ____일
04	문자에 수를 대입하기 전에 생략된 기호를 다시 써		3일 차	____월 ____일

01 곱셈 기호 ×를 생략하여 식을 간단히!

카톡이나 SNS에서 줄임말을 만들어 쓰듯이 수학식에서도 곱셈 기호 ×를 생략해서 일종의 '줄임말'로 만들 수 있어. 오른쪽과 같이 긴 식도 간단히 나타낼 수 있지~

곱셈 기호 × 너네 다 빠져!

● 곱셈 기호 ×의 생략

① 수와 문자의 곱에서는 곱셈 기호 ×를 생략하고 수를 문자 앞에 쓴다.

$2\times a=\boxed{2}a$, $x\times(-3)=-3\boxed{x}$

수는 문자 앞에 / 음수는 괄호를 생략하고 문자 앞에

② 1 또는 −1과 문자의 곱에서 1은 생략한다.

$1\times a=a$, $(-1)\times a=-\boxed{a}$

바빠 꿀팁

1×(수), (−1)×(수)와 마찬가지야.

$1\times 2=2$

$(-1)\times 2=-2$

앗! 실수

★ 0.1, 0.01과 같은 소수와 문자의 곱에서 소수의 1은 생략하면 안 돼.

$0.1\times a=0.1a$ (○) $0.1\times a=0.a$ (×)

$x\times 0.01=0.01x$ (○) $x\times 0.01=0.0x$ (×)

③ 문자끼리의 곱에서는 곱셈 기호 ×를 생략하고 문자는 알파벳 순서로 쓴다.

$a\times y\times x\times b=a\boxed{bxy}$

❶ ❹ ❸ ❷ → ❶ ❷❸❹

알파벳 순서를 생각해.

④ 같은 문자의 곱에서는 곱셈 기호 ×를 생략하고 거듭제곱 꼴로 나타낸다.

$a\times a\times a=a^{\boxed{3}}$

3개

거듭제곱

같은 수나 같은 문자를 거듭하여 곱한 것을 간단히 나타낸 것을 거듭제곱이라고 한다.

$2\times 2\times 2=2^3$

3개 / 곱한 개수 / 곱한 수

⑤ 괄호가 있는 식과 수의 곱에서는 곱셈 기호 ×를 생략하고 수를 괄호 앞에 쓴다.

$(a+b)\times 3=\boxed{3}(a+b)$

덩어리로 한 문자처럼 생각해.

곱셈 기호 ×를 생략할 때 수는 문자 앞에 쓰고,
문자와 문자끼리는 알파벳 순서로 써야 해.

| 정답 및 풀이 2쪽 |

✔ 다음 식을 곱셈 기호 ×를 생략하여 나타내시오.

01 $x \times 9$

02 $(-2) \times x$

03 $\frac{1}{3} \times a$

04 $x \times \left(-\frac{2}{7}\right)$

05 $b \times (-1)$

앗! 실수

06 $(-0.1) \times x$

앗! 실수

07 $a \times 0.01$

08 $3 \times a \times (-2)$

수가 여러 개이면 수끼리의 곱을 계산해서 맨 앞에~

09 $2 \times b \times a$

앗! 실수

10 $0.1 \times x \times y$

$0.xy$로 쓰지 않도록 주의해.

11 $1 \times a \times c \times d \times b$

12 $x \times \left(-\frac{1}{2}\right) \times y \times z$

B

곱셈 기호 ×를 생략할 때 수와 여러 개의 문자가 섞여 있으면
수는 맨 앞에, 같은 문자의 곱은 거듭제곱 꼴로 써.

| 정답 및 풀이 2쪽 |

✔ 다음 식을 곱셈 기호 ×를 생략하여 나타내시오.

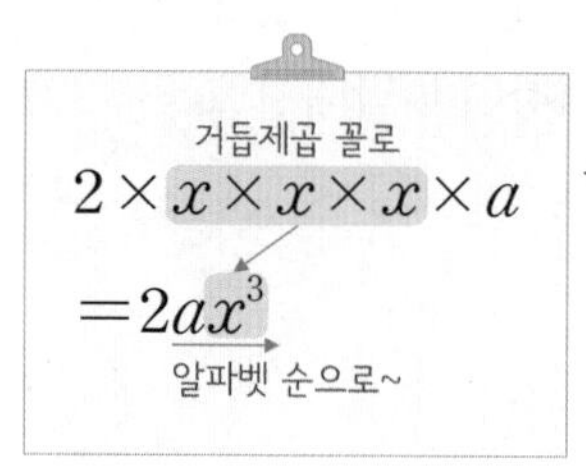

곱셈의 교환법칙과 결합법칙이 성립하니까 이렇게 할 수 있는 거야.

01 $x\times x\times x\times x$

02 $x\times y\times x\times x$

03 $a\times a\times b\times b$

04 $a\times c\times c\times c\times b\times b$

05 $a\times\frac{1}{6}\times a\times a$

06 $x\times(-1)\times x\times y$

앗! 실수

07 $b\times b\times a\times(-0.1)\times c$

08 $q\times 6\times p\times p\times r\times r$

09 $(-9)\times(a-3)$

10 $(2x+y)\times\frac{1}{5}$

11 $a\times(-4)\times(x+y)\times a$

곱셈 기호 ×는 생략할 수 있지만 덧셈 기호 +, 뺄셈 기호 −는 생략할 수 없어.

| 정답 및 풀이 2쪽 |

✔ 다음 식을 곱셈 기호 ×를 생략하여 나타내시오.

$a\times5+b\times2$
$=5a+2b$

+는 생략할 수 없어.

곱으로 이루어진 부분만 덩어리로 보고 ×를 생략해.

01 $6\times x+3\times y$

02 $7\times x-b\times1$

03 $x\times x+z\times y$

04 $a\times b-2\times a$

05 $\frac{1}{2}\times x+y\times\frac{2}{3}$

06 $a\times b\times a-p\times q$

07 $x\times9+z\times(-5)$

수의 연산에서 배웠던 음수의 덧셈, 뺄셈이 문자에서도 똑같이 적용돼.
+(−)→− −(−)→+

08 $a\times1-c\times(-2)$

09 $x\times(-1)-y\times3\times y$

10 $\left(-\frac{1}{3}\right)\times a\times x-b\times y\times\frac{1}{4}$

11 $(-5)\times(a+b)+0.2\times x\times x$

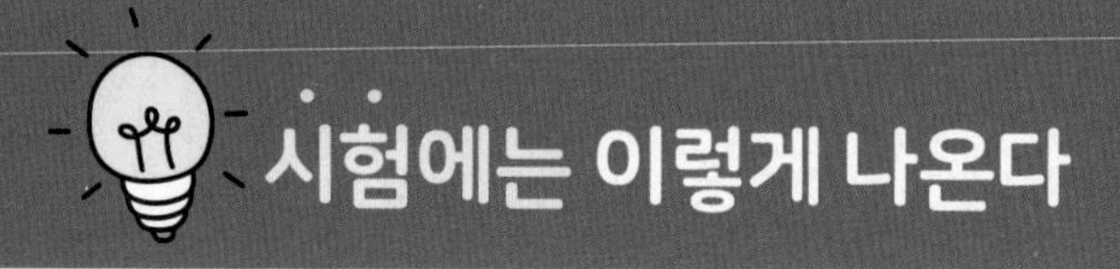

| 정답 및 풀이 2쪽 |

01 다음 중 옳은 것을 모두 고르면? (정답 2개)

① $(-1)\times x\times a=-ax$　② $b\times b\times 0.1=0.b^2$

③ $y\times z\times 1\times x=1xyz$　④ $x\times(a-b)\times 3=ax-3b$

⑤ $y\times y+\left(-\frac{1}{2}\right)\times z=y^2-\frac{1}{2}z$

[곱셈 기호의 생략 순서]

우선 수를 맨 앞으로 보내고
↓
같은 문자의 곱은 거듭제곱 꼴로 만들어서
↓
알파벳 순서로 쓴다.

02 다음 중 옳지 않은 것은?

① $3\times a\times a\times(-4)=-12a^2$

② $a\times b\times c\times b=ab^2c$

③ $x\times(-5)\times\left(y+\frac{1}{6}\right)=x-5\left(y+\frac{1}{6}\right)$

④ $0.1\times x-y\times(-0.01)=0.1x+0.01y$

⑤ $9\times x\times y-(-2)\times y\times x\times x=9xy+2x^2y$

덧셈 기호 +,
뺄셈 기호 −는
생략할 수 없다는 걸
꼭 기억해!

03 다음 식을 곱셈 기호를 생략하여 바르게 나타낸 것은?

$$(-1)\times a\times 2+x\times(x+3)\times y$$

① $-1a+2x^2+3y$　② $-a+2x^2+3y$

③ $-2a+x^2+3y$　④ $-a2+xy(x+3)$

⑤ $-2a+xy(x+3)$

02 나눗셈 기호 ÷를 생략하여 식을 간단히!

수의 나눗셈에서 $2\div3=\frac{2}{3}$와 같이 분수 꼴로 만들었던 것처럼
문자가 있는 나눗셈에서도 나눗셈 기호 ÷를 생략할 수 있어.
수학은 언제 어디서든 일맥상통하니까~

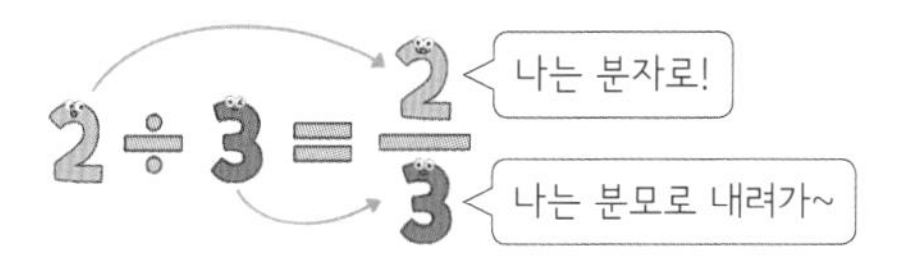

● 나눗셈 기호 ÷의 생략

방법1 나눗셈 기호 ÷를 생략하고, 분수 꼴로 나타낸다.

분자로!

$$a\div b=\frac{a}{\boxed{b}}$$

분모로!

방법2 나눗셈을 역수의 곱셈으로 바꾼 후 곱셈 기호를 생략한다.

$$a\div b=a\times\boxed{\frac{1}{b}}=\boxed{\frac{a}{b}}$$

×(역수)로!

역수
어떤 두 수의 곱이 1이 될 때, 한 수를 다른 수의 역수라고 한다.

$$2\times\frac{1}{2}=1$$

$\frac{1}{2}$의 역수, 2의 역수

$$\left(-\frac{2}{3}\right)\times\left(-\frac{3}{2}\right)=1$$

$-\frac{3}{2}$의 역수, $-\frac{2}{3}$의 역수

● 나눗셈 기호 ÷를 생략할 때, 주의할 점

① 분수의 부호는 맨 앞에 쓴다.

$$x\div(-3)=\frac{x}{-3}=-\frac{x}{\boxed{3}}$$

② 1 또는 −1로 나눌 때는 1을 생략한다. 예 $x\div1=\frac{x}{1}=x$, $x\div(-1)=\frac{x}{-1}=-x$

③ 괄호 안의 덧셈식과 뺄셈식은 한 문자처럼 생각한다.

$$a\div(b+3)=\frac{a}{\boxed{b+3}}$$

덩어리로 한 문자처럼 생각해.

④ ÷가 여러 개일 때에는 앞에서부터 차례로 기호를 생략한다.
↳ 단, 괄호가 있으면 반드시 괄호 안을 먼저 계산해.

★ 계산 순서대로 기호를 생략하지 않으면 잘못된 결과를 얻게 되니 주의해.

$$a\div b\div c=\frac{a}{b}\div c=\frac{a}{b}\times\frac{1}{c}=\frac{a}{bc}\ (\bigcirc)$$

(❶ $a\div b$, ❷ $\div c$)

$$a\div b\div c=a\div\frac{b}{c}=a\times\frac{c}{b}=\frac{ac}{b}\ (\times)$$

바빠 꿀팁

다음과 같은 방법으로 기호를 생략하면 실수를 줄일 수 있어.

$$a\div b\div c$$
$$=a\times\frac{1}{b}\times\frac{1}{c}$$
$$=\frac{a}{bc}$$

❶ 나눗셈을 곱셈으로 모두 바꾸기
❷ 곱셈 기호 생략하기

A

나눗셈 기호를 생략할 때는 분수 꼴로 나타내거나
나눗셈을 역수의 곱셈으로 바꾼 후 곱셈 기호를 생략해.

| 정답 및 풀이 2쪽 |

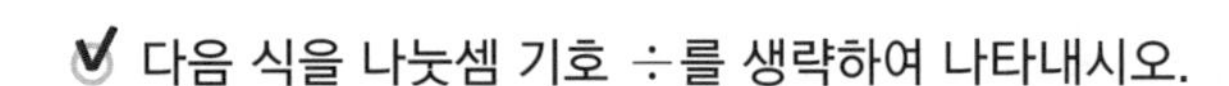

✔ 다음 식을 나눗셈 기호 ÷를 생략하여 나타내시오.

01 $2 \div x$

02 $y \div (-1)$

03 $4 \div (x+y)$

04 $(-5) \div (a+2b)$

05 $(x+6y) \div (-2)$

06 $(a+b) \div \dfrac{c}{7}$

÷(분수)는 ×(역수)로 바꿔서 생략해.

앗! 실수

07 $a \div b \div 3$

❶ $a \div b$, ❷ $(a \div b) \div 3$

계산 순서대로 앞에서부터 차례로!

08 $x \div (-4) \div y$

09 $x \div y \div \left(-\dfrac{1}{3}\right)$

10 $a \div (b \div c)$

❶ $b \div c$, ❷ $a \div (b \div c)$

반드시 괄호 안을 먼저 계산해.

11 $x \div (2 \div y)$

12 $a \div (b \div x) \div y$

B

×, ÷가 섞여 있으면 앞에서부터 차례로 생략하거나 나눗셈을 역수의 곱셈으로 바꾼 후 곱셈 기호를 생략해.
×, ÷, +, −가 섞여 있는 경우에는 +, −는 생략할 수 없어.

| 정답 및 풀이 3쪽 |

✔ 다음 식을 기호 ×, ÷를 생략하여 나타내시오.

01 $a\times b\div c$

02 $x\div(-7)\times y$

03 $3\times(a-b)\div 4$

04 $p\div q\times r\div 8$

05 $x\div y\div y\times z$

06 $(a\div b)\div(c\times d)$

07 $p\div 1+q\div\frac{1}{4}$

08 $a\times b-x\div y$

09 $x\div\frac{a}{3}-b\times\left(-\frac{2}{y}\right)$

10 $x\times x\div y+(a+b)\div(-1)$

11 $(a-b)\div c+x\times(-3)\div z$

12 $x\div(y-5z)\times x+a\div(6\div b)$

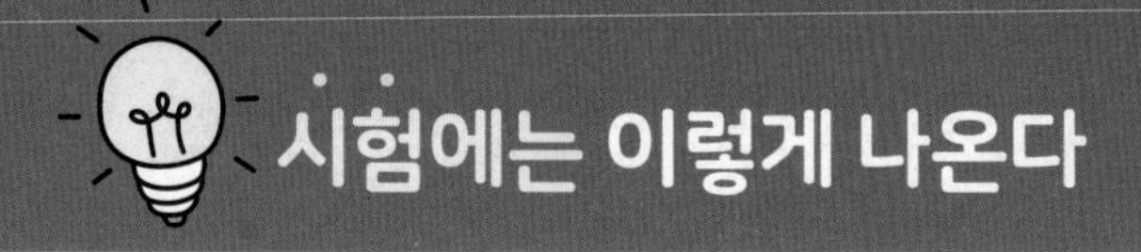

시험에는 이렇게 나온다

| 정답 및 풀이 3쪽 |

01 다음 중 옳은 것은?

① $(a-2)\div c=a-\dfrac{2}{c}$　　② $\dfrac{b}{a}\div\dfrac{1}{3}=\dfrac{3a}{b}$

③ $(-1)\div b\div c=-\dfrac{c}{b}$　　④ $\left(-\dfrac{1}{5}\right)\div(x\div y)=-\dfrac{x}{5y}$

⑤ $a\div b\div(c\div d)=\dfrac{ad}{bc}$

★ 괄호 안의 덧셈식과 뺄셈식은 한 문자처럼 생각한다.
★ ÷가 여러 개일 때에는 앞에서부터 차례로 기호를 생략한다. 또는 나눗셈을 역수의 곱셈으로 바꾼 후 곱셈 기호를 생략한다.
★ 단, 괄호가 있으면 반드시 괄호 안을 먼저 계산한다.

02 다음 중 $\dfrac{ac}{b}$와 같은 것을 모두 고르면? (정답 2개)

① $a\times b\div c$　　② $a\div b\div c$

③ $a\div b\times c$　　④ $a\div(b\div c)$

⑤ $a\div(b\times c)$

03 다음 중 옳지 않은 것은?

① $a\div 2\times b=\dfrac{ab}{2}$

② $3\times(p-q)\div(-r)=-\dfrac{3(p-q)}{r}$

③ $x\div(9\times y\div z)=\dfrac{xy}{9z}$

④ $x\div\dfrac{1}{y}-4\div(-y)\times z=xy+\dfrac{4z}{y}$

⑤ $\dfrac{3}{5}\div c\div c+a\times b\div\left(-\dfrac{1}{2}\right)=\dfrac{3}{5c^2}-2ab$

덧셈 기호 +, 뺄셈 기호 −는 생략할 수 없다는 걸 기억해!

03 모르는 것을 문자로 놓고 식으로 나타내

말로 길게 설명하는 것보다 문자를 사용하여 식으로 나타내면 간결하고 명확하게 의사소통할 수 있어. 정삼각형의 둘레의 길이도 한 변의 길이를 x로 놓으면 오른쪽과 같이 간단히 나타낼 수 있지~

3×(한 변의 길이) → $3x$

엄청 짧고 간단하군! ㅎㅎ

[문자를 사용하여 식으로 나타내는 순서]

❶ 수량 사이의 관계 파악하기  ❷ 문자를 사용하여 식으로 나타내기

● 가격에 대한 관계

① (물건의 가격)=(물건 한 개의 가격)×(물건의 개수)

300원짜리 붕어빵 n개의 가격

→ $(300\times\boxed{n})$원 → $\boxed{300n}$ 원

(가격)=300×(붕어빵의 개수)

반드시 단위를 써.

② (거스름돈)=(낸 돈)−(물건의 가격)

● 도형에 대한 관계

① (삼각형의 넓이)=(밑변의 길이)×(높이)÷2

② (직사각형의 넓이)=(가로의 길이)×(세로의 길이)

③ (사다리꼴의 넓이)={(윗변의 길이)+(아랫변의 길이)}×(높이)÷2

● 속력에 대한 관계

(거리)=(속력)×(시간), (속력)=$\frac{(거리)}{(시간)}$, (시간)=$\frac{(거리)}{(속력)}$

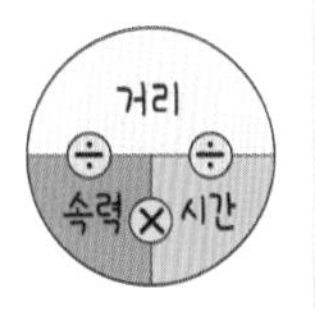

시속 x km로 2시간 동안 달린 거리

→ $(\boxed{x}\times 2)$km → $\boxed{2x}$ km

(거리)=(속력)×(시간)

반드시 단위를 써.

속력은 단위 시간 동안 물체가 움직인 거리이다. 이때 단위 시간은 1초, 1분, 1시간 등과 같이 속력을 계산할 때 기준이 되는 시간이다. 예를 들어 시속 3 km는 1시간 동안 3 km를 이동하는 빠르기를 뜻한다.

● 농도에 대한 관계

(소금물의 농도)=$\frac{(소금의 양)}{(소금물의 양)}\times 100(\%)$

(소금의 양)=$\frac{(소금물의 농도)}{100}\times$(소금물의 양)

백분율(%)은 기준량을 100으로 할 때의 비율이다. 예를 들어 5 %는 $\frac{5}{100}$를 의미하므로 농도 5 %의 소금물은 소금물 100 g에 소금 5 g이 들어 있는 것을 뜻한다.

❶ 수량 사이의 관계를 파악한 후
❷ 문자를 사용하여 식으로 나타내.

| 정답 및 풀이 4쪽 |

✔ 다음을 문자를 사용한 식으로 나타내시오.

01 어떤 수 x의 3배보다 4만큼 큰 수

02 매일 스쿼트를 20개씩 할 때, n일 동안 한 스쿼트의 개수

03 현재 14살인 선아의 n년 후의 나이

04 20년 전에 결혼한 엄마의 현재 나이가 m살일 때, 엄마가 결혼한 나이

05 십의 자리의 숫자가 a, 일의 자리의 숫자가 b인 두 자리 자연수

ab라고 답하면 안 돼. $ab=a\times b$이니까.
$23=2\times10+3$에서 힌트를 얻어봐~
(2: 십의 자리의 숫자, 3: 일의 자리의 숫자)

06 백의 자리의 숫자가 a, 십의 자리의 숫자가 b, 일의 자리의 숫자가 c인 세 자리 자연수

07 음악 점수는 a점, 미술 점수는 b점일 때, 두 과목 점수의 평균

$(평균)=\frac{(자료의\ 값의\ 총합)}{(자료의\ 수)}$

08 돼지저금통에 100원짜리 동전 a개와 500원짜리 동전 b개가 들어 있을 때, 이 돼지저금통에 들어 있는 금액

09 오리 m마리의 다리의 개수와 돼지 n마리의 다리의 개수의 합

10 전체 120쪽인 책을 사서 매일 a쪽씩 6일 동안 읽었을 때, 남은 쪽수

(남은 쪽수)=(전체 쪽수)−(읽은 쪽수)

(물건의 가격)=(물건 한 개의 가격)×(물건의 개수), (거스름돈)=(낸 돈)−(물건의 가격)
도형의 넓이 또는 둘레의 길이를 구할 때는 공식을 떠올려 봐.

| 정답 및 풀이 4쪽 |

✔ 다음을 문자를 사용한 식으로 나타내시오.

01 1개에 2500원인 빵 a개의 가격

02 30개입 계란 한 판의 가격이 x원일 때, 계란 1개의 가격

03 4500원짜리 짜장면 a개와 15000원짜리 탕수육 1개를 살 때, 지불해야 할 금액

04 1200원짜리 음료수 a개와 2000원짜리 과자 b개를 살 때, 지불해야 할 금액

05 b원인 삼각김밥 1개를 사고 5000원을 냈을 때의 거스름돈

(거스름돈)=(낸 돈)−(물건의 가격)

06 600원짜리 연필 x자루와 1000원짜리 공책 y권을 사고 10000원을 냈을 때의 거스름돈

07 한 변의 길이가 a cm인 정사각형의 넓이

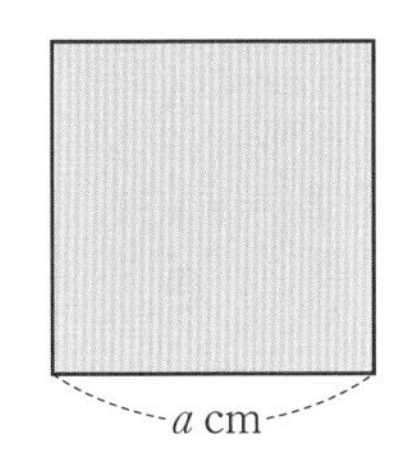

08 밑변의 길이가 a cm, 높이가 b cm인 삼각형의 넓이

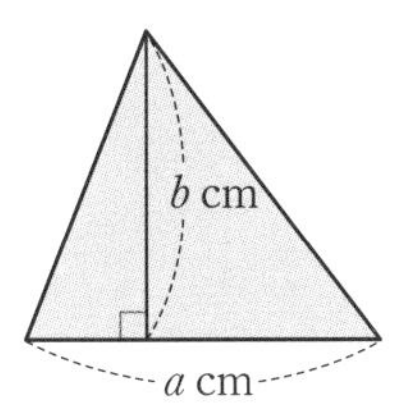

09 가로의 길이가 x cm, 세로의 길이가 y cm인 직사각형의 넓이

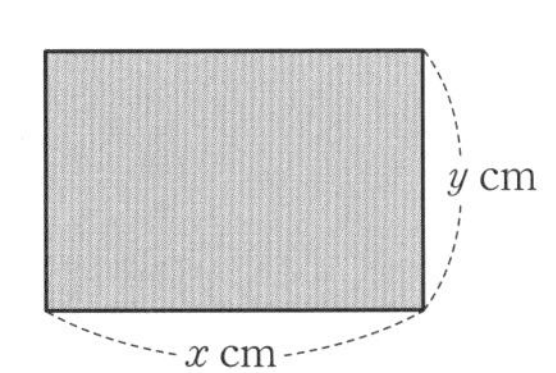

10 가로의 길이가 x cm, 세로의 길이가 y cm인 직사각형의 둘레의 길이

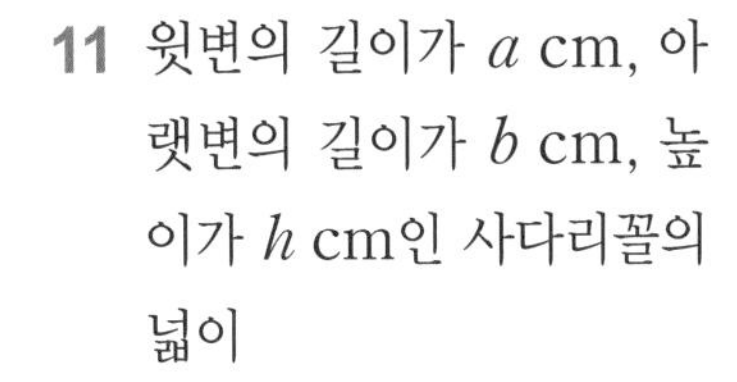

11 윗변의 길이가 a cm, 아랫변의 길이가 b cm, 높이가 h cm인 사다리꼴의 넓이

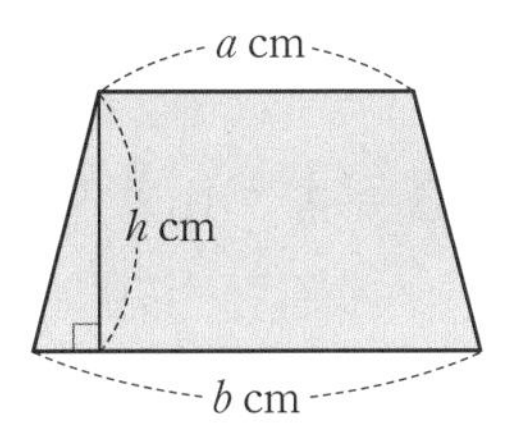

(거리)=(속력)×(시간), (속력)=$\frac{(거리)}{(시간)}$, (시간)=$\frac{(거리)}{(속력)}$

| 정답 및 풀이 4쪽 |

✔ 다음을 문자를 사용한 식으로 나타내시오. [01~06]

01 시속 3 km로 a시간 동안 걸었을 때, 이동한 거리

02 초속 x m로 40초 동안 걸었을 때, 이동한 거리

03 x km를 가는 데 7시간이 걸렸을 때의 속력

04 200 m를 가는 데 a초가 걸렸을 때의 속력

05 시속 80 km로 달리는 자동차가 x km를 이동하는 데 걸린 시간

> 속력에서 거리의 단위가 'm'이므로 km를 m로 바꿔서 계산해야 해.

06 분속 x m로 달리는 자전거가 3 km를 이동하는 데 걸린 시간(분)

07 25 km 떨어진 곳을 향해 자전거를 타고 시속 5 km로 x시간 동안 달렸을 때, 남은 거리를 구하시오. (단, $x<5$)

> 자전거를 타고 이동한 거리가 ☐ km이므로
> (남은 거리)=(전체 거리)−(이동 거리)
> =☐(km)

> 속력에서 시간의 단위가 '시간'이므로 분을 시간으로 바꿔서 계산해야 해.

08 찬우가 학교에서 출발하여 x km 떨어진 도서관까지 가는데 시속 4 km로 걸었고 중간에 편의점에 들러 20분 동안 라면을 먹었다. 찬우가 학교에서 출발하여 도서관에 도착할 때까지 걸린 시간을 구하시오.

> 찬우가 이동한 시간은 ☐시간이고,
> 라면을 먹은 시간은 ☐시간이므로
> (걸린 시간)=(이동 시간)+(라면 먹은 시간)
> =☐(시간)

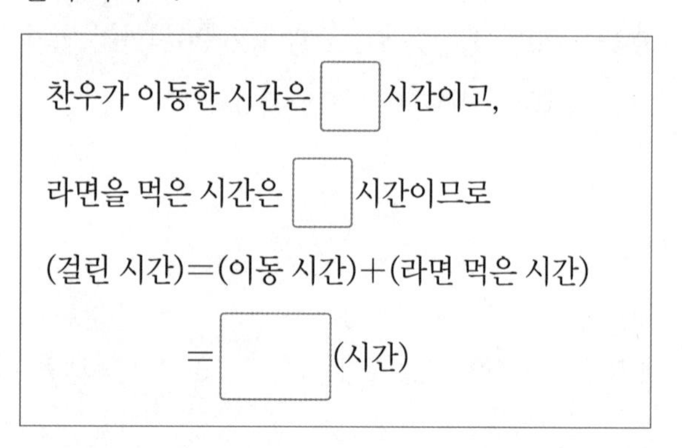

$(\text{소금의 양})=\dfrac{(\text{소금물의 농도})}{100}\times(\text{소금물의 양})$, $(\text{소금물의 농도})=\dfrac{(\text{소금의 양})}{(\text{소금물의 양})}\times 100(\%)$

| 정답 및 풀이 5쪽 |

✔ 다음을 문자를 사용한 식으로 나타내시오. [01~06]

01 x %의 소금물 300 g에 들어 있는 소금의 양

02 5 %의 설탕물 x g에 들어 있는 설탕의 양

03 소금이 a g 들어 있는 소금물 500 g의 농도

04 설탕이 8 g 들어 있는 설탕물 b g의 농도

05 물 200 g에 소금 x g을 넣어 만든 소금물의 농도

06 x %의 소금물 100 g과 y %의 소금물 200 g을 섞었을 때, 이 소금물에 들어 있는 소금의 양

07 정가가 2000원인 아이스크림을 x % 할인하여 판매할 때, 판매 가격을 구하시오.

> $(\text{할인 금액})=(\text{정가})\times\dfrac{(\text{할인율})}{100}=\square(\text{원})$
>
> 이므로
>
> $(\text{판매 가격})=(\text{정가})-(\text{할인 금액})$
>
> $=\square(\text{원})$

08 어느 중학교에서 작년 학생 수는 300명이고, 올해는 작년에 비해 학생 수가 a % 증가했을 때, 올해 학생 수를 구하시오.

> (올해 증가한 학생 수)
>
> $=(\text{작년 학생 수})\times\dfrac{(\text{증가율})}{100}$
>
> $=\square(\text{명})$
>
> 이므로
>
> (올해 학생 수)
>
> =(작년 학생 수)+(올해 증가한 학생 수)
>
> $=\square(\text{명})$

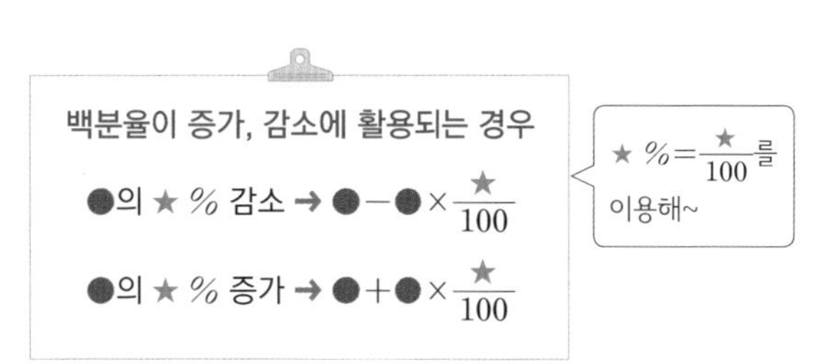

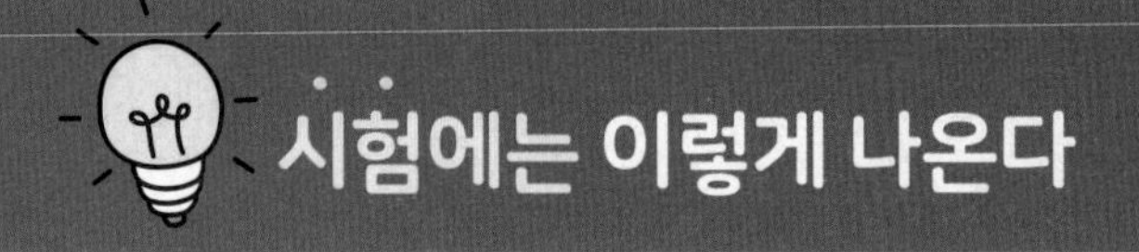

| 정답 및 풀이 5쪽 |

01 다음 중 옳지 않은 것은?

① a원의 20 %는 $0.2a$원이다.

② a분 15초는 $(60a+15)$초이다.

③ 12자루에 a원인 연필 1자루의 가격은 $\frac{a}{12}$원이다.

④ 현재 22살인 형의 n년 전 나이는 $(22-n)$살이다.

⑤ 소수점 아래 첫째 자리의 숫자가 a인 수는 $0.a$이다.

[문자를 사용한 식으로 나타내는 순서]
수량 사이의 관계 파악하기
↓
문자를 사용하여 식으로 나타내기

02 다음 중 옳지 않은 것을 모두 고르면? (정답 2개)

① 하루 중 낮이 a시간일 때, 밤은 $(24-a)$시간이다.

② 농구팀이 2점짜리 슛을 a개, 3점짜리 슛을 b개 넣었을 때의 득점은 $(2a+3b)$점이다.

③ 밑변의 길이가 a cm, 높이가 b cm인 평행사변형의 넓이는 ab cm^2이다.

④ 시속 200 km로 달리는 기차가 x km를 이동하는 데 걸린 시간은 $\frac{200}{x}$시간이다.

⑤ 5 %의 소금물 x g과 10 %의 소금물 y g을 섞었을 때, 이 소금물에 들어 있는 소금의 양은 $(5x+10y)$ g이다.

거리, 속력, 시간의 공식은 무당벌레 모양 으로 기억하면 외우기 쉬워.

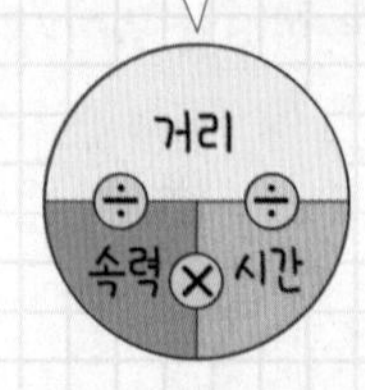

03 다음 **보기**에서 옳은 것을 모두 고른 것은?

보기
ㄱ. a원짜리 음료수 7개를 사고 10000원을 냈을 때의 거스름돈은 $(10000-7a)$원이다.
ㄴ. 6 km 거리의 목적지를 향해 분속 50 m로 x분 동안 걸었을 때, 남은 거리는 $(6-50x)$m이다.
ㄷ. 원가가 4000원인 물건에 x %의 이익을 붙여 정한 판매 가격은 $(4000+40x)$원이다.

원가에 ★ %의 이익을 붙일 때,
(이익)=(원가)×$\frac{★}{100}$(원)
(판매 가격)=(원가)+(이익)

① ㄱ　② ㄱ, ㄴ　③ ㄱ, ㄷ
④ ㄴ, ㄷ　⑤ ㄱ, ㄴ, ㄷ

04 문자에 수를 대입하기 전에 생략된 기호를 다시 써

● 대입과 식의 값

① **대입**: 문자를 사용한 식에서 문자에 어떤 수를 바꾸어 넣는 것

② **식의 값**: 문자를 사용한 식에서 문자에 어떤 수를 대입하여 구한 값

대입(代入)은 '바꾸어 넣는다.'는 뜻이다.

● 식의 값을 구하는 방법

① 문자에 수를 대입하여 식의 값을 구할 때는 생략된 곱셈 기호 ×를 다시 쓴다.

$x=2$일 때, $3x-1$의 값

➜ $3x-1=3\times x-1$

(생략된 곱셈 기호 ×를 다시 써.)

$=3\times \boxed{2}-1=\boxed{5}$ ← 식의 값

(x 대신 2를 바꾸어 넣어.)

$3x-1$ → (곱셈 기호 부활!) $3\times x-1$ → $3\times 2-1$

$x=2$이니까 x 대신 2를 바꾸어 넣어.

앗! 실수

★ 문자에 음수를 대입할 때는 반드시 괄호 안에 넣어서 대입해야 해. 그렇지 않으면 엉뚱한 식의 값을 얻게 될 수 있어.

$a=-2$일 때, a^2+3의 값

➜ $a^2+3=(-2)^2+3=4+3=7$ (○)

➜ $a^2+3=-2^2+3=-4+3=-1$ (×)

바빠 꿀팁

두 개 이상의 문자를 포함한 식의 값을 구할 때는 각 문자에 주어진 수를 대입해.

$a=3, b=-1$일 때, $2a+3b$의 값

➜ $2a+3b=2\times a+3\times b$

$=2\times 3+3\times(-1)$

$=6-3=3$

② 분모 또는 분자에 있는 문자에 분수를 대입할 때는 생략된 나눗셈 기호 ÷를 다시 쓴다.

$a=\frac{1}{3}$일 때, $-\frac{2}{a}$의 값

➜ $-\frac{2}{a}=-2\div a$

(− 부호는 분자 쪽에 붙여.)

(생략된 나눗셈 기호 ÷를 다시 써.)

$=-2\div \boxed{\frac{1}{3}}=-2\times \boxed{3}=\boxed{-6}$ ← 식의 값

(a 대신 $\frac{1}{3}$을 바꾸어 넣어.)

A

문자에 수를 대입할 때는 생략된 곱셈 기호 ×를 다시 써.
단, 음수를 대입할 때는 반드시 괄호를 사용해야 해.

| 정답 및 풀이 5쪽 |

✔ 다음 식의 값을 구하시오.

01 $a=3$일 때, $a+2$의 값

02 $a=5$일 때, $\frac{10}{a}+7$의 값

03 $b=2$일 때, $-5b+1$의 값

04 $x=6$일 때, $\frac{2}{3}x-4$의 값

05 $y=\frac{1}{4}$일 때, $16y-5$의 값

06 $a=3$일 때, a^2+a의 값

07 $y=-1$일 때, $y+5$의 값

08 $y=-3$일 때, $-y+2$의 값

음수를 대입할 때는 꼭 부호에 주의해.
$-(-) \rightarrow +$

09 $x=-2$일 때, $\frac{8}{x}$의 값

10 $x=-4$일 때, $\frac{1}{2}x-6$의 값

11 $a=-\frac{3}{2}$일 때, $-2a+3$의 값

앗! 실수

12 $x=-1$일 때, x^2+4x-7의 값

B

두 개 이상의 문자를 포함한 식의 값을 구할 때는
각 문자에 주어진 수를 대입하면 돼.

| 정답 및 풀이 6쪽 |

✔ 다음 식의 값을 구하시오.

01 $a=3, b=2$일 때, $4a-2b$의 값

02 $x=1, y=2$일 때, $5xy$의 값

03 $x=5, y=6$일 때, $\frac{3}{5}x-\frac{1}{2}y$의 값

04 $a=\frac{1}{2}, b=\frac{1}{3}$일 때, $8a+9b$의 값

05 $a=6, b=4$일 때, $\frac{2b}{a+2}$의 값

06 $a=\frac{2}{3}, b=1$일 때, $9a^2-3b$의 값

거듭제곱에 분수를 대입할 때도
괄호를 사용해서 대입하자!

07 $x=2, y=-1$일 때, $2x+3y$의 값

08 $x=-5, y=-\frac{1}{3}$일 때, $x-6y$의 값

09 $x=3, y=-4$일 때, $\frac{x-y}{x+y}$의 값

10 $a=-2, b=4$일 때, $\frac{3}{a}+\frac{2}{b}$의 값

11 $x=2, y=-1$일 때, $-5x^2+y^2$의 값

12 $a=5, b=-1, c=-3$일 때, $ab+c^2$의 값

분모 또는 분자에 있는 문자에 분수를 대입할 때는
생략된 나눗셈 기호 ÷를 다시 쓴 후 대입하자.

| 정답 및 풀이 7쪽 |

✔ 다음 식의 값을 구하시오.

01 $x=\frac{1}{2}$일 때, $\frac{3}{x}$의 값

$3\div x$

02 $x=\frac{1}{5}$일 때, $1-\frac{1}{x}$의 값

03 $x=\frac{2}{3}$일 때, $\frac{1}{x}+\frac{1}{2}$의 값

04 $x=-\frac{1}{3}$일 때, $\frac{5}{x}$의 값

05 $x=-\frac{1}{4}$일 때, $\frac{1}{x}+4x$의 값

06 $x=-\frac{5}{2}$일 때, $\frac{1}{2x}$의 값

07 $a=\frac{1}{2}, b=\frac{1}{3}$일 때, $\frac{1}{a}+\frac{1}{b}$의 값

$1\div a+1\div b$

08 $a=-\frac{1}{5}, b=\frac{1}{4}$일 때, $\frac{2}{a}-\frac{4}{b}$의 값

09 $x=\frac{1}{4}, y=-\frac{3}{5}$일 때, $\frac{x}{y}$의 값

10 $x=\frac{1}{3}, y=3$일 때, $xy+\frac{y}{x}$의 값

11 $x=-4, y=\frac{1}{2}$일 때, $x^2-\frac{3}{y}$의 값

12 $a=-\frac{1}{2}, b=\frac{1}{3}, c=\frac{1}{6}$일 때,

$\frac{1}{a}+\frac{1}{b}+\frac{1}{c}$의 값

활용 문제에서는 식이 주어져 있으면 ➜ 주어진 식의 문자에 수를 대입해.
식이 주어져 있지 않으면 ➜ 먼저 주어진 상황을 식으로 나타낸 후 문자에 수를 대입해.

| 정답 및 풀이 8쪽 |

01 화씨온도 x °F는 섭씨온도 $\frac{5}{9}(x-32)$ ℃이다. 화씨온도가 95 °F일 때, 섭씨온도는 몇 ℃인지 구하시오.

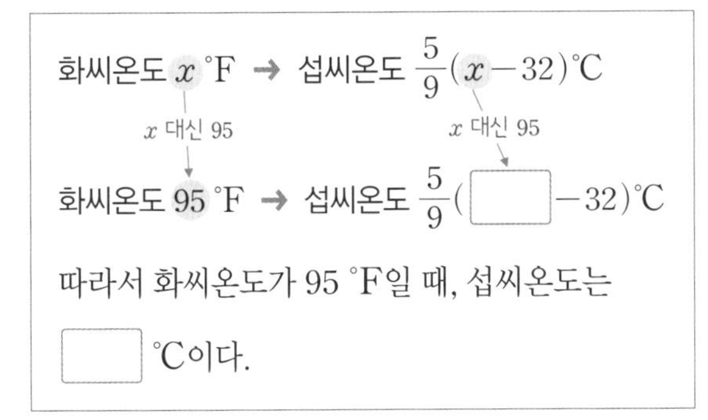

02 기온이 t ℃일 때, 공기 중에서 소리의 속력은 초속 $(0.6t+331)$ m이다. 기온이 20 ℃일 때, 소리의 속력을 구하시오.

03 키가 x cm인 사람의 표준체중을 구하는 식은 $0.9(x-100)$ kg이라고 한다. 키가 170 cm인 정우의 표준체중을 구하시오.

04 기온은 지면에서 수직으로 1 km씩 높아질 때마다 6 ℃씩 낮아진다고 한다. 다음 물음에 답하시오.

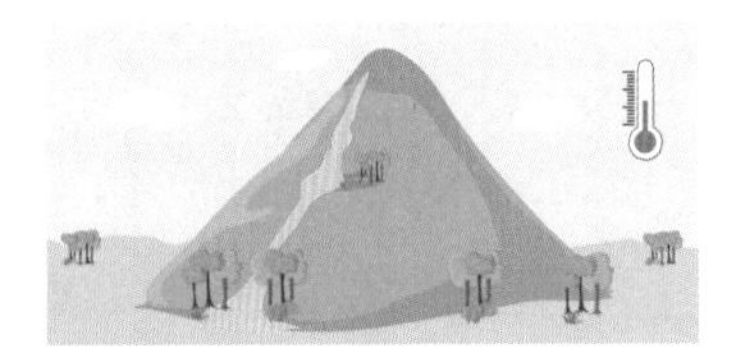

(1) 지면의 기온이 25 ℃일 때, 지면으로부터 x km 높이에서의 기온을 식으로 나타내시오.

(2) 지면의 기온이 25 ℃일 때, 지면으로부터 5 km 높이에서의 기온을 구하시오.

05 오른쪽 그림과 같은 삼각형의 넓이를 S cm²라고 할 때, 다음 물음에 답하시오.

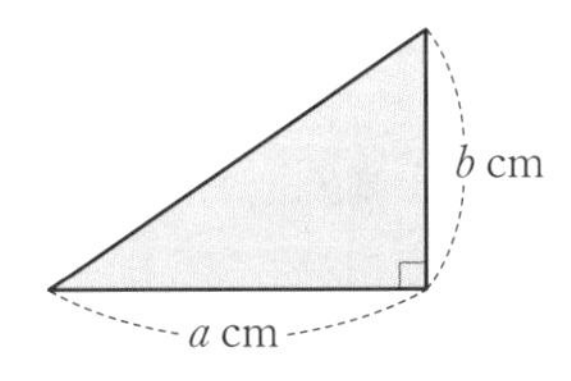

(1) S를 a, b를 사용한 식으로 나타내시오.

(2) $a=6$, $b=4$일 때, 이 삼각형의 넓이를 구하시오.

06 오른쪽 그림과 같은 사다리꼴의 넓이를 S cm²라고 할 때, 다음 물음에 답하시오.

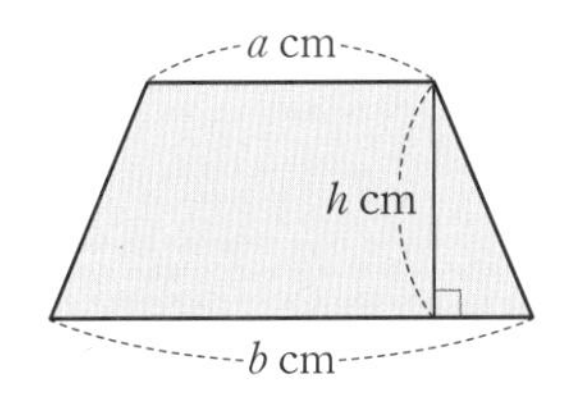

(1) S를 a, b, h를 사용한 식으로 나타내시오.

(2) $a=2$, $b=4$, $h=3$일 때, 이 사다리꼴의 넓이를 구하시오.

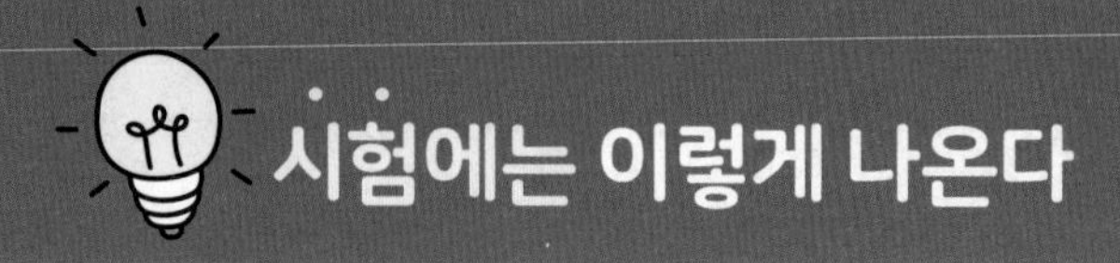

시험에는 이렇게 나온다

| 정답 및 풀이 8쪽 |

01 $x=4$일 때, 다음 중 식의 값이 가장 큰 것은?

① $x-1$　② $3x-9$　③ $-2x+10$
④ $3-\frac{1}{2}x$　⑤ $2+\frac{8}{x}$

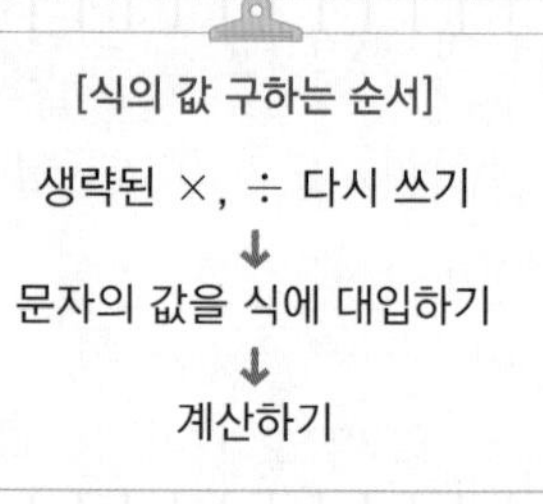

02 $a=-1$일 때, 식의 값이 나머지 넷과 다른 하나는?

① $2a+5$　② $3-a$　③ $3a^2$
④ a^3+4　⑤ $6+\frac{3}{a}$

음수는 반드시 괄호 안에 넣어서 대입해야 해. 실수하지 않도록 기억해 두자.

03 $x=\frac{1}{2}$, $y=-3$일 때, 다음 중 식의 값이 가장 작은 것은?

① xy　② $2x+y$　③ $-6x+\frac{1}{3}y$
④ $\frac{y}{x}$　⑤ $4x^2y$

04 지면에서 초속 40 m로 똑바로 위로 던져 올린 물체의 t초 후의 높이는 $(40t-5t^2)$m라고 한다. 이 물체의 2초 후의 높이는?

① 40 m　② 50 m　③ 60 m
④ 70 m　⑤ 80 m

05 가로의 길이가 a cm, 세로의 길이가 b cm, 높이가 c cm인 직육면체의 겉넓이를 S cm^{2}라고 할 때, 다음 물음에 답하시오.

(1) S를 a, b, c를 사용한 식으로 나타내시오.

(2) $a=3, b=1, c=5$일 때, 이 직육면체의 겉넓이를 구하시오.

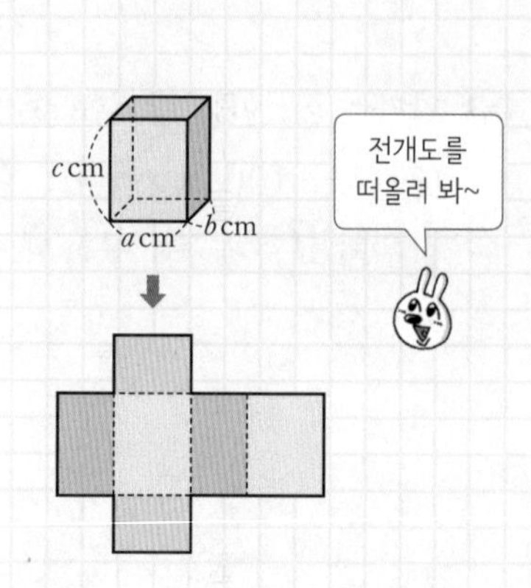

전개도를 떠올려 봐~

둘째 마당

일차식과 그 계산

둘째 마당에서는 방정식에서 사용하는 새로운 용어들과 계산 방법을 배울 거야. **방정식에서 사용하는 용어의 뜻 먼저 정확히 알아야 방정식의 개념들을 이해할 수 있어.** 이 용어들은 중학수학뿐만 아니라 고등수학에서도 자주 사용되므로 처음 배울 때 확실하게 내 것으로 만들어 보자. 또 문자가 있는 식의 계산은 단지 문자가 생겼을 뿐 원리는 초등수학에서 배운 수의 계산과 똑같아. 계산 방법을 터득해서 빠르고 정확하게 계산할 수 있도록 연습해 보자.

	공부할 내용	15일 진도	20일 진도	공부한 날짜
05	다항식과 일차식의 뜻을 알아보자	3일 차	4일 차	____월 ____일
06	일차식과 수의 곱셈, 나눗셈 계산하기			____월 ____일
07	동류항의 덧셈과 뺄셈은 분배법칙을 이용해	4일 차	5일 차	____월 ____일
08	일차식의 덧셈과 뺄셈은 괄호를 먼저 풀어		6일 차	____월 ____일
09	복잡한 일차식의 덧셈과 뺄셈은 괄호에 주의해	5일 차	7일 차	____월 ____일

05 다항식과 일차식의 뜻을 알아보자

새 학년이 시작되면 친구들 얼굴을 익히고 이름을 정확히 외워야 친해질 수 있듯이 새로운 수학 용어도 그 뜻을 정확히 알고 있어야 친해질 수 있어~

우리 친하게 지내자.
우리 이름은~

● 다항식

① **항**: 수 또는 문자의 곱으로만 이루어진 식 (예) $3x$, $-4y$, 2

② **상수항**: 문자 없이 수로만 이루어진 항

③ **계수**: 수와 문자의 곱으로 이루어진 항에서 문자에 곱해진 수

$3x$의 계수는 3, $-4y$의 계수는 $\boxed{-4}$

x의 계수는 1, $-y$의 계수는 $\boxed{-1}$

④ **단항식**: 한 개의 항으로만 이루어진 식 (예) $3x$, $-4y$, 2

⑤ **다항식**: 한 개의 항 또는 여러 개의 항의 합으로 이루어진 식

└ 단항식도 다항식이야.
└ 각 항이 덧셈(+)으로 연결되어 있다는 뜻이야.

다항식 $2x-3y+4$에서

→ 항은 $2x$, $\boxed{-3y}$, 4이고, 상수항은 $\boxed{4}$이다.

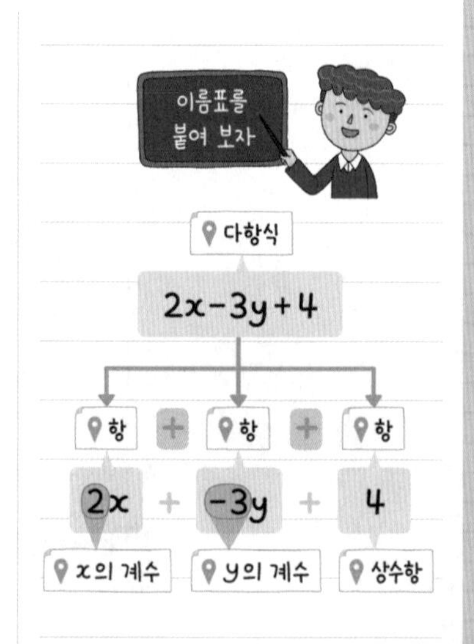

앗! 실수

★ 다항식을 이루는 항을 구할 때, − 부호를 빠뜨리지 않도록 주의해.

다항식 $2x-3y+4$의 항 → $2x$, $-3y$, 4 (○)
→ $2x$, $3y$, 4 (×)

● 일차식

① **항의 차수**: 어떤 항에서 문자가 곱해진 개수 ← 상수항의 차수는 0이야.

② **다항식의 차수**: 다항식에서 차수가 가장 큰 항의 차수

다항식 $3x^2+2x-1$에서 각 항의 차수는

→ $3x^2$의 차수: 2, $2x$의 차수: $\boxed{1}$, -1의 차수: $\boxed{0}$

(곱해진 문자 x의 개수가 2 / 곱해진 문자 x의 개수가 1 / 곱해진 문자의 개수가 0)

→ 다항식 $3x^2+2x-1$의 차수: $\boxed{2}$ ← 차수가 가장 큰 항인 $3x^2$의 차수와 같아.

③ **일차식**: 차수가 1인 다항식 (예) a, $2x+1$, $x+y$

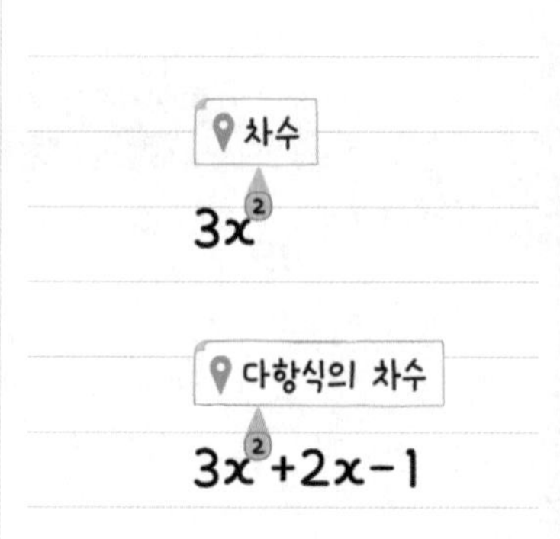

앗! 실수

★ x에 대한 일차식은 $ax+b$ $(a\neq0)$ 꼴이야.
x에 0이 곱해져 있거나 x가 분모에 있으면 일차식이 아니야.

→ $0\times x-4$ (×) $\frac{1}{x}$ (×)

└ 곱이 0이 되므로 x항이 사라져.
└ 다항식이 아니므로 일차식이 아니야.

수 또는 문자의 곱으로만 이루어진 식이 항, 즉 단항식이고,
한 개의 항 또는 여러 개의 항의 합으로 이루어진 식이 다항식이야.

| 정답 및 풀이 9쪽 |

✔ 다음 식이 단항식이면 ○표, 단항식이 아니면 ×표를 ( ) 안에 써넣으시오. [01~06]

01 $5a$ ( )

02 $-x$ ( )

03 $x-\frac{1}{3}$ ( )

04 $2x+3y$ ( )

05 $\frac{1}{2}xy$ ( )

앗! 실수

06 $\frac{3}{a}$ ( )

수 또는 문자의 곱으로만 이루어지지 않았어.

✔ 다음 식이 다항식이면 ○표, 다항식이 아니면 ×표를 ( ) 안에 써넣으시오. [07~12]

07 -1 ( )

08 $-\frac{y}{7}$ ( )

09 x^2 ( )

10 $6x+3y-2$ ( )

11 $a^2-a+\frac{1}{4}$ ( )

앗! 실수

12 $x+\frac{1}{x}+2$ ( )

항이 아닌 것이 섞여 있어.

B

다항식은 항의 합(+)으로 이루어져 있고,
계수는 문자 앞에 붙은 수야.

| 정답 및 풀이 9쪽 |

✔ 다항식 $4x+2$에서 다음을 구하시오. [01~03]

01 항

02 상수항

03 x의 계수

✔ 다항식 $2x-6y-3$에서 다음을 구하시오. [04~07]

앗! 실수

04 항

05 상수항

06 x의 계수

07 y의 계수

✔ 다항식 $2x^2-x+5$에서 다음을 구하시오. [08~11]

앗! 실수

08 항

09 상수항

10 x^2의 계수

11 x의 계수

✔ 다항식 $-\frac{x^2}{3}-\frac{x}{4}+\frac{2}{5}$에서 다음을 구하시오. [12~15]

앗! 실수

12 항

13 상수항

14 x^2의 계수

15 x의 계수

다항식에서 차수가 가장 큰 항의 차수가 다항식의 차수이고,
차수가 1인 다항식이 일차식이야.

| 정답 및 풀이 9쪽 |

✔ 다음 다항식의 차수를 구하시오. [01~06]

01 $2x$

02 $-x+9$

03 $-4x+10y$

04 x^2-1

05 $\frac{1}{4}a^2+a+2$

06 x^3-2x^2+7

✔ 다음 중 일차식인 것에는 ○표, 일차식이 아닌 것에는 ×표를 ( ) 안에 써넣으시오. [07~12]

07 $4x$ ( )

08 $-2x+3$ ( )

09 x^2-1 ( )

10 $\frac{x}{4}-\frac{y}{3}+2$ ( )

앗! 실수

11 $\frac{1}{x}+7$ ( )

일단 다항식이어야 일차식이 될 수 있어.

앗! 실수

12 $5+0\times x$ ( )

결과적으로 x항이 사라지면 일차식이 될 수 없어.

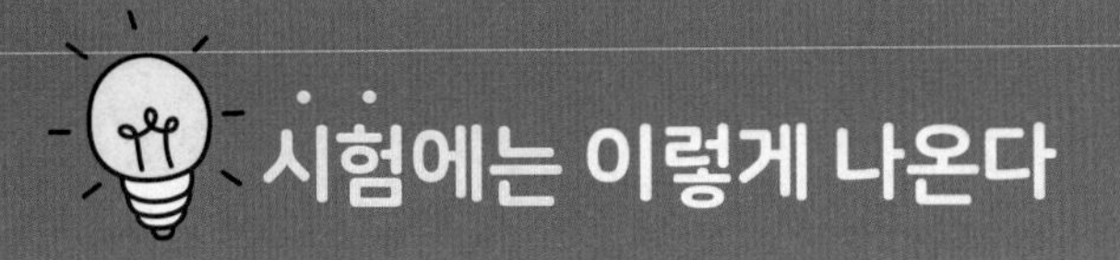

| 정답 및 풀이 9쪽 |

01 다음 중 단항식의 개수는?

$5,\quad xy^2,\quad x^2,\quad 3x-1,\quad \frac{2}{x},\quad \frac{y}{8},\quad \frac{x}{3}+\frac{y}{6}$

① 3 ② 4 ③ 5 ④ 6 ⑤ 7

★ 단항식: [한] 개의 항으로만 이루어진 식

02 다항식 $6x-\frac{5}{3}y+\frac{3}{2}$에서 x의 계수를 a, y의 계수를 b, 다항식의 차수를 c라 할 때, abc의 값을 구하시오.

★ 계수: 항에서 문자에 곱해진 수
★ 다항식의 차수: 다항식을 이루는 항 중 차수가 가장 [큰] 항의 차수

03 다음 중 다항식 $2x^2-8x+3$에 대한 설명으로 옳지 않은 것은?

① 상수항은 3이다.
② 항은 3개이다.
③ x^2의 계수는 2이다.
④ x의 계수는 8이다.
⑤ 다항식의 차수는 2이다.

다항식의 항과 계수를 말할 때, 절대로 − 부호를 빠뜨리면 안 돼.

04 다음 중 일차식인 것을 모두 고르면? (정답 2개)

① -1 ② $x+3y$ ③ $-5x+\frac{1}{9}$
④ $\frac{3}{x}-2$ ⑤ $4x^2-8$

★ x에 대한 일차식은 $ax+b(a\neq$ [0]$)$ 꼴이다.

결과적으로 x^2항이 사라지면 일차식이 될 수 있어.

05 다음 중 다항식 $(a-4)x^2+2x-3$이 x에 대한 일차식이 되도록 하는 a의 값은?

① 1 ② 2 ③ 3 ④ 4 ⑤ 5

06 일차식과 수의 곱셈, 나눗셈 계산하기

● 단항식과 수의 곱셈, 나눗셈

① (단항식)×(수), (수)×(단항식): 수끼리 곱해서 문자 앞에 쓴다.

$$4x\times2=4\times x\times2=4\times2\times x=\boxed{8}\,x$$

곱셈 기호 살리기 / 수끼리의 곱을 문자 앞에!

② (단항식)÷(수): 나눗셈을 역수의 곱셈으로 고친 후 계산한다.

곱셈 기호 살리기

$$4x\div2=4\times x\times\frac{1}{2}=4\times\frac{1}{2}\times x=\boxed{2}\,x$$

×(역수)로! / 수끼리의 곱을 문자 앞에!

● 일차식과 수의 곱셈, 나눗셈

① (수)×(일차식), (일차식)×(수)
분배법칙을 이용하여 일차식의 각 항에 수를 곱한다.

$$2(x+3)=\underset{❶}{2\times x}+\underset{❷}{2\times3}=2x+\boxed{6}$$

$$(x-2)\times(-3)=\underset{❶}{x\times(-3)}-\underset{❷}{2\times(-3)}$$
$$=\boxed{-3}\,x+6$$

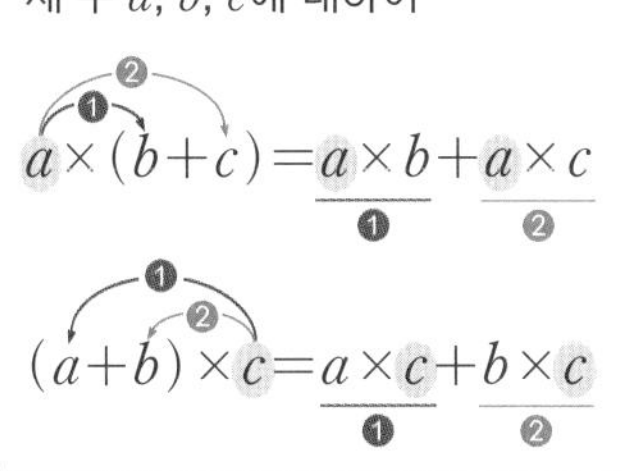

앗! 실수

★ 곱하는 수가 음수이면 반드시 − 부호도 함께 각 항에 곱해야 돼.

$(x-1)\times(-1)=-x+1$ (○) → 괄호 안의 부호가 모두 반대로 바뀜

$(x-1)\times(-1)=-x-1$ (×)

② (일차식)÷(수)
나눗셈을 역수의 곱셈으로 고친 후 분배법칙을 이용한다.

$$(4x+6)\div2=(4x+6)\times\frac{1}{2}$$
$$=\underset{❶}{4x\times\frac{1}{2}}+\underset{❷}{6\times\frac{1}{2}}=\boxed{2}\,x+\boxed{3}$$

바빠 꿀팁

(일차식)÷(수)는 나눗셈을 분배해서 빠르게 계산할 수도 있어.

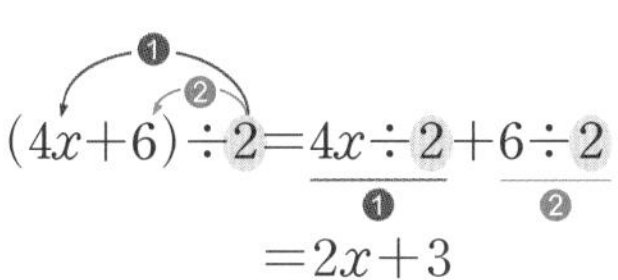

A

단항식과 수의 곱셈은 수끼리 곱해서 문자 앞에 써.
(단항식) ÷ (수)는 (단항식) × (역수)로 바꾸어 계산하면 돼.

| 정답 및 풀이 9쪽 |

✔ 다음을 계산하시오.

01 $3x\times2$

02 $(-5a)\times4$

부호에 주의해! (−) × (+) → −

03 $2\times(-6y)$

04 $\frac{3}{4}b\times8$

05 $\left(-\frac{1}{4}\right)\times4x$

06 $\left(-\frac{y}{5}\right)\times\left(-\frac{10}{3}\right)$

07 $12a\div3$

08 $(-15x)\div5$

09 $16b\div(-4)$

10 $\frac{6}{5}y\div2$

11 $14a\div\left(-\frac{7}{2}\right)$

12 $\left(-\frac{8}{3}b\right)\div\left(-\frac{4}{9}\right)$

(일차식) × (수), (수) × (일차식)은
분배법칙을 이용하여 일차식의 각 항에 수를 곱해.

| 정답 및 풀이 9쪽 |

✔ 다음을 계산하시오.

01 $4(3x+1)$

02 $-2(3a+4)$

앗! 실수

03 $-(5a-2)$

괄호 앞에 -1이 곱해져 있는 거야.

04 $6\left(\frac{1}{2}x+\frac{5}{6}\right)$

05 $\frac{1}{2}(6x-4)$

06 $-\frac{4}{3}\left(6y-\frac{9}{2}\right)$

07 $(-y+2)\times 5$

08 $\left(\frac{1}{3}a+2\right)\times 9$

09 $\left(2x+\frac{1}{4}\right)\times(-8)$

10 $(4a+8)\times\left(-\frac{1}{4}\right)$

11 $(-12x+18)\times\frac{1}{3}$

12 $\left(\frac{3}{5}x-\frac{1}{2}\right)\times\left(-\frac{5}{6}\right)$

(일차식) ÷ (수)는 (일차식) × (역수)로 바꾸어 계산해.

| 정답 및 풀이 10쪽 |

✔ 다음을 계산하시오.

01 $(2a+4)\div 2$

02 $(8b-12)\div 4$

03 $(12x-9)\div 3$

04 $(10y+5)\div(-5)$

05 $(20a-4)\div(-4)$

06 $(-14x+28)\div(-7)$

07 $(x+2)\div\frac{1}{3}$

08 $\left(\frac{1}{3}y-1\right)\div\frac{1}{6}$

09 $(4y-2)\div\frac{2}{3}$

10 $(-15a+10)\div\frac{5}{7}$

11 $\left(2x-\frac{3}{2}\right)\div\left(-\frac{1}{4}\right)$

12 $\left(-\frac{3}{2}a+\frac{2}{5}\right)\div\left(-\frac{3}{10}\right)$

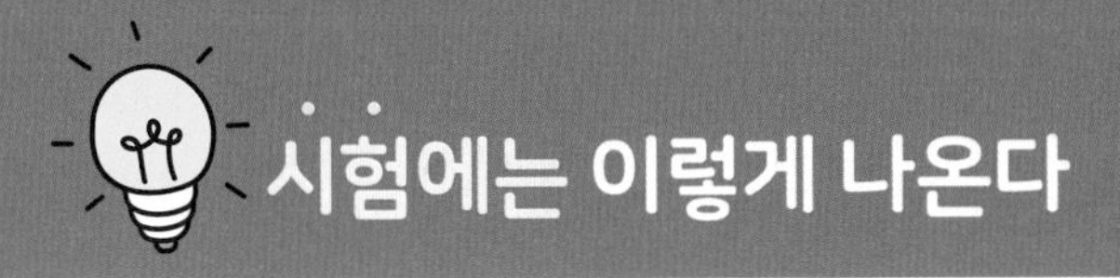

시험에는 이렇게 나온다

| 정답 및 풀이 10쪽 |

01 다음 중 옳지 않은 것은?

① $2a\times6=12a$　　② $(-3b)\times3=-9b$

③ $\frac{1}{6}\times(-2c)=-\frac{1}{3}c$　　④ $\frac{3}{4}x\div6=9x$

⑤ $\left(-\frac{5}{2}y\right)\div\left(-\frac{15}{4}\right)=\frac{2}{3}y$

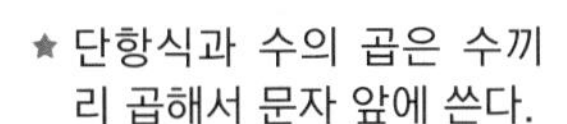

★ 단항식과 수의 곱은 수끼리 곱해서 문자 앞에 쓴다.
★ (단항식)÷(수)는 나눗셈을 [역수]의 곱셈으로 고친 후 계산한다.

02 다음 중 계산 결과가 나머지 넷과 다른 하나는?

① $-(-2x+3)$　　② $2\left(x-\frac{3}{2}\right)$

③ $(6x-9)\div3$　　④ $(-16x+24)\div(-8)$

⑤ $\left(-\frac{8}{3}x-4\right)\times\left(-\frac{3}{4}\right)$

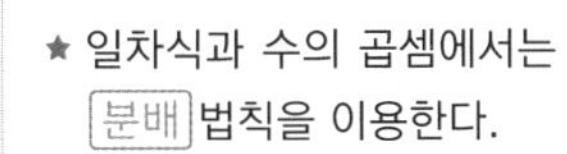

★ 일차식과 수의 곱셈에서는 [분배] 법칙을 이용한다.

분배법칙을 쓸 때는 각 항에 골고루 곱해 주어야 한다는 걸 기억해~

03 다음 중 옳지 않은 것은?

① $-(7a+3)=-7a-3$

② $5\left(\frac{2}{5}b-3\right)=2b-3$

③ $(3x+12)\times\left(-\frac{1}{3}\right)=-x-4$

④ $(16y+2)\div(-4)=-4y-\frac{1}{2}$

⑤ $\left(3x-\frac{5}{6}\right)\div\left(-\frac{1}{12}\right)=-36x+10$

04 $\left(-\frac{2}{7}x+\frac{1}{3}\right)\div\left(-\frac{4}{21}\right)$의 계산 결과에서 x의 계수를 a, 상수항을 b라 할 때, $a+b$의 값을 구하시오.

07 동류항의 덧셈과 뺄셈은 분배법칙을 이용해

$2-3=-1$과 같이 수끼리 덧셈, 뺄셈을 할 수 있는 것처럼 항들끼리도 어떤 공통점이 있으면 덧셈, 뺄셈을 할 수 있어. 그럼 어떤 공통점이 있어야 하는지 알아볼까~

우린 특별한 사이야. $2x$ $-3x$ 맞아! 우린 덧셈, 뺄셈이 가능한 사이지.

● 동류항

문자와 차수가 모두 같은 항 → 문자와 차수 중 하나라도 다른 것이 있으면 동류항이 아니야.

$2x$, $-3x$ → 문자도 같고, 차수도 같으므로 동류항이다.

$4x$, $2y$ → 차수는 같지만 문자가 다르므로 동류항이 아니다.

x^2, $2x$ → 문자는 같지만 차수가 다르므로 동류항이 아니다.

3, -6 → 상수항끼리는 모두 동류항이다.

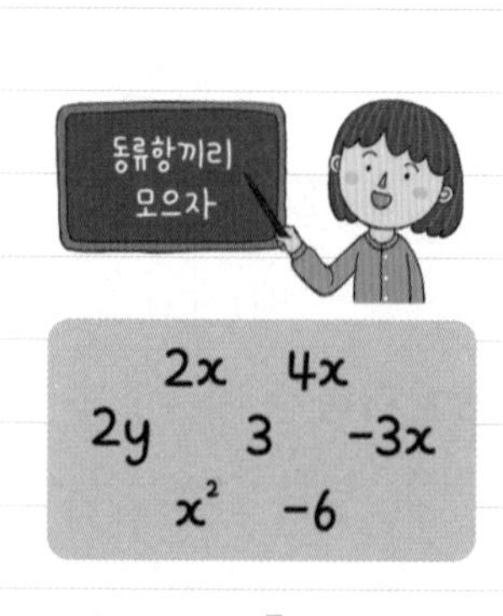

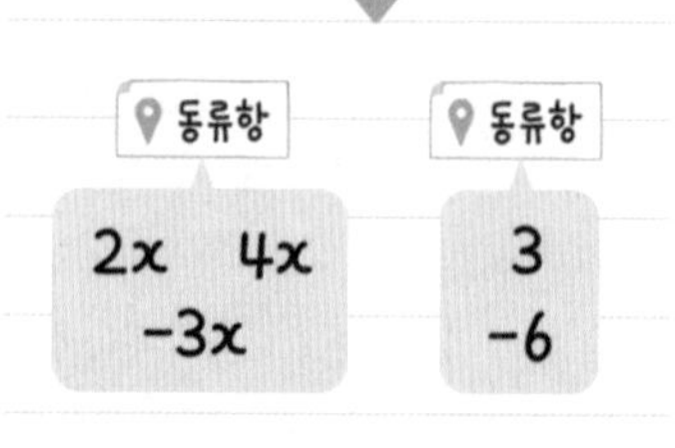

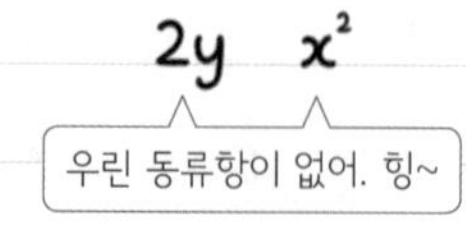

● 동류항의 덧셈과 뺄셈

① 동류항의 덧셈과 뺄셈

분배법칙을 이용하여 계수를 문자 앞에 묶은 후 계산한다.

$$2x+4x=(2+4)x=6x$$

❶ 계수를 문자 앞에 괄호로 묶기 ❷ 계수끼리 계산하기

$$2x-4x=(2-4)x=-2x$$

❶ 계수를 문자 앞에 괄호로 묶기 ❷ 계수끼리 계산하기

② 동류항이 섞여 있는 식에서의 덧셈과 뺄셈

동류항끼리 모은 후 분배법칙을 이용하여 간단히 한다.

$$3x+1-x+2=3x-x+1+2$$ ← 먼저 동류항끼리 모아.

$$=(3-1)x+3$$

$$=2x+3$$

분배법칙
세 수 a, b, c에 대하여

$$a\times c+b\times c=(a+b)\times c$$

아하! 분배법칙 덕분이었어. 동류항끼리 덧셈, 뺄셈을 할 수 있는 건~

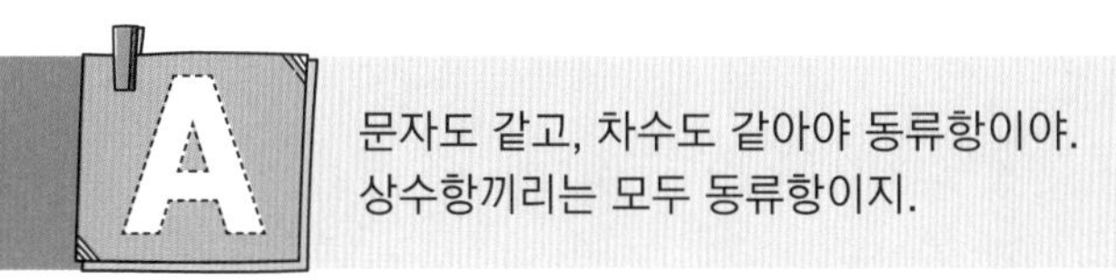

| 정답 및 풀이 11쪽 |

✔ 다음에서 동류항끼리 짝지어진 것에는 ○표, 동류항끼리 짝지어지지 않은 것에는 ×표를 ( ) 안에 써넣으시오. [01~06]

01 $a, 4a$ ( )

02 $6x^2, -2x$ ( )

03 $4, -\frac{2}{3}$ ( )

04 $3x, 3y$ ( )

05 $-x, \frac{x}{5}$ ( )

06 x^2y, xy^2 ( )

각 문자의 차수가 모두 일치하는지 확인해야 해.

✔ 다음에서 동류항인 것끼리 짝지어 써라. [07~09]

07

$4x$	$-y$	-3	$-2x$	$9y$	6

08

5	$-x^2$	$\frac{x}{2}$	$-\frac{4}{3}$	$3x^2$	$-\frac{x}{6}$

09

x^2	$2xy$	$\frac{1}{x}$	$-3xy$	$6y^2$	$8x$

분모에 문자가 있으면 항이 아니야.

✔ 다음 다항식에서 동류항을 모두 찾으시오. [10~12]

10 $x-4+2x+3$

11 $-x+3y-5x+y$

12 $3x^2+2x-11+\frac{1}{4}x^2-4x+\frac{7}{5}$

B

동류항끼리의 덧셈, 뺄셈은 분배법칙을 이용하여
동류항의 계수끼리 더하거나 빼서 문자 앞에 쓰면 돼.

| 정답 및 풀이 11쪽 |

✔ 다음 식을 간단히 하시오.

01 $3x+5x$

02 $2a+8a$

03 $6x-4x$

04 $y-7y$

05 $0.2x+0.3x$

06 $\frac{a}{2}-\frac{a}{3}$

분모가 서로 다른 분수의 덧셈, 뺄셈을 할 때는 분모의 최소공배수로 통분해.

동류항이 3개일 때는 다음과 같이 분배법칙을 적용해.

$$\underbrace{a\times d}_{❶}+\underbrace{b\times d}_{❷}+\underbrace{c\times d}_{❸}=(a+b+c)\times d$$

07 $x+2x+3x$

08 $2a-a+7a$

09 $3b+2b-4b$

10 $-x+9x-3x$

11 $x-\frac{1}{4}x-\frac{5}{2}x$

두 종류의 동류항이 섞여 있을 때는
동류항끼리 모은 후 분배법칙을 이용하여 간단히 해.

| 정답 및 풀이 11쪽 |

✔ 다음 식을 간단히 하시오.

01 $a+2a+3$

02 $7x+3+8x+4$

03 $4b+1-b+5$

04 $3y-4-6y+2$

05 $-a+3+7a+8$

06 $-4x+6-8x-1$

07 $2a+3b+a+5b$

08 $3x-y+3x+6y$

09 $x-10y-5y+2x$

10 $\frac{1}{2}a+1+\frac{3}{2}a-9$

11 $\frac{4}{3}x+\frac{1}{2}-\frac{1}{3}x-1$

12 $-\frac{1}{2}a+\frac{3}{4}b+\frac{2}{3}a-\frac{5}{4}b$

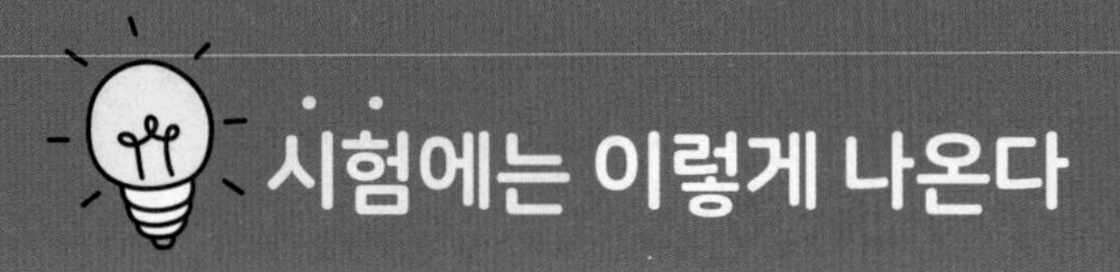

| 정답 및 풀이 12쪽 |

01 다음 중 동류항인 것끼리 짝지어진 것을 모두 고르면? (정답 2개)

① $3, 7$　② $2x, 2y$　③ $-5x, \frac{x}{4}$

④ $6x^2, -y^2$　⑤ $x^2y, 8xy^2$

★ 문자도 같고, 차수도 같아야 동류항이다.
★ 상수항끼리는 모두 동류항이다.

02 다음 중 $3x$와 동류항인 것의 개수는?

$2x$	$3y$	-3	$-\frac{x}{3}$	x^2	$\frac{3}{x}$

① 1　② 2　③ 3　④ 4　⑤ 5

03 다음 중 옳지 않은 것은?

① $4x+x=5x$　② $2y-6y=-4y$

③ $3a-2+4a=5a$　④ $2b+5+4b-1=6b+4$

⑤ $-x-3+2x-2=x-5$

★ 문자가 있는 동류항의 덧셈, 뺄셈을 할 때는 분배 법칙을 이용한다.

동류항끼리만
덧셈, 뺄셈을 할 수 있지.

04 $9x+8y-2x-14y$를 간단히 하면?

① $17x+16y$　② $17x-16y$　③ $7x+6y$

④ $7x-6y$　⑤ $-7x+6y$

05 $\frac{5}{4}x+4-\frac{1}{2}x-\frac{4}{3}$를 간단히 하면 $ax+b$일 때, 상수 a, b에 대하여 ab의 값을 구하시오.

08 일차식의 덧셈과 뺄셈은 괄호를 먼저 풀어

[일차식의 덧셈, 뺄셈 계산 순서]

❶ 괄호 풀기 ⟶ ❷ 동류항끼리 모으기 ⟶ ❸ 계산하기

● 일차식의 덧셈

$(x+5)+(3x-4)$ ❶ 괄호 풀기

$=x+5+3x-4$ ❷ 동류항끼리 모으기

$=x+3x+5-4$ ❸ 계산하기

$=\boxed{4}x+\boxed{1}$

+는 +1이 곱해진 거야.

$+1(3x-4)$

● 일차식의 뺄셈

$(x+5)-(3x-4)$ ❶ 빼는 식의 각 항의 부호를 모두 바꾸어 괄호 풀기

$=x+5-3x+4$ ❷ 동류항끼리 모으기

부호 모두 바뀜!

$=x-\boxed{3}x+5+\boxed{4}$ ❸ 계산하기

$=\boxed{-2}x+\boxed{9}$

−는 −1이 곱해진 거지.

$-1(3x-4)$

괄호 앞에 −가 있으면 괄호를 풀 때 각 항의 부호가 모두 바뀐다는 걸 잊지 말자~

● (수)×(일차식)의 덧셈과 뺄셈

$2(x+3)+(4x-1)$ ❶ 분배법칙을 이용하여 괄호 풀기

$=\boxed{2}x+\boxed{6}+4x-1$ ❷ 동류항끼리 모으기

$=\boxed{2}x+4x+\boxed{6}-1$ ❸ 계산하기

$=\boxed{6}x+\boxed{5}$

바빠 꿀팁

괄호를 푼 후에 다음과 같이 ❶ → ❷의 순으로 쓰면 계산이 빨라져.

$ax+b+cx+d$

$=(a+c)x+b+d$

❶ 계수끼리 계산하여 문자 앞에 쓰기 ❷ 상수항끼리 계산하여 일차항 뒤에 쓰기

A

일차식의 덧셈과 뺄셈은 괄호를 풀고, 동류항끼리 모아서 계산해.
－가 앞에 붙은 괄호를 풀 때는 각 항의 부호를 모두 바꿔야 하는 것에 주의해.

| 정답 및 풀이 12쪽 |

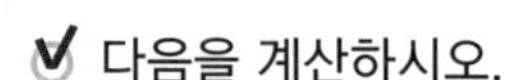

✔ 다음을 계산하시오.

01 $(x+1)+(2x+3)$

02 $(2x+1)+(3x-2)$

03 $(6x-3)+(x-4)$

04 $(2x+5)+(-x+3)$

05 $(5x-2)+(-4x-2)$

06 $\left(\frac{1}{4}x+2\right)+\left(\frac{3}{4}x+1\right)$

07 $(2x+1)-(x+5)$

08 $(x+3)-(3x-4)$

09 $(3x-2)-(x-3)$

10 $(2x+4)-(-x+5)$

11 $(4x-2)-(-2x-7)$

12 $\left(\frac{2}{3}x+1\right)-\left(x-\frac{1}{5}\right)$

B

(수)×(일차식)의 덧셈은 분배법칙을 이용하여 괄호를 풀고,
동류항끼리 모아서 계산해.

| 정답 및 풀이 13쪽 |

✔ 다음을 계산하시오.

01 $2(x+1)+(3x+1)$

02 $(2x+5)+5(x+2)$

03 $2(x+2)+4(x-3)$

04 $3(2x+4)+5(4x-1)$

05 $4(2x+3)+2(-x+1)$

06 $3(5x-2)+4(4x-3)$

07 $5(x-2)+3(-2x+1)$

08 $4(-3x+2)+2(3x-5)$

09 $\frac{1}{2}(4x+6)+(x-3)$

10 $\frac{1}{3}(3x-9)+\frac{1}{2}(x-2)$

11 $2\left(x+\frac{1}{2}\right)+4\left(\frac{3}{4}x+1\right)$

12 $6\left(\frac{1}{3}x-\frac{1}{2}\right)+12\left(\frac{1}{2}x-\frac{5}{6}\right)$

C

(수)×(일차식)의 뺄셈은 분배법칙을 이용하여 괄호를 풀고,
동류항끼리 모아서 계산해. 이때 괄호를 풀면서 부호에 꼭 주의해.

| 정답 및 풀이 13쪽 |

✔ 다음을 계산하시오.

01 $2(x+2)-(3x+2)$

02 $(4x+6)-3(x+6)$

03 $2(x-3)-4(x-7)$

04 $6(x-1)-5(4x+1)$

05 $3(4x+3)-8(x-5)$

06 $4(2x+3)-2(-x+1)$

07 $3(x-2)-5(-3x+1)$

08 $6(-2x+1)-3(4x-5)$

09 $(3x-1)-\frac{1}{4}(8x+12)$

10 $\frac{1}{2}(x+6)-\frac{1}{3}(6x-3)$

11 $4\left(\frac{3}{4}x+\frac{1}{4}\right)-6\left(\frac{1}{6}x-\frac{2}{3}\right)$

12 $2\left(\frac{1}{4}x-\frac{5}{2}\right)-3\left(\frac{1}{6}x-\frac{3}{2}\right)$

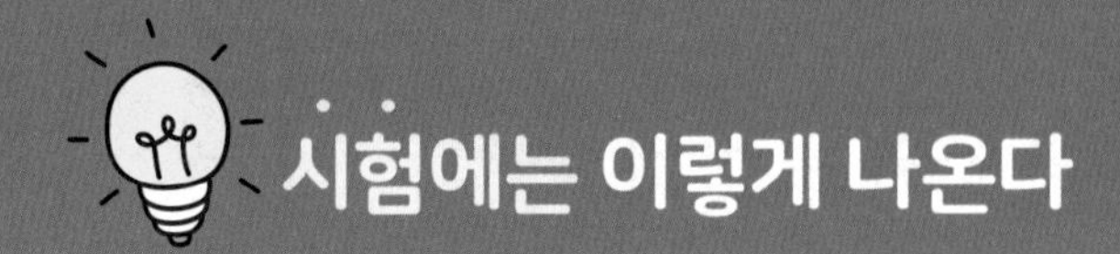

| 정답 및 풀이 14쪽 |

01 다음 중 옳지 않은 것은?

① $(x+2)+(4x+6)=5x+8$

② $(3x+2)-(x+3)=2x-1$

③ $2(x-1)+3(x+2)=5x+4$

④ $2(x+2)-(3x-4)=-x$

⑤ $(5x-3)-4(x-3)=x+9$

[일차식의 덧셈과 뺄셈 계산 순서]

분배법칙을 이용하여 괄호를 풀고
↓
동류항끼리 모아서
↓
계산한다.

02 $3(x-4)-2(-2x+5)$를 간단히 하면?

① $7x+1$ ② $7x-2$ ③ $7x-22$

④ $-x-2$ ⑤ $-x-22$

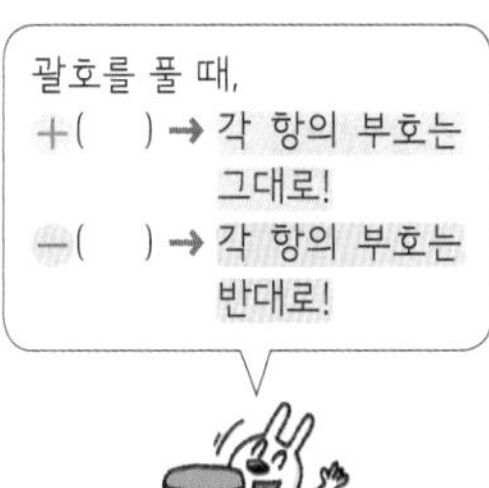

03 다음 **보기**에서 옳은 것을 모두 고른 것은?

| 보 기 |

ㄱ. $3(6x+2)-4(3x-2)=6x+14$

ㄴ. $(x+3)+\frac{1}{3}(9x-6)=4x+1$

ㄷ. $4\left(x+\frac{1}{2}\right)-3\left(\frac{4}{3}x-1\right)=5$

① ㄱ ② ㄱ, ㄴ ③ ㄱ, ㄷ

④ ㄴ, ㄷ ⑤ ㄱ, ㄴ, ㄷ

04 오른쪽 그림과 같이 큰 직사각형에서 작은 직사각형을 오려내고 남은 부분의 넓이를 나타내는 식은?

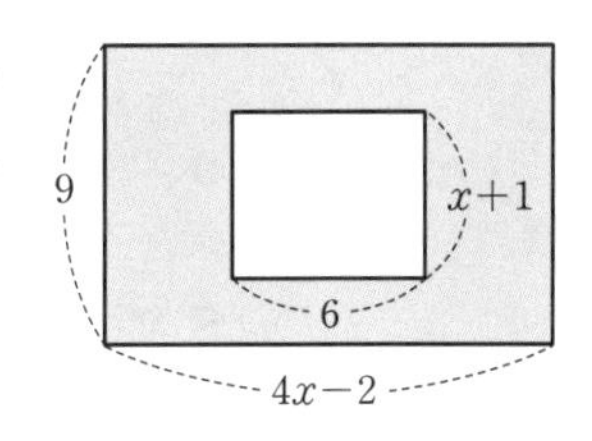

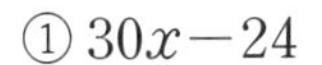

① $30x-24$ ② $30x-12$

③ $30x-6$ ④ $24x-24$

⑤ $24x-12$

(남은 부분의 넓이)
=(큰 직사각형의 넓이)
−(작은 직사각형의 넓이)

09 복잡한 일차식의 덧셈과 뺄셈은 괄호에 주의해

● 분수 꼴의 일차식의 덧셈과 뺄셈

분모의 최소공배수로 통분한 후 동류항끼리 계산한다.

$$\frac{x+3}{2}+\frac{4x-1}{3}=\frac{3(x+3)+2(4x-1)}{6}$$

분모의 최소공배수인 6으로 통분해.

$$=\frac{3x+\boxed{9}+8x-\boxed{2}}{6}$$

$$=\frac{11x+\boxed{7}}{6}=\frac{11}{6}x+\boxed{\frac{7}{6}}$$

바빠 꿀팁

다음과 같이 각 항을 분리한 후 동류항끼리 통분해서 계산해도 돼.

$$\frac{x+3}{2}+\frac{4x-1}{3}$$

$$=\frac{1}{2}x+\frac{3}{2}+\frac{4}{3}x-\frac{1}{3}$$

$$=\frac{3}{6}x+\frac{8}{6}x+\frac{9}{6}-\frac{2}{6}$$

$$=\frac{11}{6}x+\frac{7}{6}$$

앗! 실수

★ 통분할 때 반드시 분자에 괄호를 해야 해.

$$\frac{x+3}{2}+\frac{4x-1}{3}=\frac{3\times(x+3)}{3\times2}+\frac{2\times(4x-1)}{2\times3}$$

$$=\frac{3(x+3)+2(4x-1)}{6}\ (\bigcirc)$$

$$\frac{x+3}{2}+\frac{4x-1}{3}=\frac{3\times x+3}{3\times2}+\frac{2\times4x-1}{2\times3}=\frac{3x+3+8x-1}{6}\ (\times)$$

● 괄호가 여러 개인 일차식의 덧셈과 뺄셈

소괄호 ( ) → 중괄호 { } → 대괄호 [ ]의 순서로 괄호를 푼다.

$$1-[2x-\{4-3(x+1)\}]$$

괄호❶ 풀기

$$=1-\{2x-(4-3x-\boxed{3})\}$$

괄호❷ 내부의 동류항끼리 계산하기

$$=1-\{2x-(-3x+\boxed{1})\}$$

괄호❷ 풀기

$$=1-(2x+\boxed{3}x-\boxed{1})$$

괄호❸ 내부의 동류항끼리 계산하기

$$=1-(\boxed{5}x-\boxed{1})$$

괄호❸ 풀기

$$=1-\boxed{5}x+\boxed{1}$$

동류항끼리 계산하기

$$=-\boxed{5}x+\boxed{2}$$

괄호를 안에서부터 차근차근 밖으로 풀어나가자~

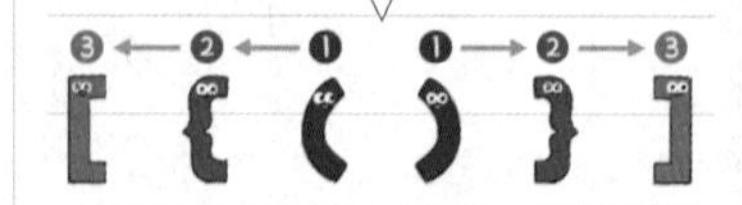

A

분수 꼴의 일차식의 덧셈, 뺄셈은 분모의 최소공배수로 통분한 후
동류항끼리 계산해. 통분할 때는 반드시 분자에 괄호를 해야 해.

| 정답 및 풀이 14쪽 |

✔ 다음을 계산하시오.

01 $\frac{x+1}{2}+\frac{x+2}{4}$

02 $\frac{x-1}{3}+\frac{2x-1}{9}$

03 $\frac{2x+3}{4}+\frac{x-2}{3}$

04 $\frac{x-3}{2}+\frac{2x+1}{5}$

05 $\frac{-x-5}{3}+\frac{3x-4}{2}$

06 $\frac{x+2}{3}-\frac{x+3}{6}$

07 $\frac{x-1}{2}-\frac{3x+1}{8}$

08 $\frac{x+3}{3}-\frac{4x-5}{7}$

09 $\frac{3x-2}{4}-\frac{2x-4}{3}$

10 $\frac{-2x-1}{4}-\frac{4x-3}{6}$

B

괄호가 여러 개일 때, 소괄호 ( ) → 중괄호 { } → 대괄호 [ ]의 순서로 괄호를 풀어. 괄호를 풀 때는 괄호 앞의 부호에 주의해!

| 정답 및 풀이 15쪽 |

✔ 다음을 계산하시오. [01~06]

01 $5-\{3x-(x+2)\}$

02 $3x-\{2x+4(5-x)\}$

03 $1+\{4a-3-2(3a-1)\}$

04 $-3x+2\{4x+(-x+6)\}$

05 $4a-[5a+\{a-(2a-3)\}]$

06 $5x-y+[2x-\{3x-7y-(4x+2y)\}]$

문자에 일차식 대입하기

❶ 문자에 일차식을 대입할 때는 괄호에 넣어서 대입한다.
❷ 식이 복잡하면 그 식을 먼저 간단히 한다.

문자에 음수를 대입할 때처럼 일차식을 대입할 때는 괄호를 사용해야 해.

07 $A=x+2$, $B=2x+3$일 때, $2A+B$를 계산하시오.

$A=x+2$, $B=2x+3$이므로
$2A+B=2(\square)+(2x+3)$
$=\square+2x+3$
$=\square$

08 $A=x-3$, $B=2x+1$일 때, $A-B$를 계산하시오.

09 $A=2x+4y$, $B=-x+2y$일 때, $3A-2B$를 계산하시오.

10 $A=x+4$, $B=3x-2$일 때, $2A-(A-3B)$를 계산하시오.

먼저 이 식의 괄호를 풀고 간단히 한 후에 대입해.

□ 안에 알맞은 식을 구할 때는 덧셈과 뺄셈의 관계를 이용해.

$\square + A = B \rightarrow \square = B - A$ $\quad \square - A = B \rightarrow \square = B + A$

| 정답 및 풀이 15쪽 |

✔ 다음 □ 안에 알맞은 식을 구하시오. [01~04]

01 $\square + 2x = 4x - 3$

부호를 바꿔서

$\rightarrow \square = 4x - 3 - 2x$

$= $ ____________

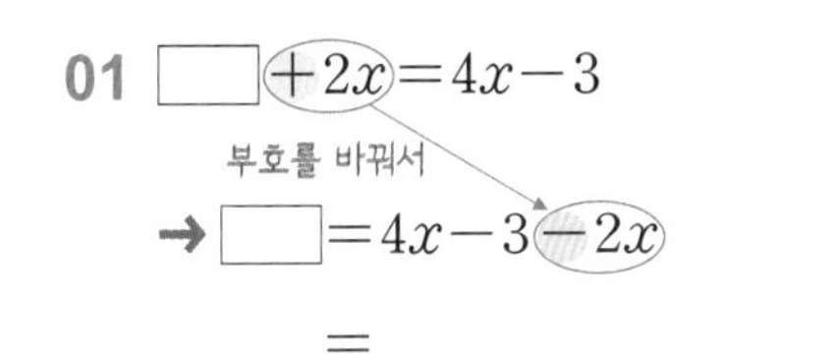

02 $\square - 6x = 5x - 2$

부호를 바꿔서

$\rightarrow \square = 5x - 2 + 6x$

$= $ ____________

03 $\square + (x+2) = 3x - 2$

$\rightarrow \square = 3x - 2 - (x+2)$

$= $ ____________

$= $ ____________

04 $\square - (4x+1) = 2x + 7$

$\rightarrow \square = 2x + 7 + (4x+1)$

$= $ ____________

$= $ ____________

문장에서 어떤 식 구하기

❶ 구하려는 어떤 식을 □라 하고

❷ 주어진 조건에 따라 식으로 나타낸 후

❸ □를 구한다.

05 어떤 다항식에서 $3x-4$를 뺐더니 $x+1$이 되었다. 이때 어떤 다항식을 구하시오.

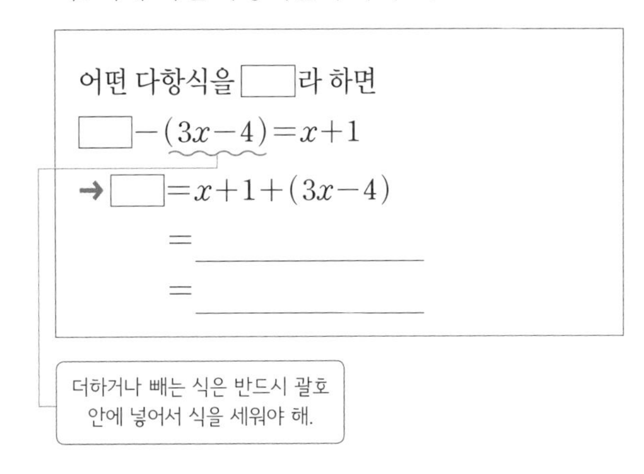

어떤 다항식을 □라 하면

$\square - (3x-4) = x+1$

$\rightarrow \square = x + 1 + (3x - 4)$

$= $ ____________

$= $ ____________

더하거나 빼는 식은 반드시 괄호 안에 넣어서 식을 세워야 해.

06 어떤 다항식에 $2x+3y$를 더했더니 $-4x+2y$가 되었다. 이때 어떤 다항식을 구하시오.

07 어떤 다항식에서 $9-x$를 뺐더니 $6x+8$이 되었다. 이때 어떤 다항식을 구하시오.

바르게 계산한 식을 구하려면 식을 두 번 세워야 해. 어떤 식을 □라 하고
잘못 계산한 식을 세워 어떤 식을 구한 다음, 바르게 계산한 식을 구하자.

| 정답 및 풀이 16쪽 |

잘못 계산한 식에서 바르게 계산한 식 구하기

❶ 어떤 식을 □라 하고 잘못 계산한 식을 세운다.
❷ 어떤 식을 구한 후
❸ 바르게 계산한 식을 구한다.

01 어떤 다항식에 $x+5$를 더해야 할 것을 잘못하여 뺐더니 $2x-4$가 되었다. 바르게 계산한 식을 구하시오.

❶ 어떤 다항식을 □라 하고
잘못 계산한 식을 세우면
$\square-(x+5)=2x-4$

바르게 계산한 식은
$\square+(x+5)$

구해야 하는 식을
미리 생각해 놓자.

❷ 덧셈과 뺄셈의 관계를 이용하여 어떤 다항식을 구하면
$\square=2x-4+(x+5)$
$=$ ______
$=$ ______

❸ 따라서 바르게 계산한 식은
$\square+(x+5)=$ ______
$=$ ______
$=$ ______

❷에서 구한
어떤 식을 대입해.

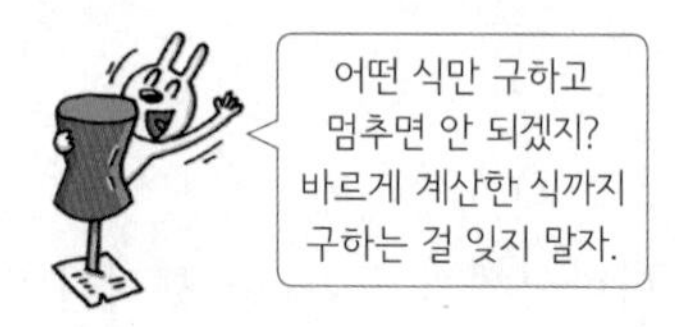

02 어떤 다항식에 $x+1$을 더해야 할 것을 잘못하여 뺐더니 $2x+3$이 되었다. 다음 물음에 답하시오.

(1) 어떤 다항식을 □라 하고 잘못 계산한 식을 세우시오.

(2) 어떤 다항식을 구하시오.

(3) 바르게 계산한 식을 구하시오.

03 어떤 다항식에서 $4x+2$를 빼야 할 것을 잘못하여 더했더니 $-x+3$이 되었다. 다음 물음에 답하시오.

(1) 어떤 다항식을 □라 하고 잘못 계산한 식을 세우시오.

(2) 어떤 다항식을 구하시오.

(3) 바르게 계산한 식을 구하시오.

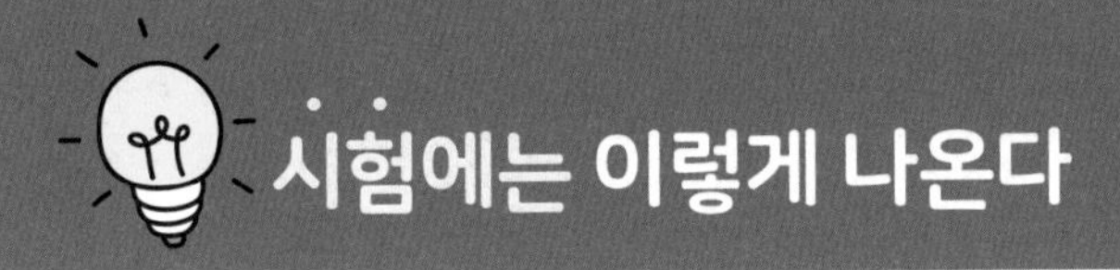

| 정답 및 풀이 16쪽 |

01 $\dfrac{x-5}{4}-\dfrac{2x-3}{5}$을 계산하면?

① $-\dfrac{3}{20}x-\dfrac{37}{20}$　② $-\dfrac{3}{20}x-\dfrac{23}{20}$　③ $-\dfrac{3}{20}x-\dfrac{13}{20}$

④ $\dfrac{13}{20}x-\dfrac{8}{20}$　⑤ $\dfrac{13}{20}x-\dfrac{2}{20}$

★ 분모를 최소공배수로 통분한 후 동류항끼리 계산한다.
★ 통분할 때는 반드시 분자에 괄호를 해야 한다.

02 $2x+3-[6x-\{4x+4-3(-x+5)\}]$를 계산하면 x의 계수가 a, 상수항이 b이다. 이때 $a+b$의 값은?

① 3　② 1　③ -1　④ -3　⑤ -5

★ (　) → {　} → [　]의 순서로 괄호를 푼다.

먼저 이 식의 괄호를 풀어 식을 간단히 한 후에 대입해.

03 $A=4x-2$, $B=2x+5$일 때, $2A+B-(A-B)$를 계산하면?

① $8x+5$　② $8x+8$　③ $8x+11$

④ $10x+3$　⑤ $10x+8$

★ 문자에 일차식을 대입할 때는 괄호를 사용하여 대입한다.

04 다음 □ 안에 알맞은 식을 구하시오.

$$\square-(x-1)=-9x+8$$

05 어떤 다항식에서 $3x-5$를 빼야 할 것을 잘못하여 더했더니 $4x-3$이 되었다. 바르게 계산한 결과를 구하시오.

먼저 어떤 식을 □라 하고 잘못 계산한 식을 세워 봐.

방정식의 창시자, 디오판토스

고대 그리스 수학자 디오판토스는 최초로 문자를 사용하여 문제를 푸는 방법을 도입한 사람이야.

디오판토스 이전에는 미지수를 문자로 나타낼 생각을 못 해서 수학적 상황을 문장으로 표현해야 했어. 예를 들어 '정삼각형의 둘레의 길이가 24 cm이다.'를 문자를 사용하여 간단히 나타내면 한 변의 길이를 x cm로 놓고 '$3x=24$'라고 나타낼 수 있어.

이렇게 긴 문장을 간단한 식으로 변형하여 문제를 쉽게 해결한 방식은 많은 수학자에게 영향을 끼치고 나아가 대수학의 발달에도 큰 공헌을 했어.

셋째 마당

일차방정식의 풀이

셋째 마당에서는 본격적으로 중1 수학의 일차방정식을 배우고 계산하는 연습을 할 거야. **일차방정식은 중2 수학의 연립 일차방정식, 중3 수학의 이차방정식의 기초일 뿐만 아니라, 고등수학의 초석이 되는 중요한 개념이야.** 중학수학은 물론 고등수학까지 잘하기 위해서는 방정식의 첫 단추를 잘 끼워야겠지? 새로 배우는 용어들이 낯설 수 있지만 정확하게 알고 기본기를 탄탄하게 만들어 보자!

	공부할 내용	15일 진도	20일 진도	공부한 날짜
10	등호 =가 있는 등식과 방정식을 알아보자	6일 차	8일 차	___월 ___일
11	항상 참인 등식 항등식!			___월 ___일
12	등식의 성질을 이용하여 방정식의 해를 구해	7일 차	9일 차	___월 ___일
13	이항과 일차방정식의 뜻을 알아보자			___월 ___일
14	이항을 이용하여 일차방정식의 풀이 속도를 높여	8일 차	10일 차	___월 ___일
15	일차방정식에 괄호가 있으면 일단 괄호부터 풀어		11일 차	___월 ___일
16	계수가 소수 또는 분수이면 계수를 정수로 고쳐	9일 차	12일 차	___월 ___일
17	주어진 해를 대입해서 상수 a의 값을 구해		13일 차	___월 ___일

10 등호 =가 있는 등식과 방정식을 알아보자

'1+3=4'에서 등호 '='는 왼쪽에 있는 1+3과 오른쪽에 있는 4가 서로 같음을 나타내는 기호야. 이런 식에 문자까지 있는 '$x+3=4$'와 같은 식을 배울 거야. 문자 x가 있는 이 식의 이름은 뭘까?

문자와 등호가 있는 나의 이름은?

● 등식

① **등식**: 등호 '='를 사용하여 두 수 또는 두 식이 서로 같음을 나타낸 식

(예) $1+3=4$, $x+1=2$, $2-x=x+1$

★ 식의 맞고 틀림에 상관없이 등호 '='를 사용하는 식은 모두 등식이야.

$2+1=4$ → 등식　　$5-4=3$ → 등식

└ $3\neq4$이지만 등호가 있어.　└ $1\neq3$이지만 등호가 있어.

내가 있으면 등식! 없으면 등식이 아니야~

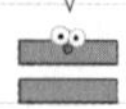

② **좌변**: 등식에서 등호의 왼쪽 부분

③ **우변**: 등식에서 등호의 오른쪽 부분

④ **양변**: 등식의 좌변과 우변

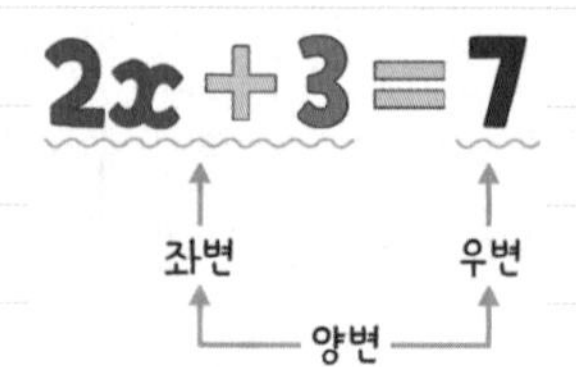

⑤ **문장을 등식으로 나타내기**

문장에서 ~은(는) 뒤를 /로 끊어 읽으면 등식으로 나타내기 쉬워.

어떤 수 x의 2배에 3을 더한 수는 / 7이다.

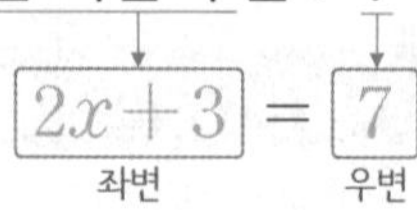

● 방정식과 그 해

① **방정식**: 미지수의 값에 따라 참이 되기도, 거짓이 되기도 하는 등식

② **미지수**: 방정식에 있는 문자 ← 미지수는 x를 많이 사용해.

③ **방정식의 해(근)**: 방정식을 참이 되게 하는 미지수의 값

④ **방정식을 푼다**: 방정식의 해(근)를 구하는 것

해(解)는 '풀다.'는 뜻이고, 근(根)은 '뿌리'라는 뜻이다.

등식 $x+3=4$에 x의 값 0, 1, 2를 각각 대입해 보자.

x의 값	좌변의 값	우변의 값	참, 거짓
0	$0+3=3$	4	거짓
1	$1+3=$ [4]	4	[참]
2	[2] $+3=$ [5]	4	[거짓]

← (좌변)≠(우변)이므로 거짓

좌변의 값과 우변의 값이 같으면 참, 다르면 거짓이야.

→ 등식 $x+3=4$는 x에 대한 [방정식]이다.

→ 방정식 $x+3=4$의 해는 $x=$ [1]이다.

등호(=)가 있어야 등식이야. 부등호($<$, $>$, $\le$, $\ge$)가 있거나 등호가 없으면 등식이 아니야.
문장 'A는 / B이다.' → 등식 '$A=B$'를 기억해.

| 정답 및 풀이 16쪽 |

✔ 다음 식이 등식이면 ○표, 등식이 아니면 ×표를 ( ) 안에 써넣으시오. [01~06]

01 $x+3$ ( )

02 $2-x=5$ ( )

03 $x+3y$ ( )

04 $2x+1>3$ ( )

앗! 실수

05 $5-7=2$ ( )

06 $x+\frac{1}{2}=4-\frac{1}{3}x$ ( )

✔ 다음 문장을 등식으로 나타내시오. [07~12]

07 어떤 수 x에 3을 더한 수는 / 9이다.

→ 등식: ____________

08 어떤 수 x의 3배에서 4를 뺀 수는 / x와 같다.

→ 등식: ____________

(거스름돈)=(낸 돈)−(물건의 가격)

09 x원짜리 과자 1개를 사고 10000원을 냈을 때의 거스름돈이 / 7500원이다.

→ 등식: ____________

10 가로의 길이가 x cm, 세로의 길이가 5 cm인 직사각형의 넓이는 / 20 cm^2이다.

→ 등식: ____________

(거리)=(속력)×(시간)

11 시속 60 km로 x시간 동안 이동한 거리는 / 240 km이다.

→ 등식: ____________

(소금의 양)$=\frac{(\text{소금물의 농도})}{100}\times$(소금물의 양)

12 7 %의 소금물 x g에 들어 있는 소금의 양은 / 14 g이다.

→ 등식: ____________

B

x의 값을 각각 방정식에 대입하여 (좌변의 값)=(우변의 값)이 되는 x의 값을 찾아 봐.
방정식을 참이 되게 하는 x의 값이 ★일 때, 방정식의 해는 $x=$★로 나타내.

| 정답 및 풀이 17쪽 |

✔ 다음 표를 완성하고, 주어진 방정식의 해를 구하시오. [01~03]

01 $3x-2=4$

x의 값	좌변의 값	우변의 값	참, 거짓
0	$3\times0-2=-2$	4	거짓
1			
2			

→ 방정식의 해: $x=$ □

02 $5-x=6$

x의 값이 음수일 때는 괄호에 넣어서 대입해야 돼.

x의 값	좌변의 값	우변의 값	참, 거짓
-2	$5-(-2)=7$	6	
-1			
0			

→ 방정식의 해: $x=$ □

03 $2x-1=4-3x$

x의 값	좌변의 값	우변의 값	참, 거짓
-1			
0			
1			

→ 방정식의 해: ____________

방정식의 해를 $x=$★의 꼴로 나타내.

✔ 다음을 구하시오. [04~08]

04 x의 값이 -1, 0, 1일 때, 방정식 $x+4=3$의 해

05 x의 값이 2, 3, 4일 때, 방정식 $3x+2=11$의 해

06 x의 값이 -2, -1, 0일 때, 방정식 $2x+1=x$의 해

07 x의 값이 3, 4, 5일 때, 방정식 $2(x-1)=10-x$의 해

08 x의 값이 0, 1, 2일 때, 방정식 $\frac{x+1}{3}=\frac{x}{2}$의 해

$x=$★이 방정식의 해라는 것은 x 대신 ★을 방정식에 대입했을 때 참이 된다는 거야.

| 정답 및 풀이 17쪽 |

✔ 다음 [ ] 안의 수가 주어진 방정식의 해이면 ○표, 해가 아니면 ×표를 ( ) 안에 써넣으시오.

주어진 값이 방정식의 해인지, 아닌지 판단하기

$$2x+3=7 \quad [2]$$

❶ x의 값에 [ ] 안의 수를 대입한다.
❷ (좌변)=(우변)이면 해이고, (좌변)≠(우변)이면 해가 아니다.

01 $2x=12 \quad [6]$ ( )

02 $x-2=1 \quad [1]$ ( )

03 $5-x=3 \quad [2]$ ( )

04 $\frac{1}{2}x+3=\frac{7}{2} \quad [3]$ ( )

05 $-3x=5x-8 \quad [1]$ ( )

06 $x+2=2x+3 \quad [4]$ ( )

음수는 괄호에 넣어서 대입하자~

07 $4-x=3-2x \quad [-1]$ ( )

08 $2(x+4)=6x-1 \quad [4]$ ( )

09 $2x-3=5(x+3) \quad [-5]$ ( )

10 $4(x+1)=3(x-2) \quad [-7]$ ( )

11 $\frac{x-1}{2}=\frac{x}{4} \quad [2]$ ( )

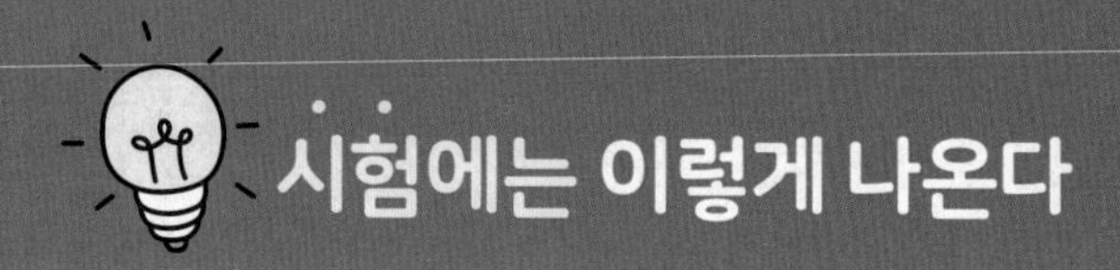

| 정답 및 풀이 18쪽 |

01 다음 중 등식이 아닌 것을 모두 고르면? (정답 2개)

① $3x+4$　② $5-4=1$　③ $2x>x+2$

④ $5x+2=7$　⑤ $x+1=x+1$

★ 등식: 등호 '$=$'를 사용하여 두 수 또는 두 식이 서로 같음을 나타낸 식

02 다음 중 문장을 등식으로 나타낸 것으로 옳지 않은 것은?

① 1개에 x원인 초콜릿 5개의 값은 5000원이다. ➜ $5x=5000$

② 한 변의 길이가 x cm인 정삼각형의 둘레의 길이는 6 cm이다.
➜ $3x=6$

③ x의 2배에 3을 더한 수는 x의 3배에서 2를 뺀 수와 같다.
➜ $2x+3=3x-2$

④ 초속 x m로 20초 동안 달린 거리는 100 m이다. ➜ $\frac{x}{20}=100$

⑤ 사탕 50개를 x명이 4개씩 나누어 가졌더니 2개가 남았다.
➜ $50-4x=2$

'~은(는) / ~이다(와 같다).' 와 같이 문장을 /로 끊어 읽으면 등식으로 나타내기 쉬워.

03 다음 중 [　] 안의 수가 방정식의 해인 것을 모두 고르면? (정답 2개)

① $x+1=-3$　[-2]　② $3x+2=15$　[4]

③ $2x=6-x$　[2]　④ $x-\frac{1}{2}=\frac{1}{2}$　[1]

⑤ $3x-1=2(x+1)$　[4]

★ 방정식의 해: 방정식을 참이 되게 하는 미지수의 값
★ x 대신 a를 대입했을 때, (좌변의 값)$=$(우변의 값)이면 방정식의 해는 $x=a$이다.

04 다음 방정식 중 $x=2$가 해가 아닌 것은?

① $2x+3=7$　② $7-4x=-1$　③ $-x+10=4x$

④ $3(x-1)=5-x$　⑤ $\frac{x+2}{3}=\frac{x-1}{2}$

11 항상 참인 등식 항등식!

앞에서 배운 방정식은 미지수 x가 특별한 값을 가질 때만 참이 되는 등식이었지? 그런데 x가 어떠한 값을 갖더라도 항상 참이 되는 등식도 있어~

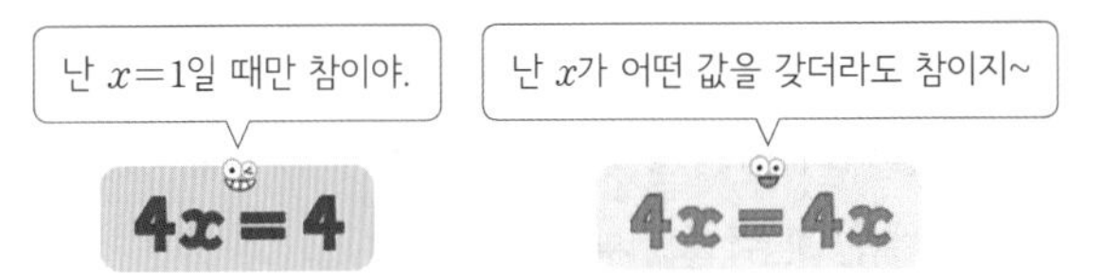

● 항등식

① **항등식**: 미지수에 어떤 수를 대입해도 항상 참이 되는 등식

등식 $x+3x=4x$에 x의 값 0, 1, 2, 3을 각각 대입해 보자.

x의 값	좌변의 값	우변의 값	참, 거짓
0	$0+3\times0=0$	$4\times0=0$	참
1	$1+3\times1=4$	$4\times1=4$	참
2	$2+3\times2=8$	$4\times2=8$	참
3	$3+3\times3=12$	$4\times3=12$	참

← (좌변)=(우변)이므로 참

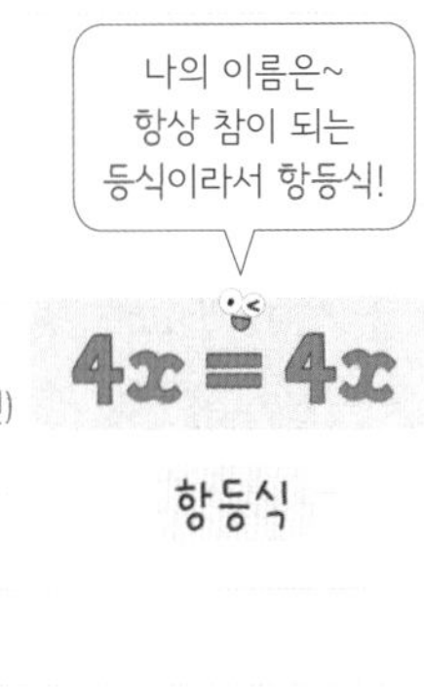

→ 등식 $x+3x=4x$는 x에 대한 항등식이다.

② 등식을 간단히 정리하였을 때, (좌변의 식)=(우변의 식)이면 항등식이다.

$x+3x=4x$ → (좌변)$=x+3x=$ $4x$, (우변)$=4x$

→ (좌변의 식)=(우변의 식)이므로 항등식 이다.

● 항등식이 되기 위한 조건

$ax+b=cx+d$ (a, b, c, d는 상수)가 항등식이 되려면

→ x의 계수끼리 같고, 상수항끼리 같아야 한다.

→ $a=c$, $b=d$

등식 $ax+b=2x+1$(a, b는 상수)가 항등식이 되려면

$a=$ 2, $b=$ 1 이어야 한다.

x의 계수끼리 같게!　상수항끼리 같게!

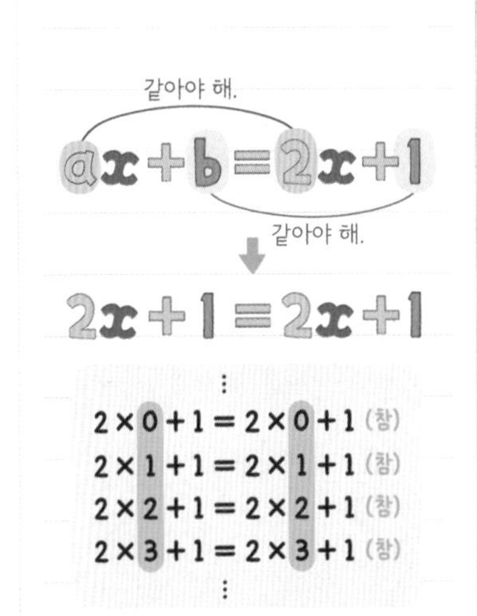

x의 계수끼리 같고, 상수항끼리 같으면 항등식이야.
좌변과 우변을 각각 정리했을 때, 양변의 식이 같으면 항등식!

| 정답 및 풀이 19쪽 |

✔ 다음 등식이 항등식이면 ○표, 항등식이 아니면 ×표를 ( ) 안에 써넣으시오.

01 $-x=-x$ ( )

02 $x+2=2+x$ ( )

03 $x-1=x-1$ ( )

04 $x-4=4-x$ ( )

05 $x+2=2x+1$ ( )

06 $5+3=4+4$ ( )

먼저 우변을 간단히 정리해 봐~

07 $x=2x-3x$ ( )

08 $5x-2x=3x$ ( )

분배법칙을 이용하여 괄호를 풀어.

09 $3(x-1)=3x-3$ ( )

10 $6x+3=3(x+2)$ ( )

11 $4-x=2-(x-2)$ ( )

12 $2(x+1)+3=2x+5$ ( )

x의 계수끼리 같아.

$ax+b=cx+d$(a, b, c, d는 상수)가 항등식 → $a=c$, $b=d$

상수항끼리 같아.

| 정답 및 풀이 19쪽 |

✔ 다음 등식이 모든 x에 대하여 참이 되도록 하는 상수 a, b의 값을 각각 구하시오.

'항등식'과 같은 뜻을 가진 다른 표현

- 모든 x에 대하여 항상 참이 되는 등식
- x의 값에 관계없이 항상 참인 등식

항등식의 다른 표현을 꼭 기억해 두자.

01 $ax+b=2x+3$

02 $ax+b=3x-1$

03 $4x-3=ax+b$

04 $-2x+5=ax+b$

05 $ax+b=-x+8$

먼저 부호에 주의해서 괄호를 풀어.

06 $ax+b=-(2x-1)$

07 $ax-b=4(x-1)$

08 $ax+b=\dfrac{x+2}{3}$

09 $ax+1=3x+b$

10 $ax-5=4x-b$

11 $\dfrac{3}{4}x+a=bx-5$

괄호를 풀고 동류항끼리 간단히~

12 $ax-9=-(3x-b)+x$

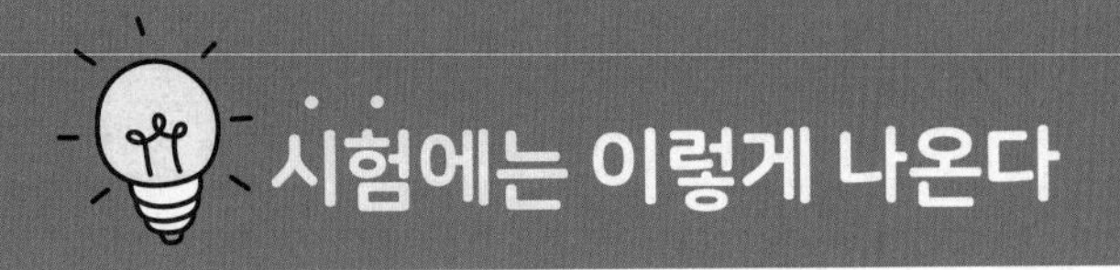

| 정답 및 풀이 19쪽 |

01 다음 중 항등식이 아닌 것은?

① $x+1=1+x$　② $4x-2x=2x$
③ $x+3=3x$　④ $-x=(2-x)-2$
⑤ $5x-5=5(x-1)$

★ 항등식: 미지수에 어떤 수를 대입해도 항상 [참]이 되는 등식
★ 등식의 좌변과 우변을 간단히 정리했을 때, 양변의 식이 서로 같으면 [항등식]이다.

02 다음 **보기**에서 x의 값에 관계없이 항상 참인 등식을 모두 고른 것은?

보기	
ㄱ. $2x+3=3x+2$	ㄴ. $2(x+5)=2x+10$
ㄷ. $x+1=4$	ㄹ. $-x+1=-(x-2)-1$

① ㄱ, ㄴ　② ㄴ, ㄷ　③ ㄱ, ㄹ
④ ㄴ, ㄹ　⑤ ㄱ, ㄴ, ㄹ

'항등식'
= '모든 x에 대하여 항상 참이 되는 등식'
= 'x의 값에 관계없이 항상 [참]인 등식'

03 등식 $ax-6=3x+b$가 x에 대한 항등식일 때, ab의 값은? (단, a, b는 상수)

① 18　② 6　③ -6　④ -18　⑤ -24

상수 a, b, c, d에 대하여 다음 등식이 항등식이면

x의 계수끼리 같아.

$$ax+b=cx+d$$

상수항끼리 같아.

$\rightarrow a=c,\ b=d$

04 등식 $ax-b=4(x-1)-3$이 모든 x에 대하여 항상 참일 때, $a+b$의 값을 구하시오. (단, a, b는 상수)

12 등식의 성질을 이용하여 방정식의 해를 구해

10과에서 방정식에 x 대신 수를 일일이 대입하면서 방정식을 참이 되게 하는 해를 찾았었지? 하지만 이렇게 대입하지 않고도 방정식의 해를 곧장 찾게 해주는 '만능키' 같은 존재가 있으니~ 그건 바로 '등식의 성질'이야.

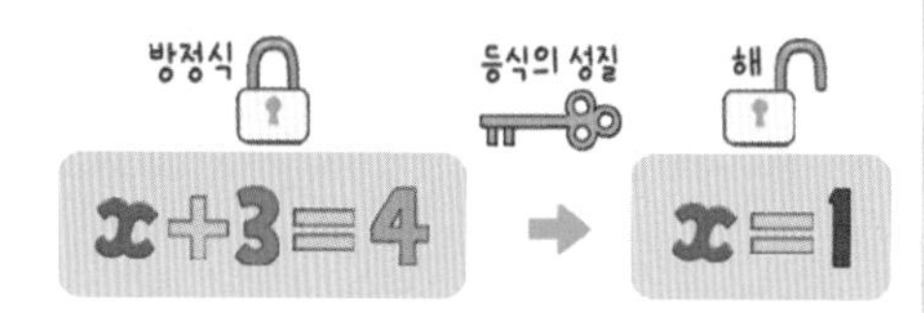

● 등식의 성질

① 양변에 같은 수를 더해도 등식은 성립한다. (등식이 참이 된다는 뜻이야.)

$a=b$이면 $a+c=b+c$ 예 $a=b$이면 $a+2=b+2$

② 양변에서 같은 수를 빼도 등식은 성립한다.

$a=b$이면 $a-c=b-\boxed{c}$ 예 $a=b$이면 $a-2=b-2$

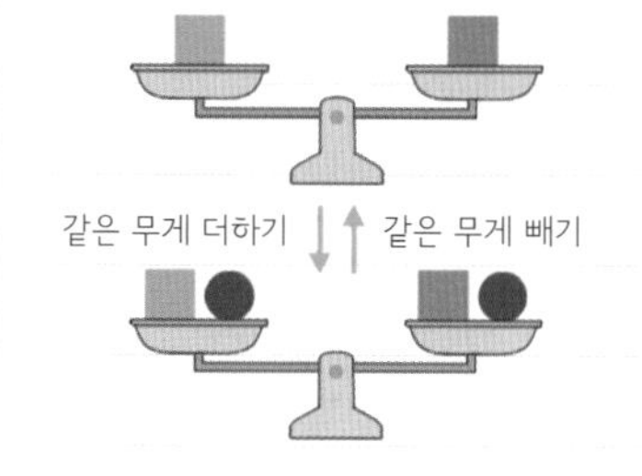

③ 양변에 같은 수를 곱해도 등식은 성립한다.

$a=b$이면 $ac=b\boxed{c}$ 예 $a=b$이면 $2a=2b$

④ 양변을 0이 아닌 같은 수로 나누어도 등식은 성립한다.

$a=b$이면 $\dfrac{a}{c}=\dfrac{b}{\boxed{c}}$ (단, $c\neq0$) 예 $a=b$이면 $\dfrac{a}{2}=\dfrac{b}{2}$

어떤 수도 0으로 나눌 수는 없어.

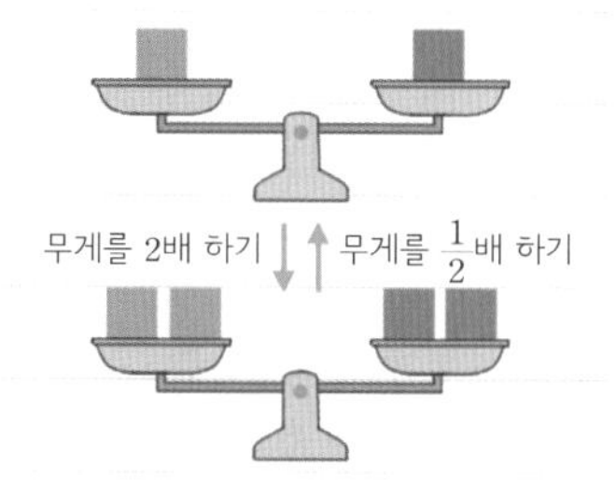

★ 등식의 양변을 0으로 나눌 때 등식이 성립하지 않는 이유는 다음과 같아.

$2\times0=3\times0$이지만 $2\neq3$ → 거짓

그래서 등식의 양변을 0이 아닌 같은 수로 나눌 때만 등식이 성립하는 거야.
따라서 다음 문장이 옳지 않다는 것을 알 수 있어.

$ac=bc$이면 $a=b$이다. (×) → $c\neq0$이라는 조건이 없으니 거짓이야.

● 등식의 성질을 이용한 방정식의 풀이

x에 대한 방정식을 등식의 성질을 이용하여 $x=$(수) 꼴로 바꾸어 해를 구한다.

$x+3=4$ —(양변에서 3을 뺀다. / 좌변에 x만 남게 만드는 등식의 성질을 사용해.)→ $x+3-3=4-3$, $x=\boxed{1}$ ← 해

$2x=4$ —(양변을 $\boxed{2}$로 나눈다. / 좌변에 x만 남게 만드는 등식의 성질을 사용해.)→ $\dfrac{2x}{2}=\dfrac{4}{2}$, $x=\boxed{2}$ ← 해

바빠 꿀팁

등식의 성질을 다음과 같이 사용해서 해를 구할 수도 있어.

$x+3=4$
$x+3+(-3)=4+(-3)$ (양변에 -3을 더한다.)
$x=1$ ← 해

$2x=4$
$2x\times\dfrac{1}{2}=4\times\dfrac{1}{2}$ (양변에 $\dfrac{1}{2}$을 곱한다.)
$x=2$ ← 해

$a=b$일 때

① $a+c=b+c$ ② $a-c=b-c$ ③ $ac=bc$ ④ $\frac{a}{c}=\frac{b}{c}$ (단, $c\neq0$)

| 정답 및 풀이 19쪽 |

✔ 등식의 성질을 이용하여 □ 안에 알맞은 수 또는 식을 써넣으시오.

01 $a=b \xrightarrow{\text{양변에 1을 더한다.}} a+1=b+\square$

02 $a=b \xrightarrow{\text{양변에서 }\square\text{을 뺀다.}} a-3=b-\square$

03 $a=b \xrightarrow{\text{양변에 }\square\text{를 곱한다.}} 4a=\square$

04 $a=b \xrightarrow{\text{양변을 }\square\text{로 나눈다.}} -\frac{a}{2}=\square$

05 $a=b \xrightarrow{\text{양변에 }\square\text{을 곱한다.}} -a=\square$

06 $a=b \xrightarrow{\text{양변에서 }b\text{를 뺀다.}} a-b=\square$

07 $2a=b \xrightarrow{\text{양변을 2로 나눈다.}} a=\square$

08 $a-2=5b-2 \xrightarrow{\text{양변에 2를 더한다.}} a=\square$

09 $a=b \xrightarrow[\text{양변에 1을 더한다.}]{\text{양변에 2를 곱한 후}} 2a+1=\square$

10 $a=b \xrightarrow[\text{양변에 5를 더한다.}]{\text{양변에 }-1\text{을 곱한 후}} \square=-b+5$

11 $a=b \xrightarrow[\text{양변에 7을 곱한다.}]{\text{양변에서 2를 뺀 후}} 7(a-2)=\square(b-2)$

12 $\frac{a}{4}-3=\frac{b}{4}-3 \xrightarrow[\text{양변에 }\square\text{를 곱한다.}]{\text{양변에 3을 더한 후}} a=b$

등식의 양변에 같은 수를 더하거나 빼도 등식은 성립해.
등식의 양변에 같은 수를 곱하거나 0이 아닌 같은 수로 나누어도 등식은 성립해.

| 정답 및 풀이 20쪽 |

✔ 다음 중 옳은 것에는 ○표, 옳지 않은 것에는 ×표를 (　) 안에 써넣으시오.

01 $x=y$이면 $x+3=y+3$이다. (　　)

02 $x=y$이면 $-x+1=-y+1$이다. (　　)

03 $a=b$이면 $a+2=b-2$이다. (　　)

04 $3a-2=3b-2$이면 $a=b$이다. (　　)

05 $\frac{a}{c}=\frac{b}{c}$이면 $a=b$이다. (　　)

앗! 실수

06 $ac=bc$이면 $a=b$이다. (　　)

양변에서 b를 빼 봐.

07 $a+b=0$이면 $a=-b$이다. (　　)

08 $a=-b$이면 $a-5=-b+5$이다. (　　)

09 $\frac{x}{5}=y$이면 $x=5y$이다. (　　)

10 $a-\frac{1}{2}=2b-\frac{1}{2}$이면 $a=2b$이다. (　　)

11 $3x=y$이면 $3(x+1)=y+1$이다. (　　)

12 $a=4b$이면 $\frac{a}{4}+2=b+2$이다. (　　)

'방정식 풀기'란? x에 대한 방정식 $\xrightarrow{\text{등식의 성질 이용}}$ $x=$(수) 꼴로 만드는 거야.

| 정답 및 풀이 20쪽 |

✔ 다음은 등식의 성질을 이용하여 방정식을 푸는 과정이다. 이때 사용한 등식의 성질을 보기에서 골라 □ 안에 알맞은 기호를 써넣으시오. [01~06]

보기

$a=b$이고 c는 자연수일 때 (자연수를 더하고, 빼고, 곱하고 나누는 경우만 생각해.)

ㄱ. $a+c=b+c$ ㄴ. $a-c=b-c$

ㄷ. $ac=bc$ ㄹ. $\frac{a}{c}=\frac{b}{c}$

01 $x-2=1 \xrightarrow{\square} x=3$

($x-2+2=1+2$)

02 $x+1=5 \xrightarrow{\square} x=4$

03 $3x=9 \xrightarrow{\square} x=3$

04 $\frac{1}{2}x=1 \xrightarrow{\square} x=2$

05 $2x-6=0 \xrightarrow{\square} 2x=6 \xrightarrow{\square} x=3$

06 $\frac{x}{4}+2=0 \xrightarrow{\square} \frac{x}{4}=-2 \xrightarrow{\square} x=-8$

✔ 다음은 등식의 성질을 이용하여 방정식을 푸는 과정이다. □ 안에 알맞은 수를 써넣으시오. [07~08]

07 $2x-1=3$

$2x-1=3$

$2x-1+1=3+\square$ (양변에 □을 더한다.)

$2x=\square$

$\frac{2x}{\square}=\frac{\square}{2}$ (양변을 □로 나눈다.)

$x=\square$

08 $3x+4=-2$

$3x+4=-2$

$3x+4-\square=-2-\square$ (양변에서 □를 뺀다.)

$3x=\square$

$\frac{3x}{\square}=\frac{\square}{\square}$ (양변을 □으로 나눈다.)

$x=\square$

좌변에 x만 남기기 위해 필요한 '등식의 성질'을 이용하면 돼~

x에 대한 방정식을 $x=$(수) 꼴로 만들기 위해 필요한 등식의 성질을 이용해 봐.

| 정답 및 풀이 20쪽 |

✔ 등식의 성질을 이용하여 다음 방정식을 푸시오.

01 $x-3=5$

02 $x-\frac{1}{2}=\frac{3}{2}$

03 $x+8=-1$

04 $x+\frac{1}{3}=-\frac{2}{3}$

05 $\frac{1}{3}x=2$

06 $-\frac{1}{6}x=\frac{1}{2}$

07 $3x=-6$

08 $-5x=-25$

먼저 좌변에 x항만 남겨 봐~

09 $5x-20=0$

10 $\frac{3}{2}x-3=0$

11 $\frac{x}{2}-4=1$

12 $-4x+3=-5$

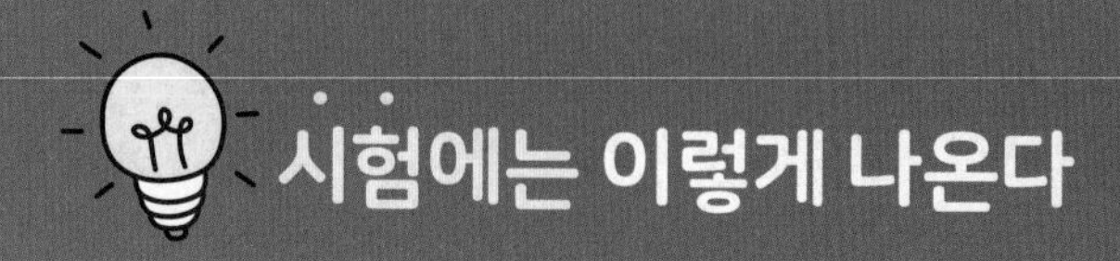

| 정답 및 풀이 21쪽 |

01 다음 중 옳지 않은 것을 모두 고르면? (정답 2개)

① $a-9=b-9$이면 $a=b$이다.

② $\dfrac{a}{2}=\dfrac{b}{3}$이면 $3a=2b$이다.

③ $ac=bc$이면 $a=b$이다.

④ $4x=-y$이면 $4x+y=0$이다.

⑤ $\dfrac{a}{2}=\dfrac{b}{3}$이면 $\dfrac{a+2}{2}=\dfrac{b+2}{3}$이다.

[등식의 성질]

$a=b$일 때
① $a+c=b+c$
② $a-c=b-c$
③ $ac=bc$
④ $\dfrac{a}{c}=\dfrac{b}{c}$ (단, $c\neq0$)

02 오른쪽은 방정식 $5x+8=-7$을 푸는 과정이다. (가), (나)에서 이용된 등식의 성질을 **보기**에서 골라 기호를 차례로 쓰시오.

$5x+8=-7$
(가)
$5x=-15$
(나)
$x=-3$

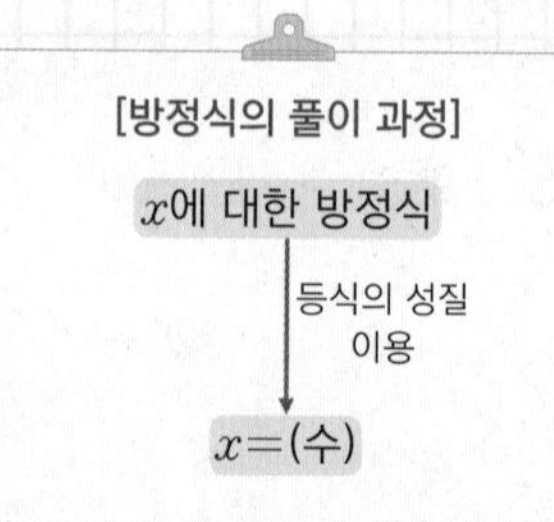

| 보 기 |

$a=b$이고 c는 자연수일 때

ㄱ. $a+c=b+c$ ㄴ. $a-c=b-c$

ㄷ. $ac=bc$ ㄹ. $\dfrac{a}{c}=\dfrac{b}{c}$

03 오른쪽은 방정식 $\dfrac{3}{5}x-1=\dfrac{1}{5}$을 푸는 과정이다. 등식의 성질 '$a=b$일 때, $\dfrac{a}{c}=\dfrac{b}{c}$이다.'를 이용한 곳은? (단, c는 자연수)

① (가) ② (나)

③ (다) ④ (가), (나)

⑤ (가), (다)

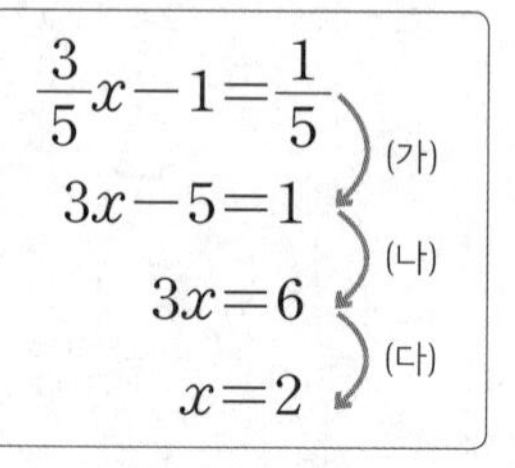

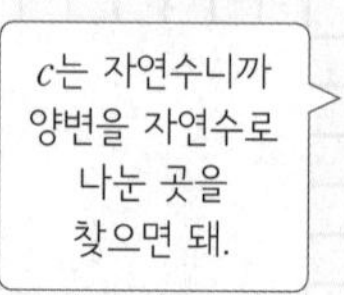

13 이항과 일차방정식의 뜻을 알아보자

이항은 항을 등호 '='를 넘겨 다른 변으로 보내는 거야. 등식의 성질 '등식의 양변에 같은 수를 더하거나 빼도 등식은 성립한다.'를 이용한 거지. 무작정 외우지 말고 원리를 생각해 보자.

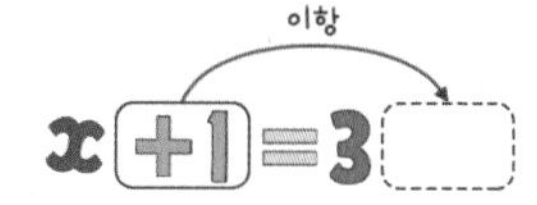

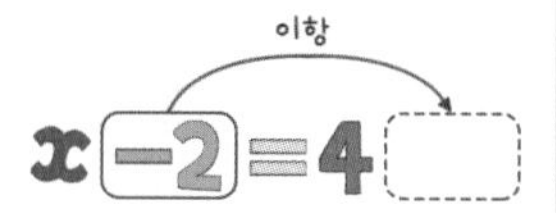

● 이항

등식의 성질을 이용하여 등식의 한 변에 있는 항을 그 항의 부호를 바꾸어 다른 변으로 옮기는 것

$x+1=3$

$x+1-1=3-1$ (등식의 성질) → $x+1=3$ (이항)

$x=3-1$ → $x=3-1$

$x-2=4$

$x-2+2=4+2$ (등식의 성질) → $x-2=4$ (이항)

$x=4+2$ → $x=4+2$

바빠 꿀팁

등식의 성질을 이용했을 때 0이 되어 사라질 부분을 생략하는 게 이항이야.

$x+1=3$
$x+1-1=3-1$ (양변에서 1을 뺀다.)
0이 되니까 생략!

$x-2=4$
$x-2+2=4+2$ (양변에 2를 더한다.)
0이 되니까 생략!

부호가 바뀌는 건 등식의 성질을 생각하면 너무 당연한 거야.

● 일차방정식

우변의 모든 항을 좌변으로 이항하여 정리한 식이 (x에 대한 일차식)$=0$ 꼴로 나타나는 방정식

($ax+b=0$ $(a\neq0)$)

$2x+1=x-1$

$2x+1-x+1=0$ (우변의 모든 항을 좌변으로 이항하기)

$x+2=0$ (동류항끼리 계산하기)

(x에 대한 일차식)$=0$ 꼴

→ 일차방정식 이다.

일차식: $ax+b$
일차방정식: $ax+b=0$
$a\neq0$

반드시 $a\neq0$이어야 해. $a=0$이면 x항이 사라지게 되니까~

앗! 실수

★ 일차방정식이 되려면 우변의 모든 항을 좌변으로 이항하여 정리했을 때, x의 계수가 0이 되지 않아야 해.

$2x+1=2x-1$ → $2x+1-2x+1=0$ → $2=0$ (일차방정식이 아님)

$0\times x$가 되므로 x항이 사라지게 돼. / 일차식이 아니야.

이렇게 양변에 x항이 있더라도 우변의 모든 항을 좌변으로 이항하여 정리했을 때, x항이 사라지게 되면 일차방정식이 아니니까 주의해.

바빠 꿀팁

등식 $ax+b=cx+d$가 일차방정식인지, 아닌지 빠르게 판별하려면 양변의 x의 계수를 비교해.

$ax+b=cx+d$

$a\neq c$이면 → 일차방정식이다.
$a=c$이면 → 일차방정식이 아니다.

A

이항하면 부호가 바뀌어
+●를 이항 → −●　　　−▲를 이항 → +▲

| 정답 및 풀이 21쪽 |

✔ 다음은 등식의 밑줄 친 항을 이항한 것이다. ◯ 안에 +, − 중 알맞은 부호를 써넣으시오. [01~06]

01 $x\underline{-1}=2$ → $x=2◯1$

02 $2x\underline{+4}=3$ → $2x=3◯4$

03 $3x\underline{-2}=7$ → $3x=7◯2$

04 $\underline{5}-x=6$ → $-x=6◯5$

05 $-2x=\underline{x}-9$ → $-2x◯x=-9$

06 $6x\underline{-2}=\underline{4x}+5$ → $6x◯4x=5◯2$

✔ 다음 등식의 밑줄 친 항을 이항하시오. [07~12]

07 $2x\underline{-7}=3$

08 $-3x\underline{+1}=5$

09 $4x=\underline{-2x}+1$

10 $-x=9\underline{-8x}$

11 $5x\underline{+12}=\underline{2x}+10$

12 $-3x\underline{+13}=\underline{-9x}-5$

방정식의 우변의 항을 모두 좌변으로 이항하여 정리했을 때,
$ax+b=0(a\neq0)$ 꼴이 되면 일차방정식이야.

| 정답 및 풀이 22쪽 |

✔ 다음 식이 일차방정식이면 ○표, 일차방정식이 아니면 ×표를 ( ) 안에 써넣으시오.

01 $2x-1=0$ ( )

02 $x^2+3x=0$ ( )

03 $\frac{1}{x}-6=0$ ( )

04 $5x-2$ ( )

05 $2x+3=x+3$ ( )

06 $x-8=8-x$ ( )

07 $4x+3=5x+5$ ( )

앗! 실수

08 $5x+2=5x-3$ ( )

x항이 있다고 무조건 일차방정식이라고 생각하면 안 돼.

09 $9x-2=3x-2$ ( )

10 $4(x-1)=4x-4$ ( )

11 $x^2-6x=3-x$ ( )

앗! 실수

12 $x^2+2x+1=x^2-x$ ( )

x^2항이 있다고 무조건 일차방정식이 아니라고 생각하면 안 돼.

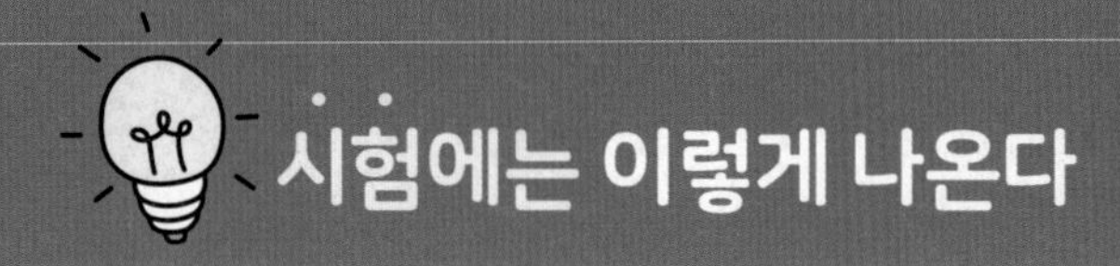

| 정답 및 풀이 22쪽 |

01 다음 중 밑줄 친 부분을 바르게 이항한 것은?

① $2x\underline{-1}=0 \rightarrow 2x=-1$

② $5x\underline{+4}=-1 \rightarrow 5x=-1+4$

③ $x=\underline{2x}+3 \rightarrow x+2x=3$

④ $3x\underline{-7}=\underline{-4x} \rightarrow 3x+4x=7$

⑤ $-6x\underline{+3}=\underline{x}-9 \rightarrow -6x+x=-9+3$

★ 이항: 등식의 성질을 이용하여 등식의 한 변에 있는 항을 그 항의 [부호]를 바꾸어 다른 변으로 옮기는 것

부호만 바꿔서 등호 '='를 뛰어 넘자~ 폴짝♪

02 이항만을 이용하여 $8x-2=3x+4$를 $ax+b=0$ 꼴로 간단히 하였을 때, 상수 a, b에 대하여 $a+b$의 값은? (단, $a>0$)

① -5 ② -3 ③ -1 ④ 1 ⑤ 3

03 다음 중 일차방정식인 것은?

① $7x-5$

② $5x-2x=3x$

③ $2x-1=2x+1$

④ $x^2-1=x$

⑤ $x^2+3=x(x-6)$

★ x에 대한 일차방정식은 우변의 모든 항을 좌변으로 이항하여 정리했을 때,
→ (x에 대한 일차식)$=0$ 꼴
→ $ax+b=0$ ($a\neq$ [0]) 꼴

04 등식 $4x-3=ax+2$가 x에 대한 일차방정식일 때, 다음 중 상수 a의 값이 될 수 <u>없는</u> 것은?

① 0 ② 1 ③ 2 ④ 3 ⑤ 4

양변의 x의 계수가 다르면
→ 일차방정식이야.
양변의 x의 계수가 같으면
→ 일차방정식이 아니야.

14 이항을 이용하여 일차방정식의 풀이 속도를 높여

일차방정식의 해는 $x=$(수) 꼴이야. 그러니까 먼저 주어진 일차방정식에서 x항은 좌변으로, 상수항은 우변으로 이항해서 ★$x=$▲ 꼴로 만들고, 양변을 ★로 나누어서 $x=$(수) 꼴을 만드는거야.

x항은 좌변으로, 상수항은 우변으로 모으면 ★$x=$▲ 꼴로 만들 수 있어!

[일차방정식의 풀이 순서]

❶ 이항하기 ⟶ ❷ $ax=b(a\neq0)$ 꼴로 만들기 ⟶ ❸ 해 구하기

● 일차방정식의 풀이

일차방정식은 다음과 같은 방법으로 푼다.

❶ 미지수 x를 포함한 항은 좌변으로, 상수항은 우변으로 이항한다.

❷ 양변을 정리하여 $ax=b(a\neq0)$ 꼴로 만든다.

❸ 양변을 x의 계수 a로 나누어 해 $x=\frac{b}{a}$를 구한다.

$3x=5x-2$
❶ 이항하기
$3x-5x=-2$
❷ $ax=b(a\neq0)$ 꼴로 만들기
$\boxed{-2}x=-2$
❸ 해 구하기
$x=\boxed{1}$

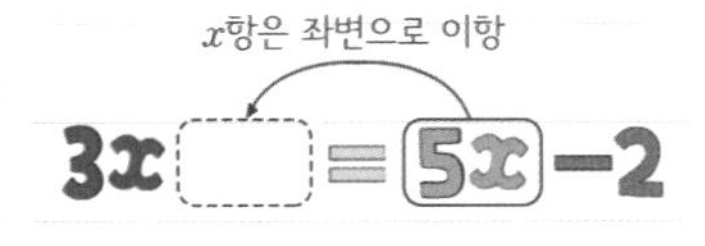

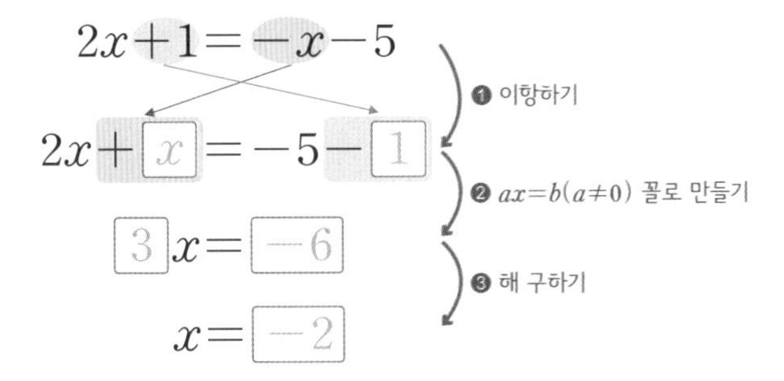

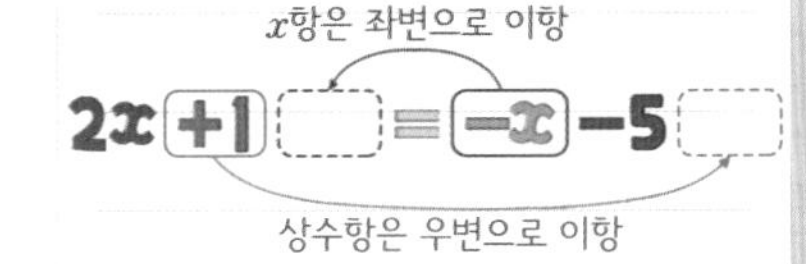

앗! 실수

★ $ax=b(a\neq0)$ 꼴에서 x의 계수 a와 상수항 b가 모두 음수이면 해는 양수야. (음수)÷(음수)의 부호에 주의해.

$x+6=4x$ → $x-4x=-6$ → $-3x=-6$ → $x=-2$ (×) / $x=2$ (○)
$-6\div(-3)=2$

바빠 꿀팁

x의 계수가 양수가 되도록 x항을 우변으로, 상수항을 좌변으로 이항해서 구하는 방법도 있어.

$x+6=4x$ → $6=4x-x$
→ $6=3x$
→ $x=2$

A

'방정식 풀기'란? x에 대한 방정식 $\xrightarrow{\text{등식의 성질 이용}}$ $x=$(수) 꼴로 만드는 거야.
이항을 이용해서 빠르게 일차방정식의 해를 구해 보자.

| 정답 및 풀이 22쪽 |

✔ 다음 일차방정식을 푸시오.

01 $x+2=5$

$x+2=5$
$x=5-\square$) $\square$를 이항한다.
$x=\square$

02 $2x-5=1$

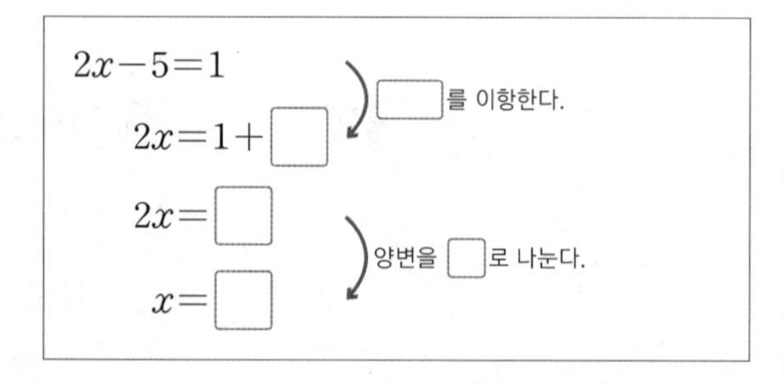

03 $3x=-2x-5$

$3x=-2x-5$
$3x+\square=-5$) $-2x$를 이항한다.
$\square x=-5$
$x=\square$) 양변을 $\square$로 나눈다.

04 $x-4=-1$

05 $3-x=8$

06 $3x-4=-2$

앗! 실수

07 $-x=3x-8$

08 $4x=7x+12$

앗! 실수

09 $-9x=x-5$

이항을 두 번 해야 하는 일차방정식의 풀이 연습이야.
이항하는 과정에서 실수하지 않도록 주의해.

| 정답 및 풀이 23쪽 |

✔ 다음 일차방정식을 푸시오.

01 $2x+1=x-3$

$2x+1=x-3$
$2x-\square=-3-\square$) 1, x를 이항한다.
$x=\square$

02 $x+3=2x+7$

$x+3=2x+7$) 3, $\square$를 이항한다.
$x-\square=7-3$
$\square=4$) 양변을 $\square$로 나눈다.
$x=\square$

03 $2-3x=5x+6$

$2-3x=5x+6$) 2, $\square$를 이항한다.
$-3x-\square=6-\square$
$\square x=4$) 양변을 $\square$로 나눈다.
$x=\square$

04 $5=-x+9$

05 $x+3=-2x$

앗! 실수

06 $21-2x=5x$

07 $4x-5=2x+1$

08 $6x+9=x-11$

앗! 실수

09 $-3x+9=5x-7$

C 일차방정식의 해 구하기는 $ax=b(a\neq 0)$ 꼴로 만든 다음 양변을 a로 나누면 해결~

| 정답 및 풀이 23쪽 |

✔ 다음은 일차방정식을 푸는 과정이다. ☐ 안에 알맞은 수를 써넣으시오.

01 $3x+2=-1$

$\longrightarrow 3x=\square \longrightarrow x=\square$

$-1-2$

02 $5-2x=9$

$\longrightarrow -2x=\square \longrightarrow x=\square$

03 $5x-3=2$

$\longrightarrow 5x=\square \longrightarrow x=\square$

04 $3x=x-4$

$\longrightarrow \square x=-4 \longrightarrow x=\square$

$3x-x$

05 $-2x=4x+18$

$\longrightarrow \square x=18 \longrightarrow x=\square$

06 $4x=7-3x$

$\longrightarrow \square x=7 \longrightarrow x=\square$

이항과 동류항끼리의 계산에 숙달이 됐다면 암산으로 빠르게 구해 봐~

07 $x+6=-x$

$\longrightarrow \square x=\square \longrightarrow x=\square$

08 $2x-1=-x+2$

$\longrightarrow \square x=\square \longrightarrow x=\square$

09 $4-x=2x+5$

$\longrightarrow \square x=\square \longrightarrow x=\square$

10 $4x+1=2x+3$

$\longrightarrow \square x=\square \longrightarrow x=\square$

11 $5x-6=2x+6$

$\longrightarrow \square x=\square \longrightarrow x=\square$

앗! 실수

12 $3-2x=3x-7$

$\longrightarrow \square x=\square \longrightarrow x=\square$

일차방정식의 해 구하기 연습 한 번 더! 집중 연습해 보자.

| 정답 및 풀이 23쪽 |

✔ 다음 일차방정식을 푸시오.

01 $-2x+5=3$

02 $8-3x=14$

03 $5=-4x-7$

04 $-x+15=2x$

05 $3x-5=-7x$

06 $-2x-25=-7x$

07 $15-x=-4x$

08 $x-3=3x-1$

09 $9-2x=3+2x$

10 $-x+5=-6x+10$

11 $4-9x=-3x-8$

12 $-2x+9=6x-15$

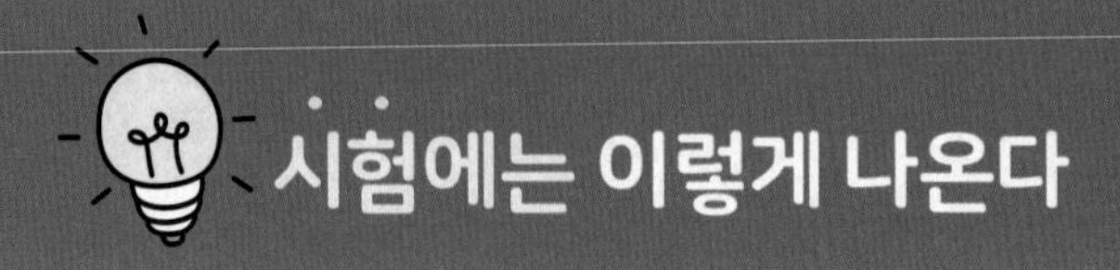

| 정답 및 풀이 24쪽 |

01 방정식 $x-3=2x-1$을 풀면?

① $x=-2$　② $x=-1$　③ $x=1$
④ $x=2$　⑤ $x=3$

[일차방정식의 풀이 순서]
이항하기
↓
$ax=b(a\neq 0)$ 꼴로 만들기
↓
해 구하기

02 다음 방정식 중 해가 가장 작은 것은?

① $x+1=-1$　② $6-2x=x$
③ $x+9=-x+7$　④ $3x+2=2x-1$
⑤ $3-4x=5-2x$

03 다음 방정식 중 해가 나머지 넷과 다른 하나는?

① $2x-5=9$　② $3x+14=5x$
③ $2x-4=x+3$　④ $9-2x=2-x$
⑤ $4x+15=x-6$

04 방정식 $2x-20=10-3x$의 해를 $x=a$, 방정식 $5x+6=2x-3$의 해를 $x=b$라 할 때, $a+b$의 값은?

① 1　② 2　③ 3　④ 4　⑤ 5

15 일차방정식에 괄호가 있으면 일단 괄호부터 풀어

● 괄호가 있는 일차방정식의 풀이

분배법칙을 이용하여 괄호를 먼저 푼 후 방정식을 푼다.

$$2(x+1)=-x-4$$

❶ 괄호 풀기

$$2x+\boxed{2}=-x-4$$

← 여기서부터는 앞에서 연습한 일차방정식의 풀이와 같아.

❷ 이항하기

$$2x+\boxed{x}=-4-\boxed{2}$$

❸ $ax=b(a\neq0)$ 꼴로 만들기

$$\boxed{3}x=\boxed{-6}$$

❹ 해 구하기

$$x=\boxed{-2}$$

> 분배법칙
> 세 수 a, b, c에 대하여
> $$a\times(b+c)=\underset{❶}{a\times b}+\underset{❷}{a\times c}$$

앗! 실수

★ 분배법칙을 이용하여 괄호를 풀 때, 괄호 앞에 곱해진 수가 음수이면 각 항의 부호가 모두 바뀐다는 걸 잊지 말자~

$-3(x-1)=6$ → $-3x-3=6$ (×)

$-3(x-1)=6$ → $-3x+3=6$ (○)

└ $(-3)\times x+(-3)\times(-1)=6$

● 비례식으로 주어진 일차방정식의 풀이

비례식에서 외항의 곱은 내항의 곱과 같음을 이용하여 비례식을 방정식으로 바꾼 후 푼다.

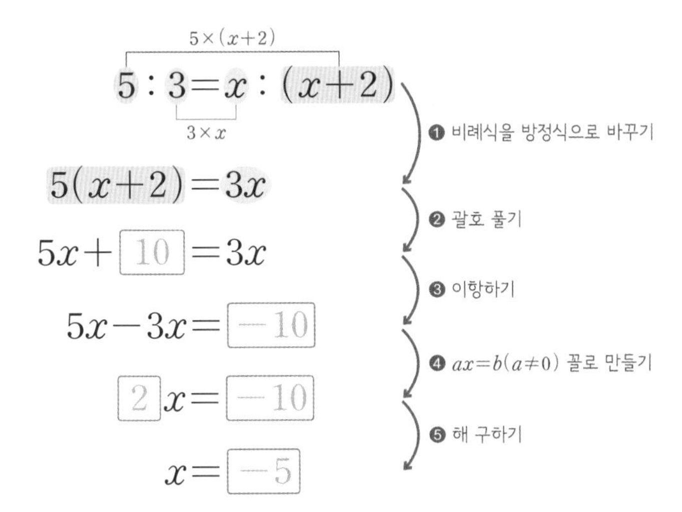

$5:3=x:(x+2)$ (외항의 곱: $5\times(x+2)$, 내항의 곱: $3\times x$)

❶ 비례식을 방정식으로 바꾸기

$$5(x+2)=3x$$

❷ 괄호 풀기

$$5x+\boxed{10}=3x$$

❸ 이항하기

$$5x-3x=\boxed{-10}$$

❹ $ax=b(a\neq0)$ 꼴로 만들기

$$\boxed{2}x=\boxed{-10}$$

❺ 해 구하기

$$x=\boxed{-5}$$

> 비례식
> 비율이 같은 두 비를 등호 '='를 사용하여 나타낸 식을 비례식이라고 한다.
>
> 비례식의 성질
> 비례식에서 외항의 곱과 내항의 곱은 같다.
>
> 외항
> $a:b=c:d$
> 내항
> ↓
> $ad=bc$
> (외항의 곱)=(내항의 곱)

A

괄호가 있으면 분배법칙을 이용하여 괄호를 먼저 풀고,
식을 간단히 정리한 후 해를 구하면 돼.

| 정답 및 풀이 24쪽 |

✔ 다음 일차방정식을 푸시오.

01 $3(x-2)=x+4$

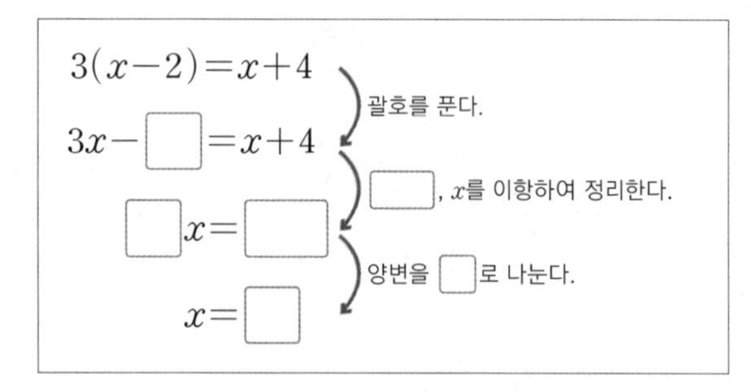

앗! 실수

02 $x-7=-2(x+2)$

$x-7=-2(x+2)$
괄호를 푼다.
$x-7=-2x-\square$
-7, $\square$를 이항하여 정리한다.
$\square x=\square$
양변을 $\square$으로 나눈다.
$x=\square$

괄호를 풀 때,
$+(\ \ )$ → 각 항의 부호는 그대로!
$-(\ \ )$ → 각 항의 부호는 반대로!

03 $2(x-1)=x$

04 $-(x+3)=4$

괄호 앞에 음수가 있을 때 부호에 주의해!

05 $9=2(x+2)$

06 $5x=2(7-x)$

07 $3(x+1)=2x+3$

08 $2x+9=-4(x-3)$

괄호가 두 개 있을 때에도 먼저 각각의 괄호를 풀어 식을 간단히 정리해 봐.

| 정답 및 풀이 24쪽 |

✔ 다음 일차방정식을 푸시오.

01 $2(x-2)=x-3$

02 $1-2x=-3(x-1)$

03 $3x-2=4(x-5)$

04 $x-6=2(3x+2)$

05 $4(1-2x)=7-6x$

06 $4x+1=-3(4x+5)$

07 $4(x-3)=3(x-4)$

08 $2(5x+8)=-(x+6)$

09 $-2(x-1)=4(x+2)$

10 $6x-(x+2)=3(x+4)$

11 $-(2x+7)=5(x+4)+1$

12 $2(3x-4)=x-3(2x-1)$

비례식이 주어지면 외항의 곱은 내항의 곱과 같음을 이용하여 방정식으로 바꾼 후 풀면 돼.

외항의 곱
$a : b = c : d \rightarrow ad = bc$
내항의 곱

| 정답 및 풀이 25쪽 |

✔ 다음 비례식을 만족시키는 x의 값을 구하시오.

01 $(x-3) : x = 2 : 3$

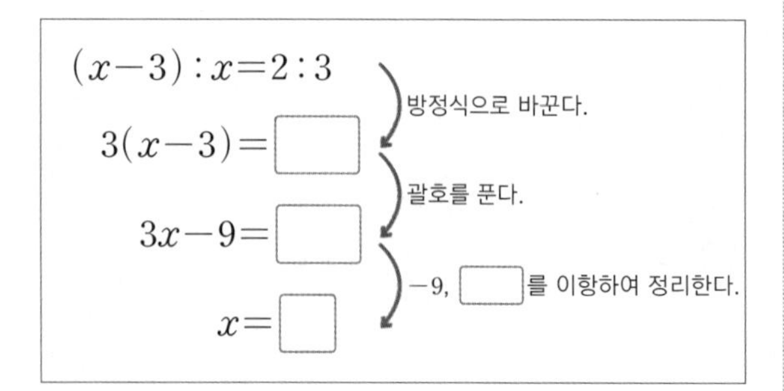

02 $(x+1) : 1 = (3x-1) : 2$

$(x+1) : 1 = (3x-1) : 2$
방정식으로 바꾼다.
$\square(x+1) = 3x-1$
괄호를 푼다.
$\square x + \square = 3x-1$
$\square$, $3x$를 이항하여 정리한다.
$-x = \square$
양변을 -1로 나눈다.
$x = \square$

03 $x : (x+2) = 1 : 2$

04 $(x-3) : 3 = x : 4$

05 $(x-1) : 2 = (2x-5) : 3$

06 $1 : 4 = (x+2) : (8-5x)$

07 $(3x-5) : (13-x) = 2 : 5$

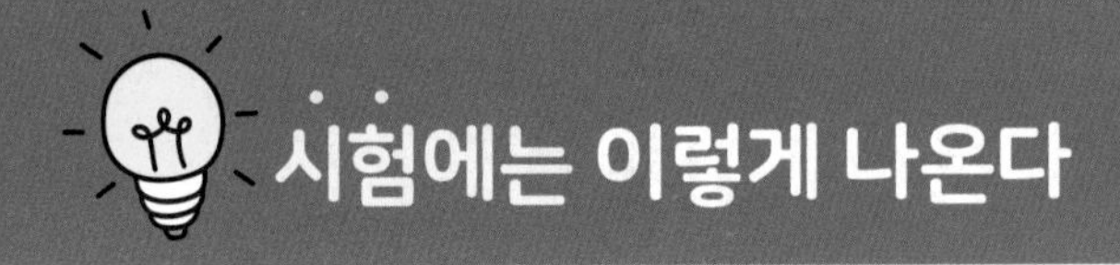

| 정답 및 풀이 25쪽 |

01 방정식 $3(x-1)=x-2$를 풀면?

① $x=-\frac{1}{2}$　② $x=0$　③ $x=\frac{1}{2}$

④ $x=1$　⑤ $x=\frac{3}{2}$

★ 괄호가 있으면 먼저 분배법칙을 이용하여 괄호를 푼 후 방정식을 푼다.

02 다음 중 방정식 $2(x-2)=-3x+1$과 해가 같은 것은?

① $5x+6=-x$　② $4x-1=2x-3$

③ $3(x+2)=-1$　④ $5x-13=2(x-5)$

⑤ $-3(1-x)=4x+1$

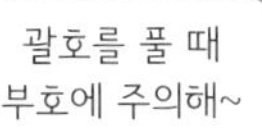

03 방정식 $-(x-4)=3x+8$의 해가 $x=a$이고 방정식 $3(x-4)=5(2x-1)-14$의 해가 $x=b$일 때, $a-b$의 값은?

① -3　② -2　③ -1　④ 0　⑤ 1

04 비례식 $(3x-7):2=(6-x):3$을 만족시키는 x의 값을 구하시오.

★ 비례식이 주어지면 외항의 곱은 내항의 곱과 같음을 이용하여 방정식으로 바꾼 후 푼다.

16 계수가 소수 또는 분수이면 계수를 정수로 고쳐

● 계수가 소수인 일차방정식의 풀이

양변에 10, 100, …과 같은 수를 곱하여 계수를 정수로 고친 후 방정식을 푼다.

$0.4x-0.3=0.1x$

(×10, ×10, ×10) ❶ 계수를 정수로 고치기

$4x-3=x$

❷ 이항하기

$4x-x=\boxed{3}$

❸ $ax=b(a\neq0)$ 꼴로 만들기

$\boxed{3}x=\boxed{3}$

❹ 해 구하기

$x=\boxed{1}$

앗! 실수

★ 양변에 10, 100, …을 곱할 때, 소수가 아닌 정수에도 빠짐없이 곱해 주어야 해.

$0.1x+2=0.3$ —양변에 10을 곱한다.→ $x+2=3$ (×)

→ $x+20=3$ (○)

└ $0.1x\times10+2\times10=0.3\times10$

● 계수가 분수인 일차방정식의 풀이

양변에 분모의 최소공배수를 곱하여 계수를 정수로 고친 후 방정식을 푼다.

$\frac{1}{6}x-\frac{1}{3}=\frac{1}{2}x$

(×6, ×6, ×6) ❶ 계수를 정수로 고치기 ← 분모 6, 3, 2의 최소공배수 6을 양변에 곱해.

$x-2=3x$

❷ 이항하기

$x-3x=\boxed{2}$

❸ $ax=b(a\neq0)$ 꼴로 만들기

$\boxed{-2}x=\boxed{2}$

❹ 해 구하기

$x=\boxed{-1}$

앗! 실수

★ 양변에 분모의 최소공배수를 곱할 때, 분수가 아닌 정수에도 빠짐없이 곱해 주어야 해.

$\frac{1}{2}x+1=\frac{1}{3}$ —양변에 6을 곱한다.→ $3x+1=2$ (×)

→ $3x+6=2$ (○)

└ $\frac{1}{2}x\times6+1\times6=\frac{1}{3}\times6$

바빠 꿀팁

x의 계수 또는 상수항에
① 소수 한 자리 수까지 있으면
→ 양변에 ×10
② 소수 두 자리 수까지 있으면
→ 양변에 ×100
을 해서 정수로 고치면 돼.

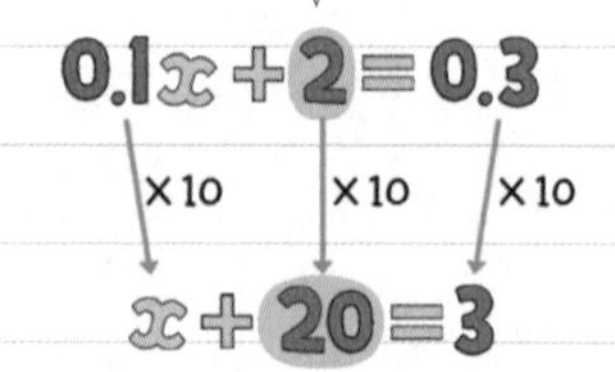

계수가 소수 또는 분수인 복잡한 일차방정식도 계수를 정수로 고치면 간단한 일차방정식으로 만들 수 있구나~

계수가 소수인 일차방정식은 계수를 정수로 고쳐서 풀면 돼.
양변에 10의 거듭제곱을 곱할 때, 모든 항에 빠짐없이 곱해야 하는 것을 잊지 말자.

| 정답 및 풀이 26쪽 |

✔ 다음 일차방정식을 푸시오.

01 $0.5x+0.3=0.2x$

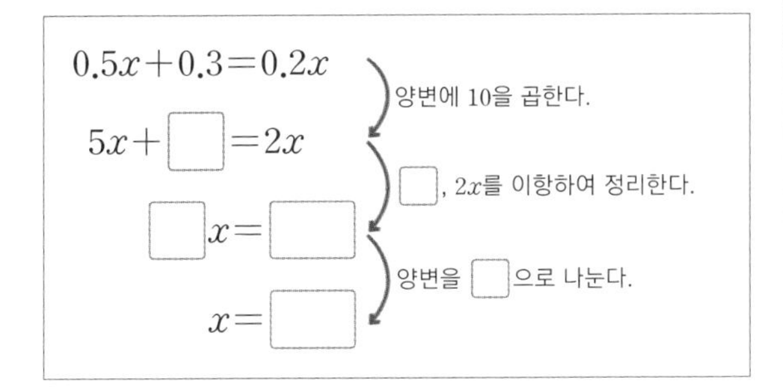

앗! 실수

02 $0.1x=2-0.4x$

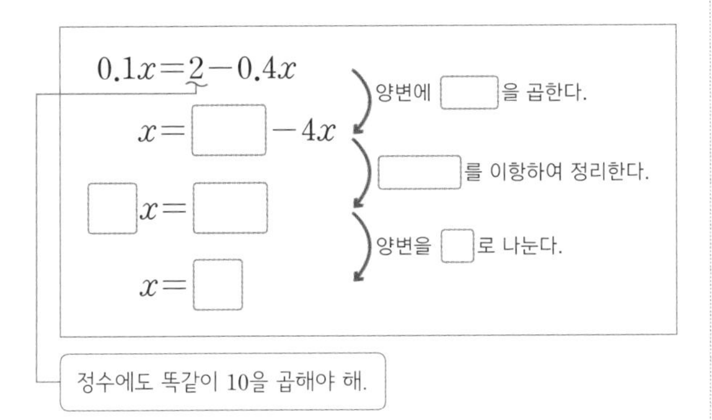

03 $0.01x=0.03x-0.24$

$0.01x=0.03x-0.24$

양변에 100을 곱한다.

$x=\square-24$

$\square$를 이항하여 정리한다.

$\square x=-24$

양변을 $\square$로 나눈다.

$x=\square$

04 $0.3x=2.4-0.5x$

05 $0.2x-1.5=0.6-0.1x$

06 $1-0.2x=0.4x+2.8$

07 $0.04x+0.13=0.08x+0.25$

08 $0.07x-0.2=0.04x+0.07$

09 $0.2x-1.4=0.4(x-5)$

B

계수가 분수인 일차방정식은 계수를 정수로 고쳐서 풀면 돼.
양변에 분모의 최소공배수를 곱하면 간단한 일차방정식이 될 거야.

| 정답 및 풀이 26쪽 |

✔ 다음 일차방정식을 푸시오.

01 $\frac{3}{5}x=\frac{2}{5}x-\frac{1}{5}$

$\frac{3}{5}x=\frac{2}{5}x-\frac{1}{5}$) 양변에 분모인 5를 곱한다.

$3x=\square x-1$) $\square$를 이항하여 정리한다.

$x=\square$

02 $\frac{1}{4}x+2=\frac{3}{2}$

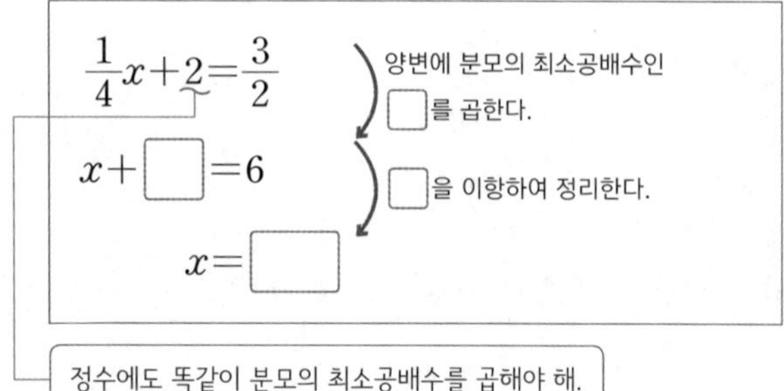

$\frac{1}{4}x+2=\frac{3}{2}$

$x+\square=6$

$x=\square$

03 $\frac{1}{2}x-\frac{1}{10}=\frac{1}{5}x+\frac{3}{10}$

$\frac{1}{2}x-\frac{1}{10}=\frac{1}{5}x+\frac{3}{10}$) 양변에 분모의 최소공배수인 $\square$을 곱한다.

$\square x-1=2x+\square$) -1, $2x$를 이항하여 정리한다.

$\square x=4$) 양변을 $\square$으로 나눈다.

$x=\square$

04 $\frac{3}{4}x+\frac{1}{8}=\frac{7}{8}$

05 $\frac{1}{3}x+\frac{5}{6}=1$

06 $\frac{2}{3}x-1=\frac{1}{2}x$

07 $\frac{1}{5}x=\frac{4}{15}x-\frac{1}{3}$

08 $\frac{1}{3}x-2=\frac{1}{6}x+\frac{5}{2}$

09 $\frac{5}{6}x+\frac{1}{12}=\frac{1}{3}x-\frac{3}{4}$

복잡한 분수의 일차방정식도 도전해 보자.
식의 꼴이 다를 뿐 앞에서 연습한 계수가 분수인 일차방정식의 풀이와 방법이 같아.

| 정답 및 풀이 27쪽 |

✔ 다음 일차방정식을 푸시오.

01 $\frac{x-2}{4}=\frac{2x+1}{3}$

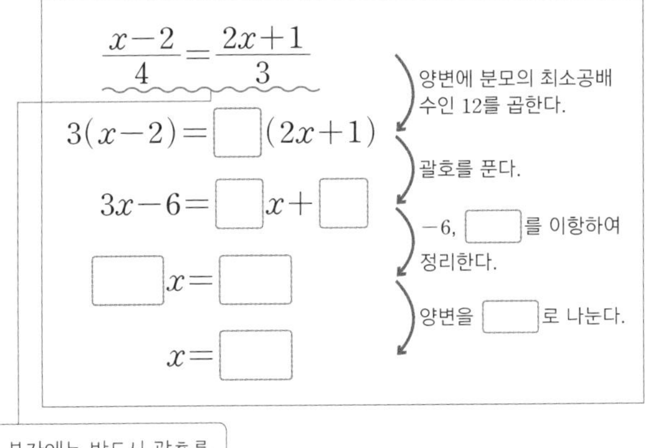

분자에는 반드시 괄호를 이용하여 곱해.

02 $\frac{x+5}{2}-\frac{x}{5}=1$

$\frac{x+5}{2}-\frac{x}{5}=1$

양변에 분모의 최소공배수인 $\square$을 곱한다.

$5(x+5)-\square=10$

괄호를 푼다.

$5x+25-\square=10$

$\square x+25=10$

25를 이항하여 정리한다.

$\square x=\square$

양변을 $\square$으로 나눈다.

$x=\square$

03 $\frac{x}{3}=\frac{x+2}{6}$

04 $\frac{x+2}{4}=\frac{3x-2}{8}$

05 $\frac{x-1}{3}=\frac{x-3}{5}$

06 $\frac{x+3}{4}=\frac{11-5x}{6}$

07 $\frac{x}{2}-\frac{x+6}{8}=3$

08 $\frac{x+4}{7}-2=\frac{3x+1}{14}$

계수에 소수와 분수가 섞여 있는 일차방정식은 소수를 분수로 바꾼 다음
양변에 분모의 최소공배수를 곱하여 간단한 일차방정식으로 만들어 풀면 돼.

| 정답 및 풀이 27쪽 |

✔ 다음 일차방정식을 푸시오.

01 $\frac{1}{5}x-0.3=0.5x$

$\frac{1}{5}x-0.3=0.5x$
소수를 분수로 바꾼다.
$\frac{1}{5}x-\frac{3}{10}=\frac{5}{10}x$
양변에 분모의 최소공배수인 10을 곱한다.
$2x-3=5x$
-3, ☐를 이항하여 정리한다.
☐$x=3$
양변을 ☐으로 나눈다.
$x=$☐

02 $0.3x-1=\frac{1}{2}x+2$

$0.3x-1=\frac{1}{2}x+2$
소수를 분수로 바꾼다.
☐$x-1=\frac{1}{2}x+2$
양변에 분모의 최소공배수인 ☐을 곱한다.
☐$x-10=5x+20$
-10, ☐를 이항하여 정리한다.
☐$x=30$
양변을 ☐로 나눈다.
$x=$☐

03 $0.2x-\frac{1}{2}=-1$

04 $0.6x-\frac{4}{15}=\frac{1}{3}x$

05 $\frac{8}{5}x+0.9=0.7x-\frac{6}{5}$

06 $0.4(x-1)=-\frac{3}{2}$

07 $\frac{2x-1}{3}=-0.2x+1.4$

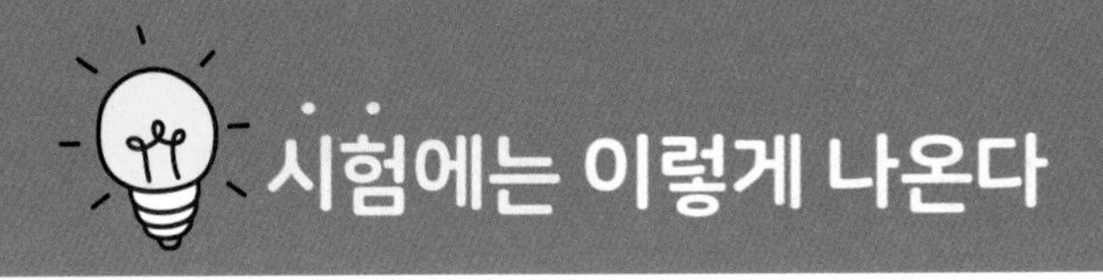

| 정답 및 풀이 28쪽 |

01 방정식 $0.4x+2.1=0.2x-0.3$을 풀면?

① $x=-16$　② $x=-14$　③ $x=-12$
④ $x=-10$　⑤ $x=-8$

★ 계수가 소수인 일차방정식은 양변에 10의 거듭제곱을 곱하여 계수를 [정수]로 고친 후 푼다.

02 다음 방정식 중 해가 가장 큰 것은?

① $0.4x-1.8=-0.2x$
② $0.2(x+4)=0.1x+1.5$
③ $\frac{1}{4}x+3=\frac{2}{3}x+\frac{1}{2}$
④ $\frac{x+4}{5}=\frac{x-2}{4}$
⑤ $\frac{3}{4}x-\frac{x-5}{2}=6$

★ 계수가 분수인 일차방정식은 양변에 분모의 [최소공배수]를 곱하여 계수를 정수로 고친 후 푼다.

03 방정식 $\frac{x+5}{6}-\frac{2x-11}{3}=1$을 풀면?

① $x=6$　② $x=7$　③ $x=8$
④ $x=9$　⑤ $x=10$

04 방정식 $0.3x-\frac{1}{5}=\frac{1}{2}x-0.8$을 푸시오.

★ 계수에 분수와 소수가 섞여 있는 일차방정식은 소수를 [분수]로 바꾼 다음 양변에 분모의 최소공배수를 곱하여 계수를 정수로 고친 후 푼다.

17 주어진 해를 대입해서 상수 a의 값을 구해

방정식에 해를 대입하면 등식이 성립하는 걸 기억하지? 그러니까 $3x+a=10$의 해가 $x=2$라고 주어지면 '아하! $x=2$를 $3x+a=10$에 대입하면 등식이 성립하겠네'하고 떠올릴 수 있어야 해.

나를 구해 봐

$3x+a=10$의 해가 $x=2$

● 일차방정식의 해가 주어진 경우 상수 구하기

일차방정식의 해가 $x=$●일 때, 주어진 일차방정식에 $x=$●를 대입하면 등식이 성립한다.

일차방정식 $3x+a=10$의 해가 $x=2$이면

$$3x+a=10$$

$$3\times\boxed{2}+a=10$$

↳ x 대신 2를 넣어.

❶ 주어진 해 대입하기

$$\boxed{6}+a=10$$

← 여기서부터 a에 대한 일차방정식을 풀면 돼.

❷ 상수 a의 값 구하기

$$a=\boxed{4}$$

해가 주어지면 일단 대입부터 해~

$x=2$

$3x+a=10$

$3\times2+a=10$

● 두 일차방정식의 해가 같은 경우 상수 구하기

두 일차방정식의 해가 같을 때, 한 일차방정식의 해를 다른 일차방정식에 대입하면 등식이 성립한다.

두 일차방정식 $2x-5=1$, $3x+a=-x$의 해가 같다.

❶ 방정식 $2x-5=1$의 해를 구하면 ← 해를 구할 수 있는 일차방정식부터 푸는게 핵심이야~

$2x-5=1$, $2x=6$

→ $x=3$

❷ ❶에서 구한 해를 방정식 $3x+a=-x$에 대입하면

$$3\times\boxed{3}+a=-\boxed{3}$$

x 대신 3을 넣어.

$$9+a=\boxed{-3}$$

→ $a=\boxed{-12}$

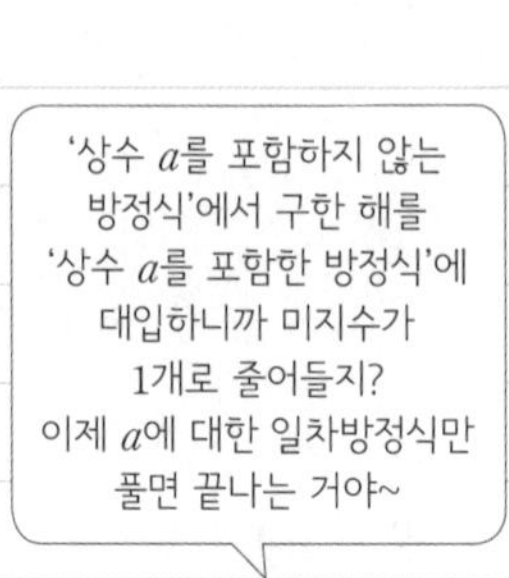

일차방정식의 해가 주어지면 해를 대입한 후 상수 a의 값을 구해.

| 정답 및 풀이 28쪽 |

✔ x에 대한 일차방정식과 그 해가 다음과 같을 때, 상수 a의 값을 구하시오.

01 $x+1=a$ 해 $x=-2$

02 $ax+3=8$ 해 $x=1$

03 $7x+a=-4x-13$ 해 $x=-2$

04 $ax+1=-2x+15$ 해 $x=2$

05 $4x-7=ax+5$ 해 $x=6$

06 $a(x+2)=6$ 해 $x=1$

07 $4(x-3)=a(x-2)$ 해 $x=-2$

08 $2(4x+a)=5x+7$ 해 $x=3$

09 $0.4x-0.6=0.2x+a$ 해 $x=3$

10 $\frac{x+a}{4}-\frac{x}{2}=2$ 해 $x=4$

B

❶ a가 없는 일차방정식의 해를 먼저 구한 다음
❷ ❶에서 구한 해를 a가 있는 방정식에 대입하여 상수 a의 값을 구해.

| 정답 및 풀이 29쪽 |

✔ x에 대한 다음 두 일차방정식의 해가 같을 때, 상수 a의 값을 구하시오.

01 $2x-3=1,\ -x+5=a$

02 $-3x+8=5x,\ -x+3=2x+a$

03 $2x+7=4x-3,\ ax+5=2x$

04 $2x+9=-4x-9,\ 3-ax=x$

05 $x-6=-2x-9,\ 3x+a=2x+3$

06 $3x=2(x-1),\ a-9x=4-2x$

07 $3-2(x+5)=-9,\ x+3=ax-6$

08 $0.1x+0.3=x-0.6,\ 7+a(x-2)=-1$

09 $0.4x-1=-1.8,\ ax+\frac{1}{4}=\frac{1}{2}x-\frac{3}{4}$

10 $\frac{1}{3}x-1=\frac{1}{4}x-\frac{5}{6},\ \frac{x+a}{2}=\frac{10-x}{4}$

| 정답 및 풀이 29쪽 |

01 x에 대한 일차방정식 $2x+a=16-x$의 해가 $x=7$일 때, 상수 a의 값은?

① 3　② 1　③ -1　④ -3　⑤ -5

★ 일차방정식의 해가 주어지면 해를 대입하여 상수 a의 값을 구한다.

일차방정식에 해를 대입하면 등식이 성립한다는 걸 이용해~

02 x에 대한 일차방정식 $3(x-4)=5x+a$의 해가 $x=-5$일 때, 상수 a의 값은?

① -5　② -3　③ -2　④ -1　⑤ 0

03 x에 대한 두 일차방정식 $3x-4=4x-1$, $ax+5=8-x$의 해가 같을 때, 상수 a의 값은?

① -1　② -2　③ -3　④ -4　⑤ -5

★ 두 일차방정식의 해가 같을 때, 해를 구할 수 있는 방정식의 해를 먼저 구한 다음 그 해를 다른 일차방정식에 대입하여 상수 a의 값을 구한다.

04 x에 대한 두 일차방정식 $0.3x+0.6=0.1x$, $4x+9=-3(x+a)$의 해가 같을 때, 상수 a의 값은?

① 1　② 2　③ 3　④ 4　⑤ 5

디오판토스 묘비의 수수께끼

방정식의 창시자로서 많은 사람들에게 존경받는 디오판토스였지만 그가 언제 태어나고 언제 죽었는지에 대한 정확한 기록은 따로 남아 있지 않아. 하지만 묘비에서 그의 생애를 일차방정식으로 풀 수 있도록 새겨져 있다는 이야기가 전해져. 이게 그 유명한 '디오판토스의 묘비'야.

이 책의 마지막 마당까지 다 마치고 나면 디오판토스가 몇 살까지 살았는지 방정식을 세우고 그 값을 구할 수 있을 거야.

자 그럼 디오판토스의 x의 값을 찾기 위한 마지막 여정을 떠나 보자!

그는 일생의 $\frac{1}{6}$ 을
소년으로 지냈고,
$\frac{1}{12}$ 을 청년으로 지냈으며,
다시 $\frac{1}{7}$ 이 지나서 결혼하였다.
5년이 지나 아들을 낳았고
아들은 아버지의 수명의
절반밖에 살지 못했다.
그는 아들이 죽은 후 4년 뒤에
세상을 떠났다.

넷째 마당

일차방정식의 활용

많은 친구들이 일차방정식의 활용을 어려워하는 이유는 문장으로 된 문제 자체를 이해하지 못했거나, 식을 제대로 세우지 못하기 때문이야. 일차방정식의 활용 유형은 **문제를 잘 파악하고 식을 정확하게 세우는 능력을 기르는 것이 중요해.** 그림을 활용해도 좋고, 표를 그려 봐도 좋아. 한 번 터득하고 나면 어렵지 않으니 도전해 보자!

	공부할 내용	15일 진도	20일 진도	공부한 날짜
18	어떤 수, 연속하는 수, 자릿수에 대한 일차방정식의 활용	10일 차	14일 차	___월 ___일
19	나이, 예금에 대한 일차방정식의 활용			___월 ___일
20	개수 또는 양에 대한 일차방정식의 활용	11일 차	15일 차	___월 ___일
21	도형, 일에 대한 일차방정식의 활용		16일 차	___월 ___일
22	거리, 속력, 시간에 대한 일차방정식의 활용 (1)	12일 차	17일 차	___월 ___일
23	거리, 속력, 시간에 대한 일차방정식의 활용 (2)	13일 차	18일 차	___월 ___일
24	농도에 대한 일차방정식의 활용	14일 차	19일 차	___월 ___일
25	증가와 감소, 원가와 정가에 대한 일차방정식의 활용	15일 차	20일 차	___월 ___일

18 어떤 수, 연속하는 수, 자릿수에 대한 일차방정식의 활용

[일차방정식의 활용 문제 해결 순서]

❶ 미지수 정하기 → ❷ 방정식 세우기 → ❸ 방정식 풀기 → ❹ 확인하기

● 어떤 수에 대한 문제

어떤 수의 2배보다 1만큼 작은 수는 / 어떤 수보다 3만큼 클 때, 어떤 수를 구하시오.

❶ 미지수 정하기　어떤 수를 x라 하면

❷ 방정식 세우기　어떤 수의 2배보다 1만큼 작은 수 → $2x-1$
어떤 수보다 3만큼 큰 수 → $x+3$
$2x-1=x+3$ …… ㉠

❸ 방정식 풀기　㉠에서 $2x-x=3+1$, $x=4$
따라서 어떤 수는 4이다.

❹ 확인하기　4의 2배보다 1만큼 작은 수는 7, 4보다 3만큼 큰 수는 7이므로 문제의 뜻에 맞는다. ← 7=7(참)

바빠 꿀팁

문장을 /로 끊어 읽으면 방정식을 세우기 쉬워져.

어떤 수의 2배보다 1만큼 작은 수는 / 어떤 수보다 3만큼 크다

↓

2 × 어떤 수 − 1 = 어떤 수 + 3

↓

$2x-1=x+3$

● 연속하는 자연수에 대한 문제

① 연속하는 세 자연수 → $x-1$, x, $x+1$ 또는 x, $x+1$, $x+2$ (−1, +1 / +1, +1)

② 연속하는 세 짝수(홀수) → $x-2$, x, $x+2$ 또는 x, $x+2$, $x+4$ (−2, +2 / +2, +2)

가운데 수를 x라 하면 계산이 간단해지는 경우가 많아.

● 자릿수에 대한 문제

① 십의 자리의 숫자가 a, 일의 자리의 숫자가 b인 두 자리 자연수
→ $10\times a+b=10a+b$

② ①의 자연수의 십의 자리의 숫자와 일의 자리의 숫자를 바꾼 수
→ $10\times b+a=10b+a$

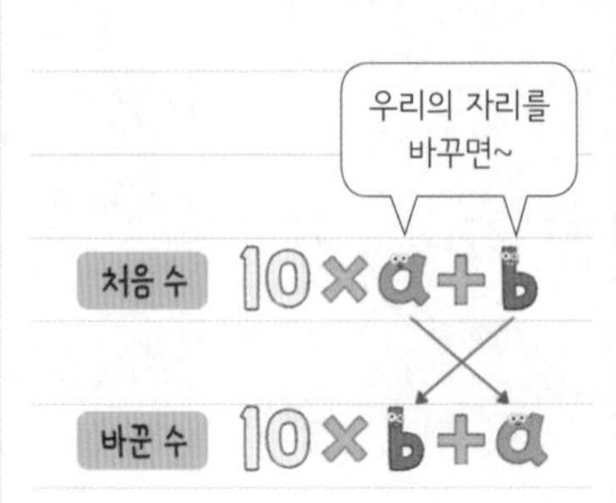

앗! 실수

★ $10a+b$와 ab는 다른 수야. 두 자리 자연수를 나타낼 때 십의 자리의 숫자에는 10을 곱해야 하는 것을 잊지 말자.
십의 자리의 숫자가 a, 일의 자리의 숫자가 b인 두 자리 자연수
→ $10a+b$ (○), ab(×) ← ab는 $a\times b$를 의미하므로 다른 수야.

어떤 수 x에 ●를 더한 수 → $x+$●, 어떤 수 x를 ▲배한 수 → ▲$\times x$
어떤 수 x의 ▲배보다 ■만큼 작은 수 → ▲$\times x-$■

| 정답 및 풀이 29쪽 |

01 어떤 수의 3배는 / 어떤 수보다 4만큼 클 때, 어떤 수를 구하시오.

$3\times$ 어떤 수 $=$ 어떤 수 $+4$

❶ 어떤 수를 x라 하면

❷ 어떤 수의 3배는 $3x$, 어떤 수보다 4만큼 큰 수는 ☐이므로

$3x=$☐ …… ㉠

❸ ㉠에서 ☐$x=$☐, $x=$☐

따라서 어떤 수는 ☐이다.

❹ ☐의 3배는 6, ☐보다 4만큼 큰 수는 6이므로 문제의 뜻에 맞는다.

02 어떤 수에 1을 더한 수의 2배는 / 어떤 수보다 5만큼 클 때, 어떤 수를 구하시오.

$2\times($ 어떤 수 $+1)=$ 어떤 수 $+5$

❶ 어떤 수를 x라 하면

❷ 어떤 수에 1을 더한 수의 2배는 $2(x+$☐$)$, 어떤 수보다 5만큼 큰 수는 ☐이므로

$2(x+$☐$)=$☐ …… ㉠

❸ ㉠에서 $2x+$☐$=$☐, $x=$☐

따라서 어떤 수는 ☐이다.

❹ ☐에 1을 더한 수의 2배는 8, ☐보다 5만큼 큰 수는 8이므로 문제의 뜻에 맞는다.

03 어떤 수의 3배에서 2를 뺀 수는 어떤 수와 같을 때, 어떤 수를 구하시오.

04 어떤 수에서 1을 뺀 수는 어떤 수의 2배와 같다고 할 때, 어떤 수를 구하시오.

05 어떤 수에 2를 더한 수의 3배는 어떤 수보다 10만큼 크다고 할 때, 어떤 수를 구하시오.

06 어떤 수에서 1을 뺀 수의 3배는 어떤 수의 2배와 같을 때, 어떤 수를 구하시오.

B

연속하는 세 자연수 → $x-1, x, x+1$ 또는 $x, x+1, x+2$
연속하는 세 짝수(홀수) → $x-2, x, x+2$ 또는 $x, x+2, x+4$

| 정답 및 풀이 30쪽 |

01 연속하는 세 자연수의 합이 / 12일 때, 세 자연수를 구하시오.

연속하는 세 자연수의 합 $=12$

❶ 연속하는 세 자연수를 $x-1, x, x+\square$이라 하면

❷ $(x-1)+x+(x+\square)=12$ ……㉠

❸ ㉠에서 $\square x=12, x=4$

따라서 연속하는 세 자연수는 $\square$, 4, $\square$이다.

❹ $\square$, 4, $\square$의 합은 12이므로 문제의 뜻에 맞는다.

구한 가운데 자연수만을 답으로 적는 실수를 하기 쉬우니 주의해~

02 연속하는 세 홀수의 합이 / 15일 때, 세 홀수를 구하시오.

연속하는 세 홀수의 합 $=15$

❶ 연속하는 세 홀수를 $x-2, x, x+\square$라 하면

❷ $(x-2)+x+(x+\square)=15$ ……㉠

❸ ㉠에서 $\square x=15, x=5$

따라서 연속하는 세 홀수는 $\square$, 5, $\square$이다.

❹ $\square$, 5, $\square$의 합은 15이므로 문제의 뜻에 맞는다.

03 연속하는 두 자연수의 합이 13일 때, 두 자연수를 구하시오.

04 연속하는 세 자연수의 합이 30일 때, 세 자연수를 구하시오.

05 연속하는 세 짝수의 합이 24일 때, 세 짝수를 구하시오.

06 연속하는 세 자연수 중 가장 작은 수의 3배는 다른 두 수의 합보다 1만큼 크다고 한다. 이때 가장 작은 수를 구하시오.

가장 작은 수를 x로 놓자. 즉, 연속하는 세 자연수를 $x, x+1, x+2$로!

십의 자리의 숫자가 x, 일의 자리의 숫자가 ●인 두 자리 자연수 → $10\times x+$●

이 자연수의 일의 자리의 숫자와 십의 자리의 숫자를 바꾼 수 → $10\times$●$+x$

| 정답 및 풀이 30쪽 |

앗! 실수

01 일의 자리의 숫자가 8인 두 자리 자연수가 있다. 이 자연수는 / 각 자리의 숫자의 합의 2배와 같다. 두 자리 자연수를 구하시오.

[두 자리 자연수] $=2\times$ [각 자리의 숫자의 합]

❶ 십의 자리의 숫자를 x라 하면

❷ 두 자리 자연수는 $10x+\square$, 각 자리의 숫자의 합의 2배는 $2(x+\square)$이므로

$10x+\square=2(x+\square)$ …… ㉠

❸ ㉠에서 $10x+\square=2x+\square$

$\square x=8$, $x=\square$

따라서 두 자리 자연수는 $\square$이다.

❹ $\square$은 1과 8의 합의 2배와 같으므로 문제의 뜻에 맞는다.

02 일의 자리의 숫자가 4인 두 자리 자연수가 있다. 이 자연수는 각 자리의 숫자의 합의 4배와 같다. 두 자리 자연수를 구하시오.

03 십의 자리의 숫자가 3인 두 자리 자연수가 있다. 이 자연수는 각 자리의 숫자의 합의 4배보다 3만큼 작다. 두 자리 자연수를 구하시오.

04 십의 자리의 숫자가 2인 두 자리 자연수가 있다. 이 자연수의 십의 자리의 숫자와 일의 자리의 숫자를 바꾼 수는 / 처음 수보다 27만큼 크다고 한다. 처음 수를 구하시오.

[자리를 바꾼 수] $=$ [처음 수] $+27$

❶ 처음 수의 일의 자리의 숫자를 x라 하면

❷ 처음 수는 $20+x$, 십의 자리의 숫자와 일의 자리의 숫자를 바꾼 수는 $\square x+2$이므로

$\square x+2=20+x+27$ …… ㉠

❸ ㉠에서 $\square x+2=x+47$

$\square x=45$, $x=\square$

따라서 처음 수는 $\square$이다.

❹ 자리를 바꾼 수 $\square$는 처음 수 $\square$보다 27만큼 크므로 문제의 뜻에 맞는다.

05 십의 자리의 숫자가 4인 두 자리 자연수가 있다. 이 자연수의 십의 자리의 숫자와 일의 자리의 숫자를 바꾼 수는 처음 수보다 9만큼 크다고 한다. 처음 수를 구하시오.

06 일의 자리의 숫자가 9인 두 자리 자연수가 있다. 이 자연수의 십의 자리의 숫자와 일의 자리의 숫자를 바꾼 수는 처음 수의 2배보다 15만큼 크다고 한다. 처음 수를 구하시오.

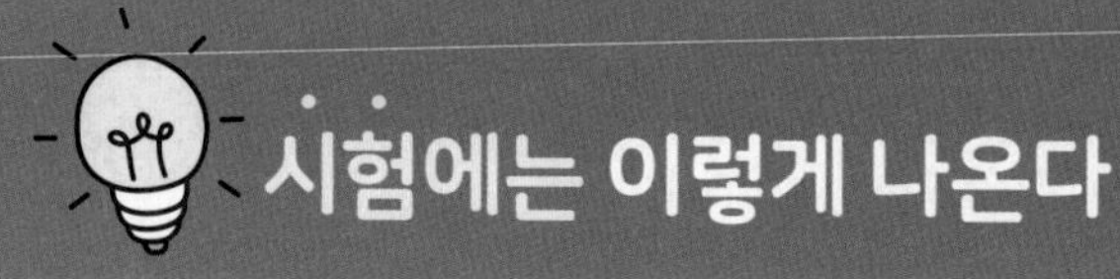

| 정답 및 풀이 31쪽 |

01 어떤 수를 2배하여 7을 더한 수는 어떤 수의 3배보다 2만큼 작다. 어떤 수는?

① 5 ② 6 ③ 7 ④ 8 ⑤ 9

[일차방정식의 활용 문제 해결 순서]

미지수 정하기
↓
방정식 세우기
↓
방정식 풀기
↓
확인하기

02 어떤 수에 5를 더한 수의 3배는 어떤 수의 4배와 같다. 어떤 수는?

① 13 ② 14 ③ 15 ④ 16 ⑤ 17

03 연속하는 세 자연수의 합이 33이다. 이때 가장 큰 수를 구하시오.

★ 연속하는 세 자연수
→ $x-1$, x, $\boxed{x+1}$
또는 x, $x+1$, $x+2$
★ 연속하는 세 홀수(짝수)
→ $x-2$, x, $\boxed{x+2}$
또는 x, $x+2$, $x+4$

04 연속하는 세 짝수 중 가장 큰 수의 3배는 다른 두 수의 합의 2배보다 10만큼 작다고 한다. 이때 가장 작은 수는?

① 16 ② 18 ③ 20 ④ 22 ⑤ 24

05 십의 자리의 숫자가 7인 두 자리 자연수가 있다. 이 자연수의 십의 자리의 숫자와 일의 자리의 숫자를 바꾼 수는 처음 수보다 45만큼 작다고 한다. 처음 수를 구하시오.

처음 수 $10\times7+x$
바꾼 수 $10\times x+7$

19 나이, 예금에 대한 일차방정식의 활용

● 나이에 대한 문제

조건을 만족하는 해를 x년 후 또는 x년 전으로 놓고 방정식을 세운다.

① (x년 후 나이)=(올해 나이)$+x$

② (x년 전 나이)=(올해 나이)$-x$

올해 지호의 나이는 12세, 삼촌의 나이는 30세이다. 삼촌의 나이가 / 지호의 나이의 2배가 되는 것은 몇 년 후인지 구하시오.

❶ 미지수 정하기 x년 후에 삼촌의 나이가 지호의 나이의 2배가 된다고 하면

❷ 방정식 세우기

	올해 나이(세)	x년 후 나이(세)
지호	12	$12+x$
삼촌	30	$30+x$

→ $30+x=2\times(12+x)$ ······ ㉠

❸ 방정식 풀기 ㉠에서 $30+x=24+2x$, $-x=-6$, $x=6$
따라서 삼촌의 나이가 지호의 나이의 2배가 되는 것은 6년 후이다.

❹ 확인하기 6년 후의 지호의 나이는 $12+6=18$(세), 삼촌의 나이는 $30+6=36$(세)로 삼촌의 나이가 지호의 나이의 2배가 되므로 문제의 뜻에 맞는다.

바빠 꿀팁

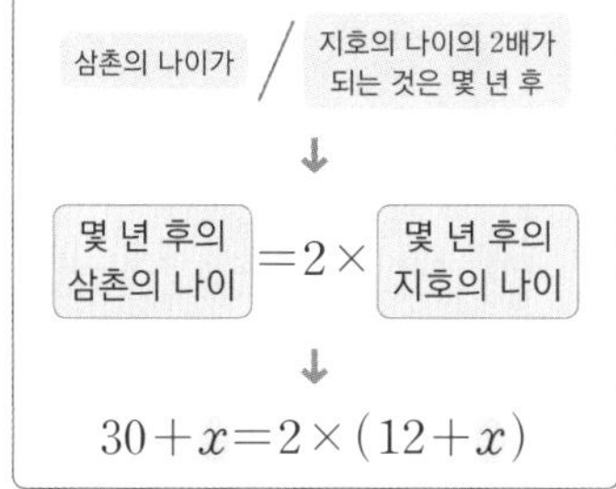

시간이 똑같이 흐르니까 x년 후에는 지호와 삼촌이 똑같이 x살만큼 나이가 더 많아져.

앗! 실수

★ 방정식의 활용 문제는 무엇을 x로 놓을 것인지 꼭 써줘야 해. 서술형 문제에서 감점될 수 있으니 주의해.

★ 문장의 상황에 단위가 있으면 답을 쓸 때 단위를 붙여 쓰는 것을 잊지 말자. 나이에 대한 활용 문제일 때, 몇 년 후인지에 답하려면 a년, 나이가 몇 세인지에 답하려면 b세라고 써야 해.

● 예금(소비)에 대한 문제

① 매달 a원씩 x개월 동안 예금할 때, x개월 후의 예금액
→ (현재 예금액)$+a\times x$(원)

② 매일 a원씩 x일 동안 소비할 때, x일 후 남는 금액
→ (현재 금액)$-a\times x$(원)

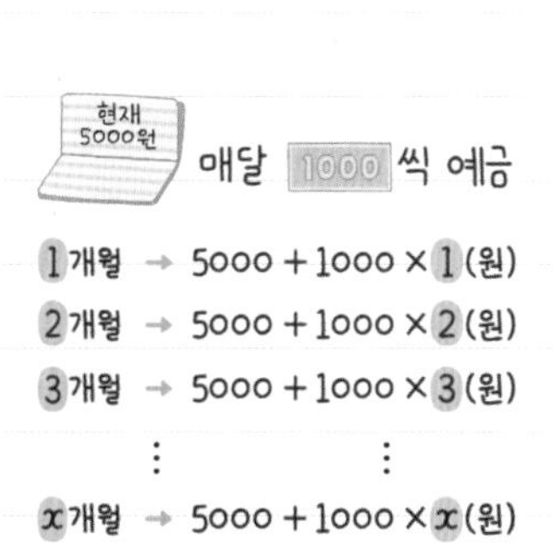

올해 나이 ■세인 사람의 x년 후 나이 → $(■+x)$세
올해 나이 ■세인 사람의 x년 전 나이 → $(■-x)$세

| 정답 및 풀이 31쪽 |

01 올해 찬우의 나이는 7세, 누나의 나이는 16세이다. 누나의 나이가 / 찬우의 나이의 2배가 되는 것은 몇 년 후인지 구하시오.

몇 년 후 누나의 나이 $=2\times$ 몇 년 후 찬우의 나이

❶ x년 후에 누나의 나이가 찬우의 나이의 2배가 된다고 하면

❷

	올해 나이(세)	x년 후 나이(세)
찬우	7	☐
누나	16	$16+x$

→ $16+x=2\times($☐$)$ ⋯⋯ ㉠

❸ ㉠에서 $16+x=$☐$+$☐x, $x=$☐

따라서 누나의 나이가 찬우의 나이의 2배가 되는 것은 ☐년 후이다.

❹ ☐년 후의 찬우의 나이는 9세, 누나의 나이는 18세로 누나의 나이가 찬우의 나이의 2배가 되므로 문제의 뜻에 맞는다.

02 올해 서연이의 나이는 15세, 어머니의 나이는 47세이다. 어머니의 나이가 서연이의 나이의 3배가 되는 것은 몇 년 후인지 구하시오.

03 올해 다영이의 나이는 7세, 삼촌의 나이는 19세이다. 삼촌의 나이가 다영이의 나이의 2배가 되는 것은 몇 년 후인지 구하시오.

04 올해 이모의 나이는 38세, 어머니의 나이는 46세이다. 어머니의 나이가 이모의 나이의 2배였던 때는 몇 년 전인지 구하시오.

x년 전의 이모의 나이 → $(38-x)$세
x년 전의 어머니의 나이 → $(46-x)$세

05 올해 손자의 나이는 21세, 할아버지의 나이는 84세이다. 할아버지의 나이가 손자의 나이의 10배였던 때는 몇 년 전인지 구하시오.

06 올해 할머니의 나이는 도연이의 나이의 4배이다. 8년 후에 할머니의 나이가 도연이의 나이의 3배가 된다고 한다. 올해 도연이의 나이를 구하시오.

먼저 구하려는 도연이의 나이를 x세로 놓고 식을 세워 봐.

매달 ◆원씩 x개월 동안 예금할 때, x개월 후 예금액 → (현재 예금액)$+$◆$\times x$(원)
매일 ◆원씩 x일 동안 소비할 때, x일 후 남는 금액 → (현재 금액)$-$◆$\times x$(원)

| 정답 및 풀이 32쪽 |

01 현재 형의 저금통에는 5000원, 동생의 저금통에는 3000원이 들어 있다. 내일부터 형은 매일 300원씩, 동생은 매일 500원씩 저금통에 넣을 때, / 형과 동생의 저금액이 같아지는 것은 며칠 후인지 구하시오.

며칠 후 형의 저금액 = 며칠 후 동생의 저금액

❶ x일 후에 형과 동생의 저금액이 같아진다고 하면

❷

	현재 저금액(원)	x일 후 저금액(원)
형	5000	$5000+300x$
동생	3000	☐

→ $5000+300x=$ ☐ ······ ㉠

❸ ㉠에서 ☐ $x=$ ☐, $x=$ ☐

따라서 ☐ 일 후에 형과 동생의 저금액이 같아진다.

❹ ☐ 일 후의 형의 저금액은 8000원, 동생의 저금액은 8000원이므로 문제의 뜻에 맞는다.

02 현재 은우의 통장에는 10만 원, 정우의 통장에는 15만 원이 예금되어 있다. 다음 달부터 은우는 매달 2만 원씩, 정우는 매달 1만 원씩 예금할 때, 은우와 정우의 예금액이 같아지는 것은 몇 개월 후인지 구하시오.

03 현재 세뱃돈을 받아 윤수의 지갑에는 40000원, 정민이의 지갑에는 50000원이 들어 있다. 내일부터 윤수는 매일 1500원씩, 정민이는 매일 2000원씩 소비할 때, 윤수와 정민이의 지갑에 남아 있는 금액이 같아지는 것은 며칠 후인지 구하시오.

x일 후의 윤수에게 남아 있는 금액 → $(40000-1500x)$원
x일 후의 정민이에게 남아 있는 금액 → $(50000-2000x)$원

04 현재 유나의 저금통에는 1000원, 나영이의 저금통에는 5000원이 들어 있다. 내일부터 두 사람이 매일 1000원씩 저금통에 넣을 때, 나영이의 저금액이 유나의 저금액의 2배가 되는 것은 며칠 후인지 구하시오.

05 현재 유림이의 통장에는 7000원, 태희의 통장에는 30000원이 예금되어 있다. 다음 달부터 유림이는 매달 3000원씩, 태희는 매달 2000원씩 예금할 때, 태희의 예금액이 유림이의 예금액의 2배가 되는 것은 몇 개월 후인지 구하시오.

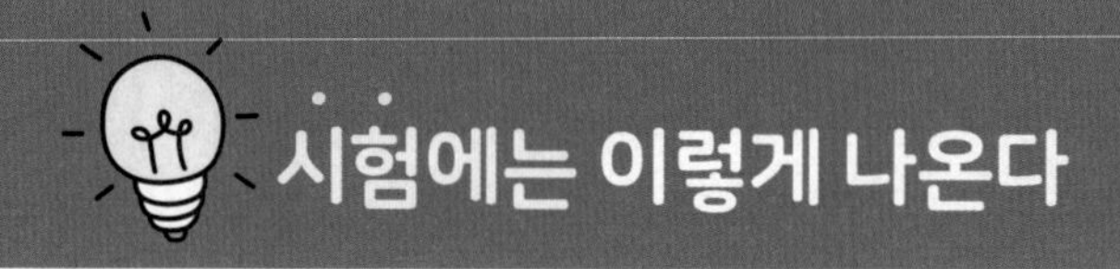

| 정답 및 풀이 33쪽 |

01 올해 강빈이의 나이는 17세, 아빠의 나이는 52세이다. 아빠의 나이가 강빈이의 나이의 2배가 되는 것은 몇 년 후인가?

① 17년 ② 18년 ③ 19년 ④ 20년 ⑤ 21년

★ (x년 후 나이)
=(올해 나이)+ $\boxed{x}$

02 올해 예림이의 나이는 10세, 엄마의 나이는 40세이다. 엄마의 나이가 예림이의 나이의 7배였던 해는 몇 년 전인가?

① 3년 ② 4년 ③ 5년 ④ 6년 ⑤ 7년

★ (x년 전 나이)
=(올해 나이)− $\boxed{x}$

03 올해 우빈이와 고모의 나이의 차는 24세이다. 2년 후에 고모의 나이는 우빈이의 나이의 5배가 된다고 한다. 올해 우빈이의 나이는?

① 4세 ② 5세 ③ 6세 ④ 7세 ⑤ 8세

04 현재 민재의 통장에는 12000원, 진욱이의 통장에는 18000원이 예금되어 있다. 다음 달부터 민재는 매달 2000원씩, 진욱이는 매달 1000원씩 예금할 때, 민재와 진욱이의 예금액이 같아지는 것은 몇 개월 후인가?

① 5개월 ② 6개월 ③ 7개월 ④ 8개월 ⑤ 9개월

★ (x개월 후 예금액)
=(현재 예금액)
+(매달 예금액)× $\boxed{x}$

05 현재 예서와 소희의 통장에는 각각 20000원씩 예금되어 있다. 다음 달부터 예서는 매달 2000원씩, 소희는 매달 5000원씩 예금할 때, 소희의 예금액이 예서의 예금액의 2배가 되는 것은 몇 개월 후인가?

① 14개월 ② 16개월 ③ 18개월 ④ 20개월 ⑤ 22개월

20 개수 또는 양에 대한 일차방정식의 활용

● 개수 또는 양에 대한 문제

구하려는 개수 또는 양을 x로 놓고 방정식을 세운다.

● 개수의 합이 일정한 문제

개수의 합이 a로 일정할 때, 구하려는 개수를 x로 놓으면 다른 것의 개수
➜ $a-x$

● 과부족에 대한 문제

① 학생들에게 물건을 나누어 줄 때
➜ 학생 수를 x명으로 놓고, 물건의 전체 개수가 일정함을 이용하여 나누어주는 물건의 개수에 대한 방정식을 세운다.

② 학생들이 의자에 앉을 때
➜ 의자의 수를 x개로 놓고, 전체 학생 수가 일정함을 이용하여 학생 수에 대한 방정식을 세운다.

남는 양은 더하고
모자라는 양은 빼서
전체 양에 대한
방정식을 세우면 돼.

학생들에게 귤을 나누어 주려고 하는데 한 사람에게 4개씩 나누어 주면 3개가 남고, / 5개씩 나누어 주면 2개가 부족하다. 이때 학생은 몇 명인지 구하시오.

❶ 미지수 정하기　학생 수를 x명이라 하면

❷ 방정식 세우기　나누어 주는 방법에 관계없이 귤의 수는 일정하므로

$$4x+3=5x-2 \quad \cdots\cdots ㉠$$

❸ 방정식 풀기　㉠에서 $-x=-5$, $x=5$
따라서 학생은 5명이다.

❹ 확인하기　나누어 주는 귤의 수는
4개씩 나누어 줄 때 $4\times5+3=23$(개),
5개씩 나누어 줄 때 $5\times5-2=23$(개)
이므로 문제의 뜻에 맞는다.

바빠 꿀팁

문장을 /로 끊어 읽으면 방정식을 세우기 쉬워져.

4개씩 나누어 주면 3개가 남고, / 5개씩 나누어 주면 2개가 부족하다.

↓

$4\times$ 학생 수 $+3=5\times$ 학생 수 -2

↓

$4x+3=5x-2$

어떻게 나누어 주더라도
전체 귤의 개수는 동일해~

앗! 실수

★ 학생들에게 물건을 나누어 줄 때, 학생 수가 아닌 물건의 개수를 묻는 경우의 문제도 나올 수 있어. 이때는 x로 놓은 학생 수를 구한 다음 물건의 개수까지 구해서 답을 해야 해.

구하려는 개수 또는 양을 x로 놓고 방정식을 세워 봐.

| 정답 및 풀이 34쪽 |

01 아름이는 편의점에서 1200원짜리 음료수 몇 개와 2500원짜리 빵 1개를 / 총 7300원에 샀다. 아름이가 산 음료수는 몇 개인지 구하시오.

1200 × 음료수의 개수 + 2500 = 7300

❶ 아름이가 산 음료수의 개수를 x라 하면

❷ □ $\times x+2500=7300$ ······ ㉠

❸ ㉠에서 □ $x=$ □, $x=$ □

따라서 아름이가 산 음료수는 □개이다.

❹ 아름이가 음료수와 빵을 사는 데 지불한 돈은 총 1200 × □ + 2500 = 7300(원)이므로 문제의 뜻에 맞는다.

02 재욱이가 문구점에서 똑같은 공책 5권을 사고 10000원을 냈더니 2500원을 거슬러 받았다. 공책 한 권의 가격은 얼마인지 구하시오.

03 지윤이는 104쪽짜리 수학 문제집을 사서 첫째 날에는 16쪽을 풀고, 다음 날부터 매일 일정한 쪽수를 풀어 12일 만에 모두 풀었다. 지윤이가 둘째 날부터 매일 푼 쪽수를 구하시오.

04 형과 동생의 나이의 차는 3세이고 나이의 합은 27세이다. 동생의 나이를 구하시오.

동생의 나이 → x세
형의 나이 → $(x+3)$세

05 예림이가 어떤 책을 펼쳤더니 펼친 두 쪽수의 합이 113쪽이었다. 두 쪽수를 구하시오.

06 찬희는 구슬을 47개, 동희는 구슬을 25개 가지고 있다. 찬희가 동희에게 구슬을 몇 개 주면 두 사람이 가진 구슬의 개수가 같아지는지 구하시오.

07 서영이는 시험에서 국어 92점, 영어 84점을 받았다. 수학 시험에서 몇 점을 받으면 세 과목 점수의 평균이 90점이 되는지 구하시오.

개수의 합이 a로 일정할 때, 구하려는 개수를 x로 놓으면 다른 것의 개수 → $a-x$

| 정답 및 풀이 34쪽 |

01 농구 시합에서 우리 팀이 2점짜리 슛과 3점짜리 슛을 합하여 40개를 넣어 / 85점을 득점하였을 때, 우리 팀이 넣은 3점짜리 슛은 몇 개인지 구하시오.

2× [2점짜리 슛의 개수] +3× [3점짜리 슛의 개수] =85

❶ 우리 팀이 넣은 3점짜리 슛의 개수를 x라 하면 2점짜리 슛의 개수는 $\square-x$이므로

❷ $2(\square-x)+3x=85$ ...... ㉠

❸ ㉠에서 $\square-2x+3x=85$

$\square+x=85$, $x=\square$

따라서 우리 팀은 3점짜리 슛을 $\square$개 넣었다.

❹ 우리 팀이 넣은 2점짜리 슛은 $\square$개이므로 총 득점은 $2\times\square+3\times\square=85$(점)이 되어 문제의 뜻에 맞는다.

소의 다리 → 4개
닭의 다리 → 2개

02 농장에 소와 닭을 합하여 15마리가 있다. 소와 닭의 다리의 개수가 총 44일 때, 닭은 몇 마리인지 구하시오.

03 어느 과일 가게에서 한 개에 1500원인 사과와 한 개에 2000원인 배를 합하여 20개를 34000원에 샀다. 이때 사과는 몇 개 샀는지 구하시오.

04 한 자루에 600원인 연필과 한 자루에 1200원인 볼펜을 합하여 15자루를 총 12000원에 샀다. 이때 연필은 몇 자루 샀는지 구하시오.

05 어느 과학관의 입장료가 어른은 5000원, 청소년은 3000원이라고 한다. 어른과 청소년을 합하여 12명의 입장료가 42000원이었을 때, 입장한 청소년은 몇 명인지 구하시오.

06 올해 아버지와 아들의 나이의 합은 70세이고, 5년 후에 아버지의 나이가 아들의 나이의 3배가 된다고 한다. 올해 아들의 나이를 구하시오.

물건을 나누어 줄 때 → 학생 수를 x로 놓고, 물건의 전체 개수가 일정함을 이용해.
의자에 앉을 때 → 의자 수를 x로 놓고 전체 학생 수가 일정함을 이용해.

| 정답 및 풀이 35쪽 |

01 학생들에게 공책을 나누어 주는데 3권씩 나누어 주면 2권이 남고, / 4권씩 나누어 주면 8권이 부족하다. 이때 학생은 몇 명인지 구하시오.

공책의 수 → $3\times$ 학생 수 $+2=4\times$ 학생 수 -8

❶ 학생 수를 x명이라 하면

❷ 나누어 주는 방법에 관계없이 공책의 수는 일정하므로

$3x+2=4x-\square$ ······ ㉠

❸ ㉠에서 $-x=\square$, $x=\square$

따라서 학생은 $\square$명이다.

❹ 이때 나누어 주는 공책의 수는

3권씩 나누어 줄 때 $3\times\square+2=32$(권),

4권씩 나누어 줄 때 $4\times\square-8=32$(권)

이므로 문제의 뜻에 맞는다.

02 학생들에게 연필을 나누어 주는데 6개씩 나누어 주면 2개가 남고, 7개씩 나누어 주면 6개가 부족하다. 이때 학생은 몇 명인지 구하시오.

앗! 실수

03 학생들에게 사탕을 나누어 주는데 8개씩 나누어 주면 6개가 남고, 9개씩 나누어 주면 2개가 부족하다. 이때 사탕은 몇 개인지 구하시오.

학생 수가 아닌 사탕의 개수를 묻고 있어. x로 놓은 학생 수를 구한 다음 사탕의 개수까지 구하자.

04 학생들이 긴 의자에 앉는데 한 의자에 3명씩 앉으면 1명이 앉지 못하고, / 4명씩 앉으면 마지막 의자에는 2명이 앉고 완전히 빈 의자는 생기지 않는다. 이때 긴 의자는 몇 개인지 구하시오.

학생 수 → $3\times$ 3명씩 앉은 의자 개수 $+1=4\times$ 4명씩 앉은 의자 개수 $+2$

❶ 긴 의자의 개수를 x라 하면

❷ 3명씩 앉을 때 학생 수는 $3x+\square$(명),

4명씩 앉을 때 학생 수는 $4(x-1)+2$(명)

이므로

$3x+\square=4(x-1)+2$ ······ ㉠

4명이 가득 차게 앉은 의자는 $(x-1)$개야.

❸ ㉠에서 $3x+\square=4x-4+2$

$-x=\square$, $x=\square$

따라서 긴 의자는 $\square$개이다.

❹ 이때 학생 수는

$3\times3+1=10$(명), $4\times2+2=10$(명)

4명이 가득 차게 앉은 의자는 2개야.

이므로 문제의 뜻에 맞는다.

05 학생들이 긴 의자에 앉는데 한 의자에 4명씩 앉으면 2명이 앉지 못하고, 5명씩 앉으면 마지막 의자에는 3명이 앉고 완전히 빈 의자는 생기지 않는다. 이때 긴 의자는 몇 개인지 구하시오.

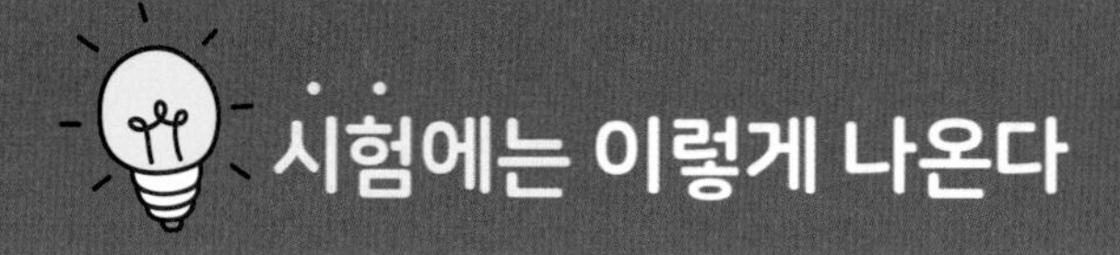

시험에는 이렇게 나온다

| 정답 및 풀이 36쪽 |

01 승훈이는 문구점에서 600원짜리 연필 몇 자루와 3000원짜리 필통 1개를 총 10200원에 샀다. 승훈이가 산 연필은 몇 자루인가?

① 9자루 ② 10자루 ③ 11자루 ④ 12자루 ⑤ 13자루

★ 구하려고 하는 개수 또는 양을 x로 놓고 방정식을 세운다.

02 대학수학능력평가 수학 시험에는 2점짜리, 3점짜리, 4점짜리 문제를 모두 합하여 30문항이 출제되고 총점은 100점이다. 2점짜리 문제가 3문항 출제될 때, 3점짜리 문제는 몇 문항 출제되는가?

① 10문항 ② 11문항 ③ 12문항 ④ 13문항 ⑤ 14문항

2점짜리 → 3문항
3점짜리 → x문항
4점짜리 → $(30-3-x)$문항

03 학생들에게 쿠키를 나누어 주는데 4개씩 나누어 주면 14개가 남고, 6개씩 나누어 주면 4개가 부족하다. 이때 쿠키는 모두 몇 개인가?

① 50개 ② 51개 ③ 52개 ④ 53개 ⑤ 54개

★ 물건을 나누어 줄 때 학생 수를 x로 놓고, 물건의 전체 개수가 일정함을 이용한다.

04 학생들이 야영을 하는데 텐트 1개에 3명씩 들어가면 2명이 남고, 4명씩 들어가면 마지막 텐트에는 1명만 들어가고 완전히 빈 텐트는 생기지 않는다. 이때 텐트는 몇 개인가?

① 3개 ② 4개 ③ 5개 ④ 6개 ⑤ 7개

텐트의 개수를 x라 하면 4명이 가득 차게 들어 갈 텐트 수는 $(x-1)$개야.

21 도형, 일에 대한 일차방정식의 활용

● 도형에 대한 문제

도형의 둘레의 길이 또는 넓이를 구하는 공식을 이용하여 방정식을 세운다.

① (삼각형의 넓이)$=\frac{1}{2}\times$(밑변의 길이)$\times$(높이)

② (직사각형의 넓이)$=$(가로의 길이)$\times$(세로의 길이)

③ (직사각형의 둘레의 길이)$=2\times${(가로의 길이)$+$(세로의 길이)}

④ (사다리꼴의 넓이)$=\frac{1}{2}\times${(윗변의 길이)$+$(아랫변의 길이)}$\times$(높이)

도형 문제는 조건에 맞게 그림을 그려서 생각하면 식을 세우기 쉬워~

● 일에 대한 문제

전체 일의 양을 1로 놓고, 단위 시간(1일, 1시간, 1분) 동안 하는 일의 양을 구하여 방정식을 세운다.

① 어떤 일을 혼자서 완성하는 데 n일이 걸릴 때

→ 전체 일의 양을 1이라 하면, 하루에 하는 일의 양은 $\frac{1}{n}$이다.

② 하루에 하는 일의 양이 a이면

→ x일 동안 하는 일의 양은 ax이다.

전체 일의 양을 1로 놓는 게 핵심이야! 그런 다음 단위 시간 동안 할 수 있는 일의 양을 구해.

어떤 일을 완성하는 데 서연이는 3일, 도연이는 6일이 걸린다고 한다. 서연이와 도연이가 함께 이 일을 하면 / 완성하는 데 며칠이 걸리는지 구하시오.

❶ 미지수 정하기 　전체 일의 양을 1이라 하면 서연이와 도연이가 하루에 하는 일의 양은 각각 $\frac{1}{3}$, $\frac{1}{6}$이다. 둘이 함께 이 일을 완성하는 데 x일이 걸린다고 하면

❷ 방정식 세우기 　$\left(\frac{1}{3}+\frac{1}{6}\right)x=1$ 　…… ㉠

❸ 방정식 풀기 　㉠에서 $\frac{1}{2}x=1$, $x=2$

따라서 둘이 함께 이 일을 하면 완성하는 데 2일이 걸린다.

❹ 확인하기 　$\left(\frac{1}{3}+\frac{1}{6}\right)\times 2=1$이므로 문제의 뜻에 맞는다.

바빠 꿀팁

문장을 /로 끊어 읽으면 방정식을 세우기 쉬워져.

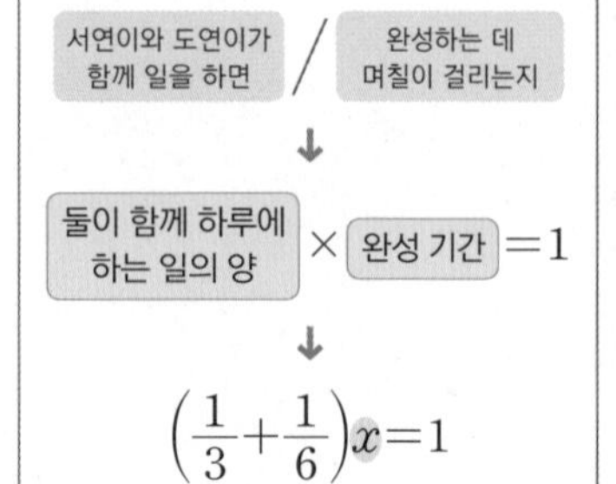

구하려는 길이를 x로 놓고, 공식을 이용하여 방정식을 세워 봐.

| 정답 및 풀이 36쪽 |

01 가로의 길이가 세로의 길이보다 3 cm 더 긴 직사각형이 있다. 이 직사각형의 둘레의 길이가 / 26 cm일 때, 세로의 길이를 구하시오.

$2\times\{$ 가로의 길이 $+$ 세로의 길이 $\}=26$

❶ 직사각형의 세로의 길이를 x cm라 하면 가로의 길이는 $(x+\square)$cm 이므로

(x cm, $(x+\square)$ cm)

❷ $2\times\{(x+\square)+x\}=26$ ······ ㉠

❸ ㉠에서 $2(2x+\square)=26$, $4x+\square=26$

$4x=\square$, $x=\square$

따라서 직사각형의 세로의 길이는 $\square$ cm이다.

❹ 직사각형의 세로의 길이는 $\square$ cm, 가로의 길이는 8 cm이므로 직사각형의 둘레의 길이는 $2\times(8+5)=26$(cm)로 문제의 뜻에 맞는다.

02 아랫변의 길이가 윗변의 길이보다 2 cm 더 길고, 높이가 5 cm인 사다리꼴이 있다. 이 사다리꼴의 넓이가 25 cm^{2}일 때, 윗변의 길이를 구하시오.

03 한 변의 길이가 4 cm인 정사각형의 가로의 길이를 1 cm, 세로의 길이를 x cm 늘였더니 넓이가 / 30 cm^{2}인 직사각형이 되었다. 이때 x의 값을 구하시오.

직사각형의 가로의 길이 $\times$ 직사각형의 세로의 길이 $=30$

❶ 가로의 길이가 1 cm, 세로의 길이가 x cm 늘어난 직사각형에서 가로의 길이는 $4+1=5$ (cm), 세로의 길이는 $(\square)$cm이므로

(4 cm, 1 cm, 4 cm, x cm)

❷ $5\times(\square)=30$ ······ ㉠

❸ ㉠에서 $20+\square x=30$, $\square x=10$

따라서 $x=\square$

❹ 처음 정사각형에서 가로, 세로의 길이를 늘인 직사각형의 넓이는 $(4+1)\times(4+\square)=30$(cm^2)로 문제의 뜻에 맞는다.

04 가로의 길이가 6 cm, 세로의 길이가 4 cm인 직사각형에서 가로의 길이를 x cm, 세로의 길이를 2 cm 늘였더니 그 넓이가 처음 넓이의 3배가 되었다. 이때 x의 값을 구하시오.

전체 일의 양을 1로 놓고, 단위 시간 동안 하는 일의 양을 구해.
그런 다음 각각의 일의 양의 합이 1임을 이용하여 방정식을 세워 봐.

| 정답 및 풀이 36쪽 |

01 어떤 일을 완성하는 데 찬혁이는 4시간, 수현이는 12시간이 걸린다고 한다. 찬혁이와 수현이가 함께 이 일을 하면 / 완성하는 데 몇 시간이 걸리는지 구하시오.

둘이 함께 1시간 동안 하는 일의 양 × 완성 시간 = 1

❶ 전체 일의 양을 1이라 하면 찬혁이와 수현이가 1시간 동안 하는 일의 양은 각각

$\frac{1}{4}$, $\frac{1}{\square}$이다.

둘이 함께 이 일을 완성하는 데 x시간이 걸린다고 하면

❷ $\left(\frac{1}{4}+\frac{1}{\square}\right)x=1$ ······ ㉠

❸ ㉠에서 $\frac{1}{\square}x=1$, $x=\square$

따라서 둘이 함께 이 일을 하면 완성하는 데 □시간이 걸린다.

❹ $\left(\frac{1}{4}+\frac{1}{\square}\right)\times\square=1$이므로 문제의 뜻에 맞는다.

02 어떤 일을 완성하는 데 세미는 10일, 준희는 15일이 걸린다고 한다. 세미와 준희가 함께 이 일을 하면 완성하는 데 며칠이 걸리는지 구하시오.

03 어떤 물통에 물을 가득 채우려면 A 호스로는 60분, B 호스로는 40분이 걸린다고 한다. A, B 두 호스로 동시에 물을 받으면 이 물통에 물을 가득 채우는 데 몇 분이 걸리는지 구하시오.

04 어떤 일을 완성하는 데 수빈이는 5일, 민석이는 10일이 걸린다고 한다. 수빈이가 2일 동안 먼저 일을 하고 난 후에 둘이 함께 이 일을 완성했다면 둘이 함께 일한 기간은 며칠인지 구하시오.

수빈이가 하루에 하는 일의 양 × 2 + 둘이 함께 하루에 하는 일의 양 × 둘이 함께 일한 기간 = 1

05 어떤 물통에 물을 가득 채우려면 A 호스로는 30분, B 호스로는 50분이 걸린다고 한다. A, B 두 호스로 10분 동안 물을 받다가 남은 양은 A 호스로만 물을 받아서 이 물통에 물을 가득 채웠다면 A 호스로만 물을 받은 시간은 몇 분인지 구하시오.

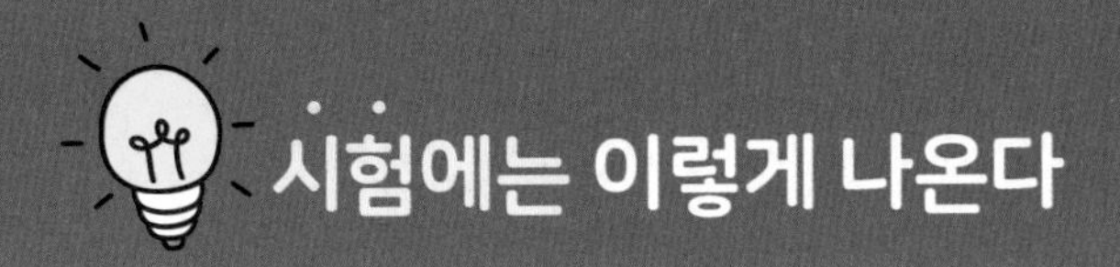

시험에는 이렇게 나온다

| 정답 및 풀이 37쪽 |

01 가로의 길이가 세로의 길이의 2배인 직사각형이 있다. 이 직사각형의 둘레의 길이가 24 cm일 때, 이 직사각형의 넓이는?

① 24 cm^2　② 26 cm^2　③ 28 cm^2　④ 30 cm^2　⑤ 32 cm^2

★ 구하는 변의 길이를 x로 놓고, 도형의 둘레의 길이 또는 넓이 구하는 공식을 이용한다.

02 한 변의 길이가 12 cm인 정사각형에서 가로의 길이를 x cm 늘이고, 세로의 길이를 3 cm 줄였더니 그 넓이가 처음과 같았다. 이때 x의 값은?

① 2　② 3　③ 4　④ 5　⑤ 6

03 어떤 일을 완성하는 데 A 팀장은 5일, B 사원은 20일이 걸린다고 한다. 둘이 함께 이 일을 하면 완성하는 데 며칠이 걸리는지 구하시오.

★ 전체 일의 양을 1로 놓고, 단위 시간 동안 하는 일의 양을 구한다.

04 어떤 일을 완성하는 데 봄이는 20시간, 여름이는 30시간이 걸린다고 한다. 봄이가 10시간 동안 먼저 일을 하고 난 후에 둘이 함께 이 일을 완성했다면 둘이 함께 일한 시간은 몇 시간인가?

① 5시간　② 6시간　③ 7시간　④ 8시간　⑤ 9시간

봄이가 먼저 10시간 동안 한 일의 양과 둘이 함께 x시간 동안 한 일의 양의 합이 1임을 이용해.

22 거리, 속력, 시간에 대한 일차방정식의 활용 (1)

● 거리, 속력, 시간 사이의 관계

(거리)$=$(속력)$\times$(시간), (속력)$=\dfrac{(거리)}{(시간)}$, (시간)$=\dfrac{(거리)}{(속력)}$

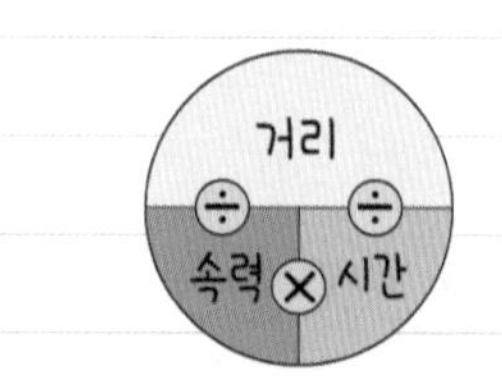

● 총 걸린 시간 또는 시간 차가 주어지는 문제

거리를 x로 놓고, (시간)$=\dfrac{(거리)}{(속력)}$를 이용하여 시간에 대한 방정식을 세운다.

두 지점 A, B 사이를 왕복하는데 갈 때는 시속 4 km로 걷고 올 때는 시속 2 km로 걸어서 / 총 3시간이 걸렸다고 한다. 두 지점 A, B 사이의 거리를 구하시오.

바빠 꿀팁
문장을 /로 끊어 읽으면 방정식을 세우기 쉬워져.

갈 때는 시속 4 km로 걷고 올 때는 시속 2 km로 걸어서 / 총 3시간이 걸렸다.

↓

갈 때 걸린 시간 + 올 때 걸린 시간 =3시간

↓

$\dfrac{x}{4}+\dfrac{x}{2}=3$

❶ 미지수 정하기 　두 지점 A, B 사이의 거리를 x km라 하면

❷ 방정식 세우기

	갈 때	올 때
거리	x km	x km
속력	시속 4 km	시속 2 km
시간	$\dfrac{x}{4}$시간	$\dfrac{x}{2}$시간

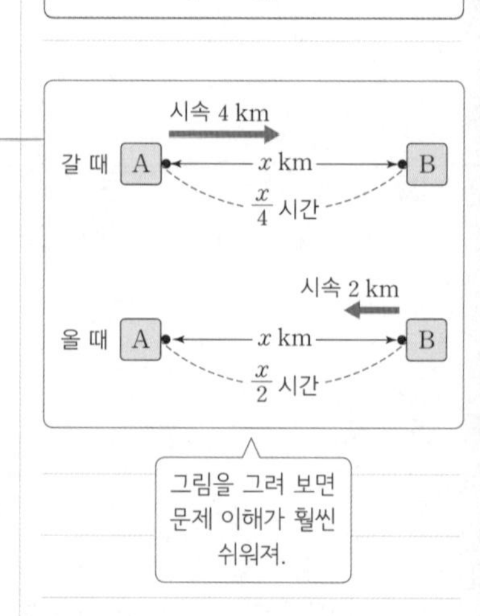

그림을 그려 보면 문제 이해가 훨씬 쉬워져.

왕복하는 데 걸린 시간이 총 3시간이므로

$\dfrac{x}{4}+\dfrac{x}{2}=3$ 　 …… ㉠

❸ 방정식 풀기 　㉠의 양변에 분모의 최소공배수인 4를 곱하면

$x+2x=12$, $3x=12$, $x=4$

따라서 두 지점 A, B 사이의 거리는 4 km이다.

❹ 확인하기 　두 지점 A, B 사이를 왕복하는 데 걸린 시간은

$\dfrac{4}{4}+\dfrac{4}{2}=1+2=3$(시간)이므로 문제의 뜻에 맞는다.

앗! 실수

★ 속력이 주어질 때, 시속, 분속, 초속이냐에 따라 시간 또는 거리의 단위를 통일해야 하는 경우도 있으므로 단위에 유의하며 계산해야 해.

예를 들어 A 지점에서 B 지점으로 가는데 시속 2 km로 걸어서 30분이 걸렸다면 두 지점 A, B 사이의 거리를 구할 때 먼저 30분을 $\dfrac{1}{2}$시간으로 바꾸어 식을 세워야 하는 걸 잊지 마.

A

속력의 단위가 '시속 ● km'로 주어지면
시간과 거리의 단위를 각각 '시간', 'km'로 맞춰야 해.

| 정답 및 풀이 38쪽 |

앗! 실수

01 집과 도서관 사이를 왕복하는데 갈 때는 시속 3 km로 걷고 올 때는 시속 6 km로 뛰어서 / 총 30분이 걸렸다고 한다. 이때 집과 도서관 사이의 거리를 구하시오.

단위의 통일

속력의 단위에 따라 시간, 거리의 단위를 다음과 같이 맞춘다.

속력		시간	거리
초속 ■ m	→	초	m
분속 ■ m	→	분	m
시속 ■ km	→	시간	km

❶ 집과 도서관 사이의 거리를 x km라 하면

❷

	갈 때	올 때
거리	x km	x km
속력	시속 3 km	시속 6 km
시간	$\frac{x}{3}$시간	$\frac{x}{\square}$시간

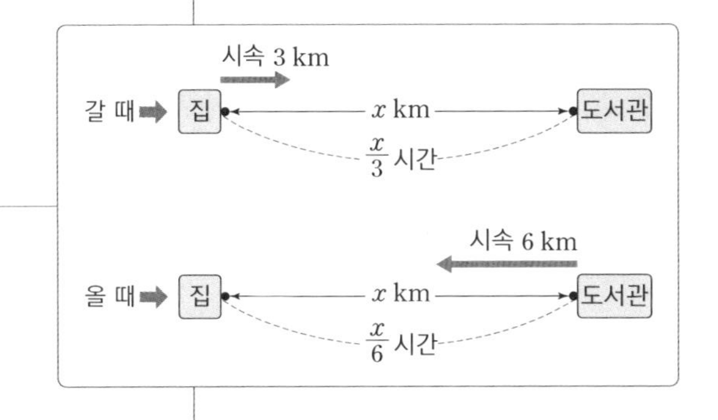

왕복하는 데 걸린 시간이 총 30분, 즉

$\frac{30}{60}=\frac{1}{2}$(시간)이므로

$\frac{x}{3}+\frac{x}{\square}=\frac{1}{2}$ ······ ㉠

❸ ㉠의 양변에 분모의 최소공배수인 6을 곱하면

$2x+\square=3$, $\square x=\square$, $x=\square$

따라서 집과 도서관 사이의 거리는 $\square$ km이다.

❹ 집과 도서관 사이를 왕복하는 데 걸린 시간은

$\frac{\square}{3}+\frac{\square}{6}=\frac{1}{2}$(시간), 즉 30분이므로 문제의 뜻에 맞는다.

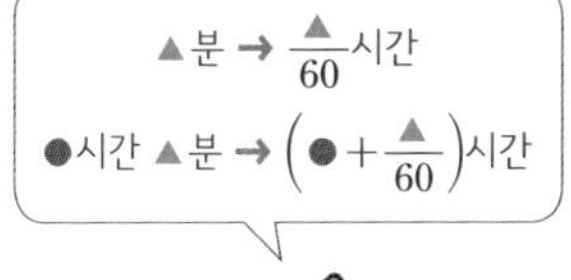

앗! 실수

02 두 지점 A, B 사이를 왕복하는데 갈 때는 시속 2 km로 걷고 올 때는 시속 3 km로 걸어서 총 50분이 걸렸다고 한다. 두 지점 A, B 사이의 거리를 구하시오.

03 등산을 하는데 올라갈 때는 시속 3 km로 걷고 내려올 때는 같은 길을 시속 4 km로 걸어서 총 1시간 10분이 걸렸다고 한다. 이때 올라간 거리를 구하시오.

총 걸린 시간이 주어지면 시간에 대한 방정식을 세워.
→ (각 구간에서 걸린 시간의 합)=(총 걸린 시간)

| 정답 및 풀이 38쪽 |

01 두 지점 A, B 사이를 왕복하는데 갈 때는 분속 40 m로 걷고 올 때는 분속 60 m로 걸어서 총 10분이 걸렸다고 한다. 두 지점 A, B 사이의 거리를 구하시오.

02 두 지점 A, B 사이를 오토바이로 왕복하는데 갈 때는 초속 12 m로 달리고 올 때는 초속 15 m로 달려서 총 45초가 걸렸다고 한다. 두 지점 A, B 사이의 거리를 구하시오.

앗! 실수

03 서연이가 집과 도서관 사이를 왕복하는데 갈 때는 분속 100 m로 걷고 올 때는 분속 200 m로 뛰어서 총 1시간이 걸렸다고 한다. 이때 서연이네 집과 도서관 사이의 거리를 구하시오.

04 민규가 교실과 교무실 사이를 왕복하는데 갈 때는 초속 2 m로 뛰고 올 때는 초속 3 m로 뛰어서 총 2분 30초가 걸렸다고 한다. 이때 민규네 교실과 교무실 사이의 거리를 구하시오.

05 등산을 하는데 올라갈 때는 시속 2 km로 걷고 내려올 때는 올라갈 때보다 1 km 더 먼 길을 시속 5 km로 걸어서 총 3시간이 걸렸다고 한다. 이때 올라간 거리를 구하시오.

올라간 거리 → x km
내려온 거리 → $(x+1)$km

시속 60 km로 간 거리 → x km
시속 100 km로 간 거리 → $(200-x)$km

06 두 지점 A, B 사이의 거리는 200 km이다. 자동차로 A 지점에서 출발하여 시속 60 km로 가다가 늦을 것 같아 시속 100 km로 달려 B 지점에 도착하였더니 총 3시간이 걸렸다. 시속 60 km로 간 거리를 구하시오.

앗! 실수

07 지민이가 자전거를 타고 집에서 출발하여 마트에 다녀오는데 갈 때는 시속 8 km로 달리고, 물건을 25분 동안 구매한 후 올 때는 시속 6 km로 달렸더니 총 1시간이 걸렸다고 한다. 지민이네 집에서 마트까지의 거리를 구하시오.

[갈 때 걸린 시간] + 25분 + [올 때 걸린 시간] = 1시간

시간 차가 주어지면 시간에 대한 방정식을 세워.
→ (오래 걸린 시간)−(짧게 걸린 시간)=(시간 차)

| 정답 및 풀이 39쪽 |

01 A 지점에서 출발하여 B 지점까지 가는데 자전거를 타고 시속 6 km로 가면 시속 2 km로 걸어가는 것보다 / 1시간 일찍 도착한다고 한다. 이때 A 지점에서 B 지점까지의 거리를 구하시오.

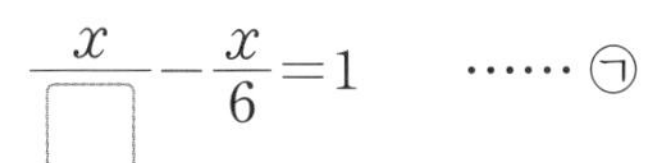

❶ A 지점에서 B 지점까지의 거리를 x km라 하면

❷

	자전거를 타고 갈 때	걸어갈 때
거리	x km	x km
속력	시속 6 km	시속 2 km
시간	$\frac{x}{6}$시간	$\frac{x}{\square}$시간

자전거를 타고 갈 때 ➡ A — x km — B, 시속 6 km, $\frac{x}{6}$시간

걸어갈 때 ➡ A — x km — B, 시속 2 km, $\frac{x}{2}$시간

걸어가면 자전거를 타고 가는 것보다 1시간 더 걸리므로

$\frac{x}{\square}-\frac{x}{6}=1$ ······ ㉠

❸ ㉠의 양변에 분모의 최소공배수인 6을 곱하면

$\square x-x=6$, $\square x=6$, $x=\square$

따라서 A 지점에서 B 지점까지의 거리는 $\square$ km이다.

❹ 자전거를 타고 가면 $\frac{\square}{6}=\frac{1}{2}$(시간), 즉 30분이 걸리고, 걸어가면 $\frac{\square}{2}$시간, 즉 1시간 30분이 걸리므로 문제의 뜻에 맞는다.

02 집에서 출발하여 약속 장소까지 가는데 분속 60 m로 걸어가면 분속 40 m로 걸어가는 것보다 5분 일찍 도착한다고 한다. 집에서 약속 장소까지의 거리를 구하시오.

앗! 실수

03 등산을 하는데 올라갈 때는 시속 2 km로 걷고 내려올 때는 같은 길을 시속 3 km로 걸었더니 내려올 때는 올라갈 때보다 40분이 덜 걸렸다고 한다. 이때 올라간 거리를 구하시오.

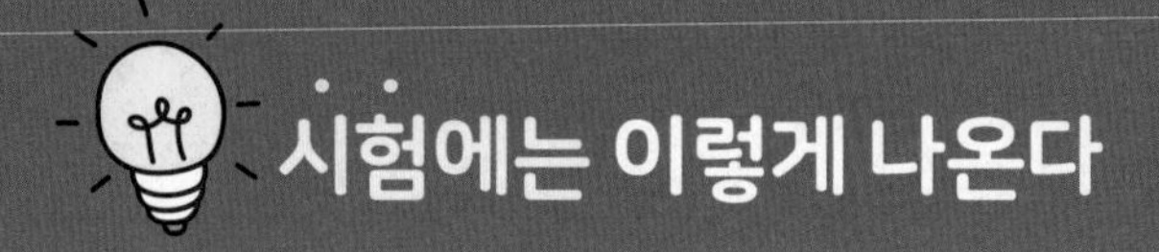

| 정답 및 풀이 40쪽 |

01 등산을 하는데 올라갈 때는 시속 3 km로 걷고 내려올 때는 3 km 더 먼 길을 시속 6 km로 걸어서 총 3시간이 걸렸다고 한다. 이때 올라간 거리는?

① 4 km ② 5 km ③ 6 km
④ 7 km ⑤ 8 km

★ 총 걸린 시간이 주어지면 [시간]에 대한 방정식을 세운다.
→ (각 구간에서 걸린 시간의 합) =(총 걸린 시간)

02 가을이가 자전거를 타고 집에서 출발하여 도서관에 다녀오는데 갈 때는 시속 6 km로 달리고, 책을 1시간 동안 읽은 후 올 때는 시속 12 km로 달렸더니 총 2시간 30분이 걸렸다고 한다. 가을이네 집에서 도서관까지의 거리는?

① 2 km ② 3 km ③ 4 km
④ 5 km ⑤ 6 km

03 민호와 우빈이가 동시에 학교에서 출발하여 편의점까지 가는데 민호는 초속 4 m로 뛰고, 우빈이는 초속 5 m로 뛰었다. 우빈이가 민호보다 12초 일찍 도착했을 때, 학교에서 편의점까지의 거리는?

① 210 m ② 220 m ③ 230 m
④ 240 m ⑤ 250 m

★ 시간 차가 주어지면 [시간]에 대한 방정식을 세운다.
→ (오래 걸린 시간) −(짧게 걸린 시간) =(시간 차)

04 집에서 출발하여 학교까지 가는데 분속 90 m로 걸어가면 분속 50 m로 걸어가는 것보다 16분 일찍 도착한다고 한다. 집에서 학교까지의 거리는?

① 1.4 km ② 1.6 km ③ 1.8 km
④ 2 km ⑤ 2.2 km

23 거리, 속력, 시간에 대한 일차방정식의 활용 (2)

● 마주 보고 가거나 따라가서 만나는 문제

시간을 x로 놓고, (거리)=(속력)×(시간)을 이용하여 거리에 대한 방정식을 세운다.

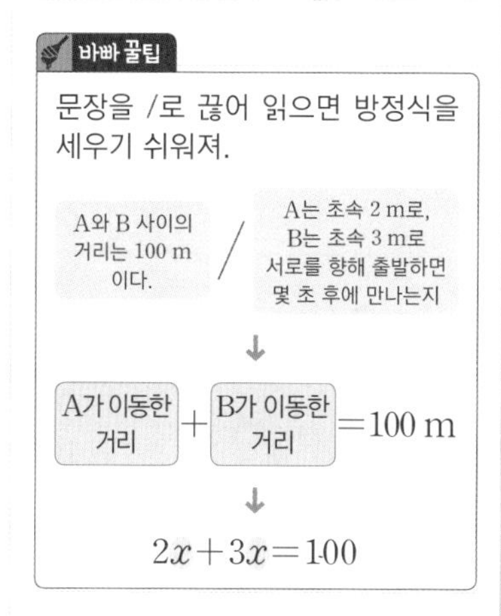

두 사람 A와 B 사이의 거리는 100 m이다. / A는 초속 2 m로, B는 초속 3 m로 서로를 향해 동시에 출발한다면 두 사람은 출발한 지 몇 초 후에 만나는지 구하시오.

❶ 미지수 정하기　두 사람이 동시에 출발한 지 x초 후에 만난다고 하면

❷ 방정식 세우기

	A	B
속력	초속 2 m	초속 3 m
시간	x초	x초
거리	$2x$ m	$3x$ m

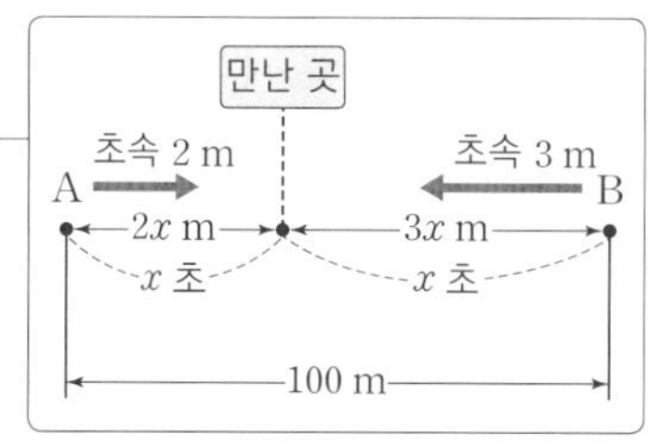

→ $2x+3x=100$　　⋯⋯ ㉠

❸ 방정식 풀기　㉠에서 $5x=100$, $x=20$
따라서 두 사람은 동시에 출발한 지 20초 후에 만난다.

❹ 확인하기　A와 B가 20초 동안 이동하는 거리는 각각
$2\times20=40(\text{m})$, $3\times20=60(\text{m})$이므로
그 합이 100 m가 되어 문제의 뜻에 맞는다.

● 호수(트랙)를 돌다가 만나는 문제

시간을 x로 놓고, (거리)=(속력)×(시간)을 이용하여 거리에 대한 방정식을 세운다.

① A, B가 호수 둘레를 같은 지점에서 출발하여 **반대 방향**으로 돌다가 처음으로 만나면
→ (A, B가 이동한 거리의 **합**)=(호수의 둘레의 길이)
두 사람의 이동 거리의 합이 정확히 한 바퀴가 되는 순간 두 사람은 처음으로 만나.

② A, B가 호수 둘레를 같은 지점에서 출발하여 **같은 방향**으로 돌다가 처음으로 만나면
→ (A, B가 이동한 거리의 **차**)=(호수의 둘레의 길이)
두 사람의 이동 거리의 차가 정확히 한 바퀴가 되는 순간 두 사람은 처음으로 만나.

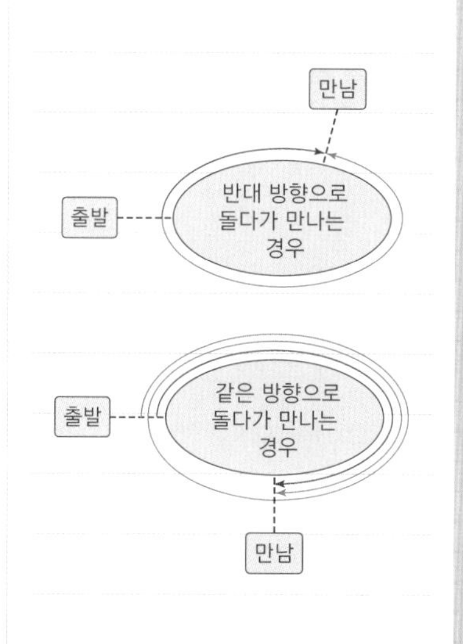

A와 B가 ●m 떨어진 곳에서 서로 마주 보고 출발하여 만나면 거리에 대한 방정식을 세워.
→ (A가 이동한 거리)+(B가 이동한 거리)=●m

| 정답 및 풀이 41쪽 |

01 원영이와 유진이네 집 사이의 거리는 300 m이다. / 원영이는 분속 100 m로, 유진이는 분속 50 m로 각자의 집에서 상대방의 집을 향해 동시에 출발한다면 두 사람은 출발한 지 몇 분 후에 만나는지 구하시오.

원영이와 유진이가 출발할 때부터 만날 때까지 이동한 시간은 같고, 이동한 거리의 합은 300 m야.

원영이가 이동한 거리 + 유진이가 이동한 거리 = 300 m

❶ 두 사람이 동시에 출발한 지 x분 후에 만난다고 하면

❷

	원영	유진
속력	분속 100 m	분속 50 m
시간	x분	x분
거리	$100x$ m	☐ m

만난 곳 / 원영 집 → 분속 100 m, $100x$ m, x 분 / 유진 집 ← 분속 50 m, $50x$ m, x 분 / 300 m

→ $100x+$☐$x=300$ ······ ㉠

❸ ㉠에서 ☐$x=300$, $x=$☐

따라서 두 사람은 동시에 출발한 지 ☐분 후에 만난다.

❹ 원영이와 유진이가 ☐분 동안 이동하는 거리는 각각

$100\times$☐$=200$(m), $50\times$☐$=100$(m)이므로 그 합이

300 m가 되어 문제의 뜻에 맞는다.

02 두 사람 A, B 사이의 거리는 560 m이다. A는 초속 3 m로, B는 초속 4 m로 상대방을 향해 동시에 출발한다면 두 사람은 출발한 지 몇 초 후에 만나는지 구하시오.

03 진이와 지민이 사이의 거리는 2.4 km이다. 진이는 분속 250 m로, 지민이는 분속 230 m로 상대방을 향해 동시에 출발한다면 두 사람은 출발한 지 몇 분 후에 만나는지 구하시오.

A가 B를 따라가서 만나면 거리에 대한 방정식을 세워.
→ (A가 이동한 거리)=(B가 이동한 거리)

| 정답 및 풀이 41쪽 |

01 찬우가 집에서 출발한 지 10분 후에 정우가 찬우를 따라 집을 나섰다. 찬우는 분속 200 m로 걷고 정우는 자전거를 타고 분속 600 m로 따라갈 때, / 정우가 집에서 출발한 지 몇 분 후에 찬우를 만날 수 있는지 구하시오.

정우와 찬우가 각자 집에서 출발해서 만날 때까지 찬우가 이동한 시간은 정우보다 10분 더 길고, 이동한 거리는 같아.

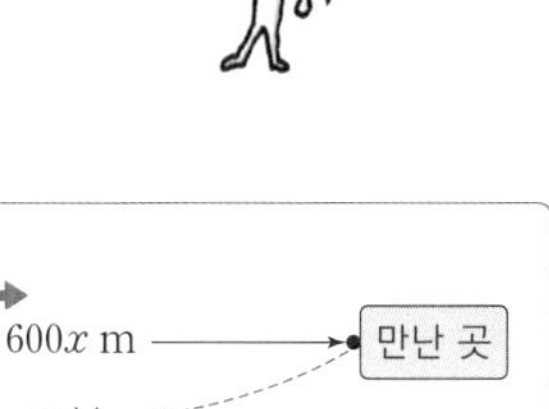

❶ 정우가 집에서 출발한 지 x분 후에 찬우를 만날 수 있다고 하면

❷

	정우	찬우
속력	분속 600 m	분속 200 m
시간	x분	$(x+\square)$분
거리	$600x$ m	$200(x+\square)$m

정우 ➡ 집 — 분속 600 m — $600x$ m — 만난 곳 (x 분)
찬우 ➡ 집 — 분속 200 m — $200(x+10)$ m — 만난 곳 ($(x+10)$ 분)

→ $600x=200(x+\square)$ ······ ㉠

❸ ㉠에서 $600x=200x+\square$, $400x=\square$, $x=\square$

따라서 정우가 집에서 출발한 지 $\square$분 후에 찬우를 만날 수 있다.

❹ 정우가 $\square$분 동안 이동한 거리는 $600\times\square=3000$(m), 찬우가 $\square$분 동안 이동한 거리는 $200\times\square=3000$(m)이므로 문제의 뜻에 맞는다.

02 동생이 집에서 출발한 지 30초 후에 형이 동생을 따라 집을 나섰다. 동생은 초속 3 m로 걷고 형은 초속 5 m로 뛰어서 따라갈 때, 형이 집에서 출발한 지 몇 초 후에 동생을 만날 수 있는지 구하시오.

03 딸이 집에서 출발한 지 7분 후에 엄마가 딸을 따라 집을 나섰다. 딸은 자전거를 타고 분속 180 m로 가고 엄마는 자동차를 타고 분속 600 m로 따라갈 때, 엄마가 집에서 출발한 지 몇 분 후에 딸을 만날 수 있는지 구하시오.

호수(트랙)의 둘레를 돌다가 만나면 거리에 대한 방정식을 세워.

| 정답 및 풀이 42쪽 |

01 분속 40 m로 걷는 A와 분속 60 m로 걷는 B가 둘레의 길이가 500 m인 호수 둘레를 / 같은 지점에서 동시에 출발하여 서로 반대 방향으로 걷고 있다. 두 사람은 출발한 지 몇 분 후에 처음으로 만나는지 구하시오.

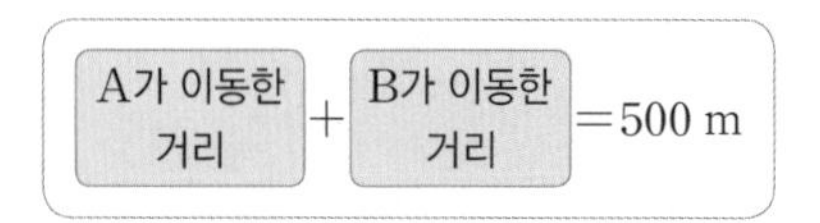

호수 둘레를 도는 경우

A, B가 같은 지점에서 출발하여 돌다가 처음으로 만날 때

① 반대 방향으로 돌다가 만나면
→ (A, B가 이동한 거리의 합)=(호수의 둘레의 길이)

② 같은 방향으로 돌다가 만나면
→ (A, B가 이동한 거리의 차)=(호수의 둘레의 길이)

❶ 두 사람이 동시에 출발한 지 x분 후에 처음으로 만난다고 하면

❷

	A	B
속력	분속 40 m	분속 60 m
시간	x분	x분
거리	$40x$ m	☐ m

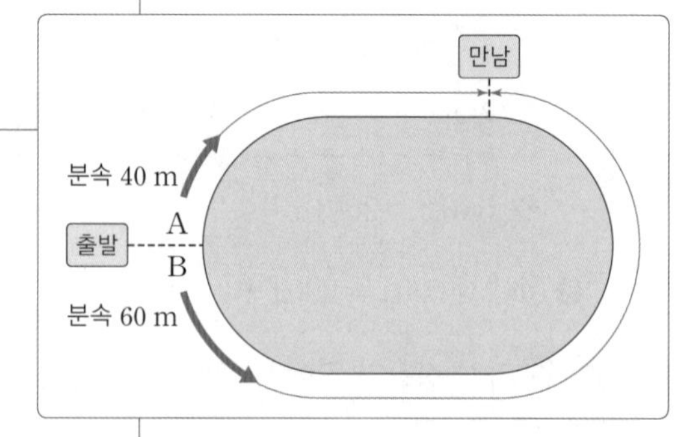

두 사람이 걸은 거리의 합이 호수 둘레의 길이인 500 m와 같으므로

$40x+$☐$x=500$ …… ㉠

❸ ㉠에서 ☐$x=500$, $x=$☐

따라서 두 사람은 동시에 출발한 지 ☐분 후에 처음으로 만난다.

❹ A와 B가 ☐분 동안 이동한 거리는 각각

$40\times$☐$=200$(m), $60\times$☐$=300$(m)이므로 그 합이

500 m가 되어 호수 둘레의 길이와 같다. 즉, 문제의 뜻에 맞는다.

02 초속 2 m로 뛰는 지안이와 초속 3 m로 뛰는 유진이가 둘레의 길이가 100 m인 호수 둘레를 같은 지점에서 동시에 출발하여 서로 반대 방향으로 뛰고 있다. 두 사람은 출발한 지 몇 초 후에 처음으로 만나는지 구하시오.

03 분속 200 m로 뛰는 A와 분속 120 m로 뛰는 B가 둘레의 길이가 400 m인 트랙 둘레를 같은 지점에서 동시에 출발하여 같은 방향으로 뛰고 있다. 두 사람은 출발한 지 몇 분 후에 처음으로 만나는지 구하시오.

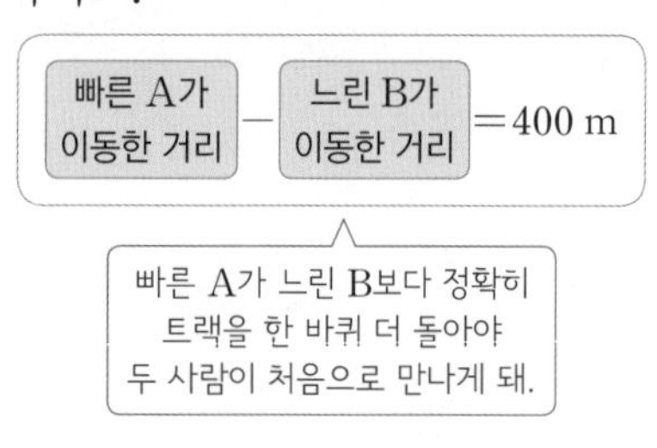

시험에는 이렇게 나온다

| 정답 및 풀이 42쪽 |

01 선우와 민기 사이의 거리는 27 km이다. 선우는 분속 300 m로, 민기는 분속 240 m로 상대방을 향해 동시에 출발하면 두 사람은 출발한 지 몇 분 후에 만나는가?

① 35분　② 40분　③ 45분　④ 50분　⑤ 55분

★ A와 B가 서로 마주 보고 출발하여 만나면 거리에 대한 방정식을 세운다.
→ (A와 B가 이동한 거리의 합) =(처음 A, B 사이의 거리)

02 누나가 집에서 출발한 지 1분 후에 동생이 누나를 따라 집을 나섰다. 누나는 초속 8 m로 가고, 동생은 초속 12 m로 따라갈 때, 동생이 출발한 지 얼마 만에 누나를 만날 수 있는가?

① 2분　② 2분 30초　③ 3분
④ 3분 30초　⑤ 4분

★ A가 B를 따라가서 만나면 거리에 대한 방정식을 세운다.
→ (A가 이동한 거리) =(B가 이동한 거리)

03 분속 30 m로 걷는 현수와 분속 50 m로 걷는 민수가 둘레의 길이가 400 m인 트랙 둘레를 같은 지점에서 동시에 출발하여 서로 반대 방향으로 걷고 있다. 두 사람은 출발한 지 몇 분 후에 처음으로 만나는가?

① 4분　② 5분　③ 6분　④ 7분　⑤ 8분

현수와 민수가 이동한 거리의 합이 트랙의 둘레의 길이와 같을 때 만나게 돼.

04 자전거를 분속 250 m로 타는 미란이와 분속 200 m로 타는 태윤이가 둘레의 길이가 2 km인 호수 둘레를 같은 지점에서 동시에 출발하여 같은 방향으로 돌고 있다. 두 사람은 출발한 지 몇 분 후에 처음으로 만나는가?

① 30분　② 35분　③ 40분　④ 45분　⑤ 50분

미란이와 태윤이가 이동한 거리의 차가 호수의 둘레의 길이와 같을 때 만나게 돼.

24 농도에 대한 일차방정식의 활용

● 소금물의 농도에 대한 관계

$$(\text{소금물의 농도})=\frac{(\text{소금의 양})}{(\text{소금물의 양})}\times 100(\%)$$

└ (소금물의 양)=(물의 양)+(소금의 양)

$$(\text{소금의 양})=\frac{(\text{소금물의 농도})}{100}\times(\text{소금물의 양})$$

● 소금물의 농도에 대한 문제

구하려는 양을 x로 놓고, $(\text{소금의 양})=\frac{(\text{소금물의 농도})}{100}\times(\text{소금물의 양})$을 이용하여 소금의 양에 대한 방정식을 세운다.

6 %의 소금물 100 g이 있다. / 여기에 물을 더 넣어 3 %의 소금물을 만들려고 한다. 이때 더 넣어야 하는 물의 양을 구하시오.

❶ 미지수 정하기　더 넣어야 하는 물의 양을 x g이라 하면

❷ 방정식 세우기

	6 %	3 %
소금물의 양(g)	100	$100+x$
소금의 양(g)	$\frac{6}{100}\times 100$	$\frac{3}{100}\times(100+x)$

물을 더 넣어도 소금의 양은 변하지 않으므로

$$\frac{6}{100}\times 100=\frac{3}{100}\times(100+x) \quad \cdots\cdots ㉠$$

❸ 방정식 풀기　㉠의 양변에 100을 곱하면 $600=300+3x$

$-3x=-300,\ x=100$

따라서 더 넣어야 하는 물의 양은 100 g이다.

❹ 확인하기　6 %의 소금물 100 g에 들어 있는 소금의 양이 $\frac{6}{100}\times 100=6(\text{g})$이므로 물을 100 g 더 넣으면 소금물의 농도는 $\frac{6}{100+100}\times 100=\frac{6}{200}\times 100=3(\%)$가 되어 문제의 뜻에 맞는다.

바빠 꿀팁

문장을 /로 끊어 읽으면 방정식을 세우기 쉬워져.

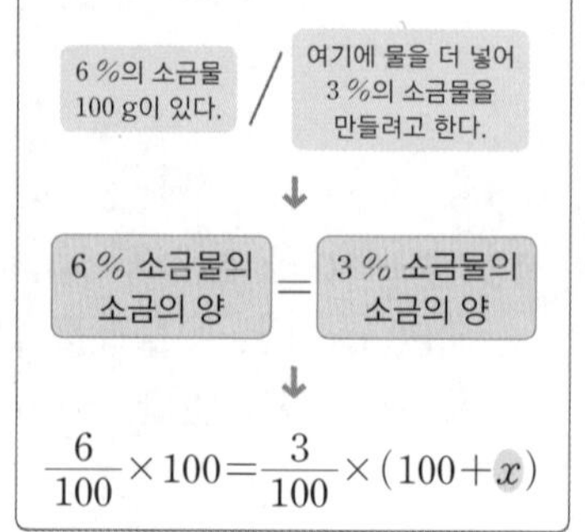

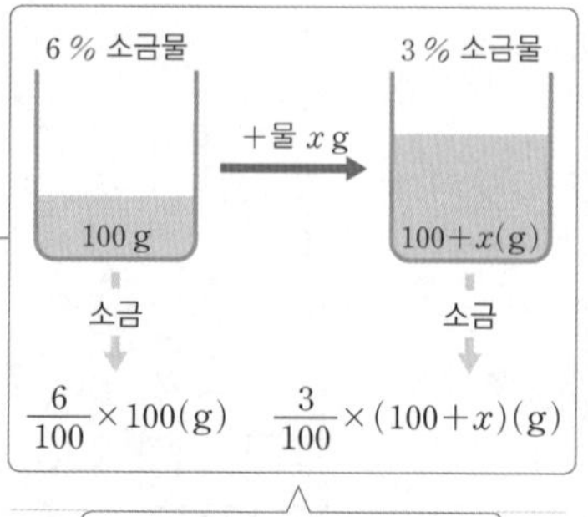

소금물에 물을 더 넣는다고 소금의 양이 늘거나 줄어들까? NO! 소금의 양에는 변함이 없어~

$(\text{소금물의 농도})=\dfrac{(\text{소금의 양})}{(\text{소금물의 양})}\times 100(\%)$, $(\text{소금의 양})=\dfrac{(\text{소금물의 농도})}{100}\times(\text{소금물의 양})$

| 정답 및 풀이 43쪽 |

✔ 다음을 구하시오.

01 소금이 5 g 들어 있는 소금물 100 g의 농도

02 소금이 20 g 들어 있는 소금물 500 g의 농도

03 소금이 24 g 들어 있는 소금물 300 g의 농도

04 물 90 g과 소금 10 g을 섞어서 만든 소금물의 농도

05 물 150 g과 소금 50 g을 섞어서 만든 소금물의 농도

06 물 240 g과 소금 60 g을 섞어서 만든 소금물의 농도

07 3 %의 소금물 100 g에 들어 있는 소금의 양

08 12 %의 소금물 100 g에 들어 있는 소금의 양

09 5 %의 소금물 200 g에 들어 있는 소금의 양

10 9 %의 소금물 300 g에 들어 있는 소금의 양

11 20 %의 소금물 150 g에 들어 있는 소금의 양

12 24 %의 소금물 500 g에 들어 있는 소금의 양

물을 더 넣거나 증발시키면 소금의 양에 대한 방정식을 세워.
→ (처음 소금물의 소금의 양)=(나중 소금물의 소금의 양)

| 정답 및 풀이 43쪽 |

01 3 %의 소금물 400 g에서 / 물을 증발시켜 4 %의 소금물을 만들려고 한다. 이때 증발시켜야 하는 물의 양을 구하시오.

3 % 소금물의 소금의 양 = 4 % 소금물의 소금의 양

소금물에서 물을 증발시키기 전이나 증발시킨 후나 전체 소금의 양은 변하지 않아.

❶ 증발시켜야 하는 물의 양을 x g이라 하면

❷

	3 %	4 %
소금물의 양(g)	400	400−□
소금의 양(g)	$\frac{3}{100}\times 400$	$\frac{4}{100}\times(400-\square)$

3 % 소금물 —물 x g→ 4 % 소금물
400 g → $400-x$(g)
소금: $\frac{3}{100}\times 400$(g) / 소금: $\frac{4}{100}\times(400-x)$(g)

물을 증발시켜도 소금의 양은 변하지 않으므로

$\frac{3}{100}\times 400=\frac{4}{100}\times(400-\square)$ ······ ㉠

❸ ㉠의 양변에 100을 곱하면

$1200=1600-\square x$, $\square x=\square$, $x=\square$

따라서 증발시켜야 하는 물의 양은 □ g이다.

❹ 3 %의 소금물 400 g에 들어 있는 소금의 양이

$\frac{3}{100}\times 400=12$(g)이므로 물을 □ g 증발시키면 소금물의 농도는 $\frac{12}{400-\square}\times 100=4$(%)가 되어 문제의 뜻에 맞는다.

02 5 %의 소금물 200 g이 있다. 여기에 물을 더 넣어 4 %의 소금물을 만들려고 한다. 이때 더 넣어야 하는 물의 양을 구하시오.

03 6 %의 소금물 500 g에서 물을 증발시켜 10 %의 소금물을 만들려고 한다. 이때 증발시켜야 하는 물의 양을 구하시오.

소금을 더 넣을 때도 소금의 양에 대한 방정식을 세워.
→ (처음 소금물의 소금의 양)+(더 넣은 소금의 양)=(나중 소금물의 소금의 양)

| 정답 및 풀이 43쪽 |

01 10 %의 소금물 400 g이 있다. 여기에 소금 몇 g을 더 넣으면 / 20 %의 소금물이 되는지 구하시오.

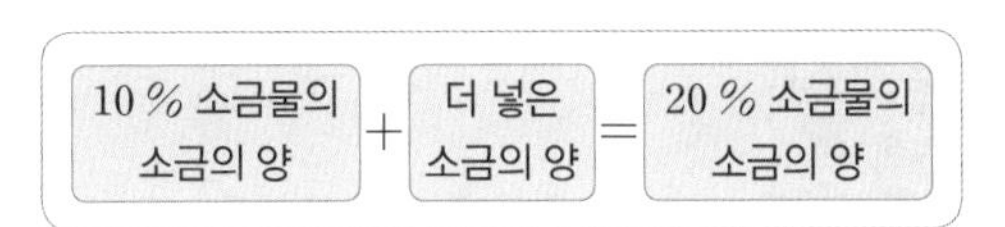

처음 소금물에 소금을 더 넣으면 나중 소금물에는 추가된 소금의 양만큼만 소금의 양이 늘게 돼~

❶ 소금 x g을 더 넣는다고 하면

❷

	10 %	20 %
소금물의 양(g)	400	400+□
소금의 양(g)	$\frac{10}{100}\times400$	$\frac{20}{100}\times(400+□)$

10 % 소금물 → +소금 x g → 20 % 소금물

400 g → 소금 → $\frac{10}{100}\times400$(g)

$400+x$(g) → 소금 → $\frac{20}{100}\times(400+x)$(g)

20 %의 소금물에 들어 있는 소금의 양은 10 %의 소금물에 들어 있는 소금의 양보다 x g만큼 더 많으므로

$\frac{10}{100}\times400+x=\frac{20}{100}\times(400+□)$ …… ㉠

❸ ㉠의 양변에 100을 곱하면

$4000+100x=8000+□x$, $□x=□$, $x=□$

따라서 소금 □ g을 더 넣으면 된다.

❹ 10 %의 소금물 400 g에 들어 있는 소금의 양이 $\frac{10}{100}\times400=40$(g)이므로 소금 □ g을 더 넣은 소금물의 농도는 $\frac{40+□}{400+□}\times100=20$(%)이므로 문제의 뜻에 맞는다.

02 2 %의 소금물 200 g이 있다. 여기에 소금 몇 g을 더 넣으면 30 %의 소금물이 되는지 구하시오.

03 5 %의 소금물 400 g이 있다. 여기에 소금 몇 g을 더 넣으면 24 %의 소금물이 되는지 구하시오.

두 소금물 A, B를 섞을 때도 소금의 양에 대한 방정식을 세워.
→ (소금물 A의 소금의 양)+(소금물 B의 소금의 양)=(섞은 후 소금물의 소금의 양)

| 정답 및 풀이 44쪽 |

01 2 %의 소금물 200 g과 5 %의 소금물을 섞었더니 / 3 %의 소금물이 되었다. 이때 섞은 5 %의 소금물의 양을 구하시오.

두 소금물을 섞기 전이나 섞은 후나 전체 소금의 양은 변하지 않아.

2 % 소금물의 소금의 양 + 5 % 소금물의 소금의 양 = 3 % 소금물의 소금의 양

❶ 섞은 5 %의 소금물의 양을 x g이라 하면

❷

	2 %	5 %	3 %
소금물의 양(g)	200	x	$200+\square$
소금의 양(g)	$\frac{2}{100}\times 200$	$\frac{5}{100}\times x$	$\frac{3}{100}\times(200+\square)$

2 % 소금물 / 200 g / 소금 / $\frac{2}{100}\times 200(\text{g})$
5 % 소금물 / x g / 소금 / $\frac{5}{100}\times x(\text{g})$
3 % 소금물 / $200+x(\text{g})$ / 소금 / $\frac{3}{100}\times(200+x)(\text{g})$

섞기 전 두 소금물에 들어 있는 소금의 양의 합과 섞은 후 소금물에 들어 있는 소금의 양이 같으므로

$\frac{2}{100}\times 200+\frac{5}{100}\times x=\frac{3}{100}\times(200+\square)$ ······ ㉠

❸ ㉠의 양변에 100을 곱하면

$400+5x=600+\square$, $\square x=200$, $x=\square$

따라서 섞은 5 %의 소금물의 양은 $\square$ g이다.

❹ 2 %의 소금물 200 g에 들어 있는 소금의 양은

$\frac{2}{100}\times 200=4(\text{g})$, 5 %의 소금물 $\square$ g에 들어 있는 소금의 양은 $\frac{5}{100}\times\square=5(\text{g})$이므로 이 두 소금물을 섞어서 만든 소금물의 농도는 $\frac{4+5}{200+\square}\times 100=3(\%)$가 되어 문제의 뜻에 맞는다.

02 6 %의 소금물 100 g과 9 %의 소금물을 섞었더니 8 %의 소금물이 되었다. 이때 섞은 9 %의 소금물의 양을 구하시오.

03 3 %의 소금물과 7 %의 소금물 100 g을 섞었더니 4 %의 소금물이 되었다. 이때 섞은 3 %의 소금물의 양을 구하시오.

시험에는 이렇게 나온다

01 12 %의 소금물 300 g에서 물을 증발시켜 15 %의 소금물을 만들려고 한다. 이때 증발시켜야 하는 물의 양은?

① 40 g ② 60 g ③ 80 g ④ 100 g ⑤ 120 g

★ 물을 더 넣거나 증발시켜도 [소금]의 양은 변하지 않는다.

02 4 %의 소금물 200 g이 있다. 여기에 소금 몇 g을 더 넣으면 20 %의 소금물이 되는가?

① 40 g ② 50 g ③ 60 g ④ 70 g ⑤ 80 g

★ 나중 소금물에 들어 있는 소금의 양은 처음 소금물에 들어 있는 소금의 양보다 추가된 [소금]의 양만큼 더 많다.

03 x %의 소금물 200 g과 8 %의 소금물 300 g을 섞었더니 6 %의 소금물이 되었다. 이때 x의 값은?

① 1 ② 2 ③ 3 ④ 4 ⑤ 5

★ 섞기 전 두 소금물에 들어 있는 소금의 양의 합은 섞은 후 소금물에 들어 있는 소금의 양과 [같다].

04 4 %의 소금물과 12 %의 소금물 200 g을 섞었더니 6 %의 소금물이 되었다. 이때 섞은 4 %의 소금물의 양은?

① 300 g ② 400 g ③ 500 g ④ 600 g ⑤ 700 g

25 증가와 감소, 원가와 정가에 대한 일차방정식의 활용

● 증가와 감소에 대한 문제

학생 수를 x명으로 놓고, 증가, 감소한 학생 수에 대한 방정식을 세운다.

→ (증가한 학생 수)−(감소한 학생 수)=(전체 학생 수의 변화량)

① x명의 ★ % 증가한 전체의 양 → $x+\frac{★}{100}\times x$(명)

② x명의 ★ % 감소한 전체의 양 → $x-\frac{★}{100}\times x$(명)

> A 중학교의 올해의 학생 수는 작년보다 10 % 증가한 / 220명이다.
> A 중학교의 작년의 학생 수를 구하시오.

❶ 미지수 정하기 작년의 학생 수를 x명이라 하면

❷ 방정식 세우기 10 % 증가한 올해의 학생 수가 220명이므로

$$x+\frac{10}{100}\times x=220 \quad \cdots\cdots ㉠$$

❸ 방정식 풀기 ㉠의 양변에 100을 곱하면

$100x+10x=22000$, $110x=22000$, $x=200$

따라서 작년의 학생 수는 200명이다.

❹ 확인하기 올해의 학생 수는

$$200+\frac{10}{100}\times 200=200+20=220(명)$$

이므로 문제의 뜻에 맞는다.

바빠 꿀팁

문장을 /로 끊어 읽으면 방정식을 세우기 쉬워져.

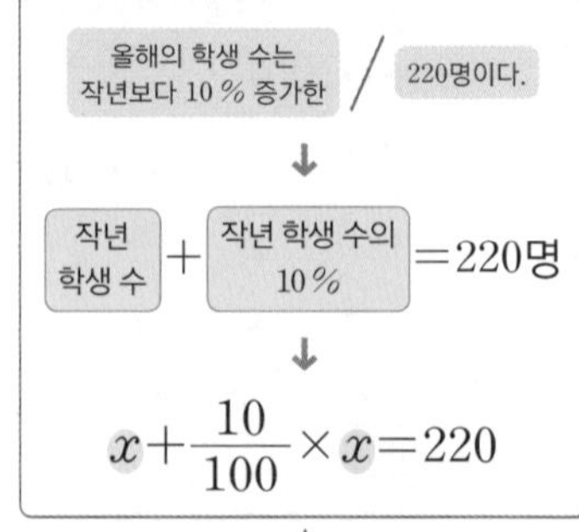

(올해 학생 수)
=(작년의 학생 수)+(증가한 학생 수)

● 원가와 정가에 대한 문제

구하려는 가격을 x원으로 놓고, 이익에 대한 방정식을 세운다.

① 원가가 x원인 물건에 ★ %의 이익을 붙인 정가는

(정가)=(원가)+(이익)$=x+\frac{★}{100}\times x$(원)

② 정가가 x원인 물건을 ★ % 할인한 판매 가격은

(판매 가격)=(정가)−(할인 금액)$=x-\frac{★}{100}\times x$(원)

③ (이익)=(판매 가격)−(원가)

원가: 이익을 붙이지 않은 물건의 원래 가격

정가: 원가에 판매자가 이익을 붙여서 정한 가격

판매가: 판매한 최종 가격

증가, 감소한 학생 수에 대한 방정식을 세워.
→ (증가한 성별의 학생 수)−(감소한 성별의 학생 수)=(전체 학생 수의 변화량)

| 정답 및 풀이 45쪽 |

01 A 중학교에서 올해의 남학생 수는 작년보다 5 % 증가했고, 여학생 수는 작년보다 3 % 감소했다. 작년의 전체 학생은 1000명이고, / 올해는 작년보다 2명이 증가했다. 올해의 남학생 수를 구하시오.

[올해 증가한 남학생 수] − [올해 감소한 여학생 수] = 2명

❶ 작년의 남학생 수를 x명이라 하면 작년의 여학생 수는 $(1000-\square)$명이다.

❷

올해 증가한 남학생	올해 감소한 여학생
$\frac{5}{100}\times x$(명)	$\frac{3}{100}\times(1000-\square)$(명)

전체 학생 수는 작년보다 2명 증가했으므로

$\frac{5}{100}\times x-\frac{3}{100}\times(1000-\square)=2$ ······ ㉠

❸ ㉠의 양변에 100을 곱하면

$5x-3000+\square x=200$

$\square x=3200$, $x=\square$

따라서 작년의 남학생 수가 $\square$명이므로

올해의 남학생 수는

$\square+\frac{5}{100}\times\square=\square$(명)

❹ 작년의 여학생 수는

$1000-\square=600$(명)이므로 올해의 여학생 수는 $600-\frac{3}{100}\times600=582$(명)이다.

	남학생	여학생	전체
작년	400명	600명	1000명
올해	420명	582명	1002명

즉, 올해의 전체 학생 수는 작년보다 2명 증가했으므로 문제의 뜻에 맞는다.

02 G 채널의 오늘의 구독자 수는 어제보다 25 % 증가한 7500명이다. G 채널의 어제의 구독자 수를 구하시오.

03 A 중학교에서 올해의 남학생 수는 작년보다 15 % 증가했고, 여학생 수는 작년보다 10 % 감소했다. 작년의 전체 학생은 440명이고, 올해는 작년보다 6명이 증가했다. 올해의 남학생 수를 구하시오.

04 A 중학교에서 올해의 남학생 수는 작년보다 10 % 감소했고, 여학생 수는 작년보다 8 % 증가했다. 작년의 전체 학생은 620명이고, 올해는 작년보다 8명이 감소했다. 올해의 여학생 수를 구하시오.

B

구하려는 가격을 x원으로 놓고, 이익에 대한 방정식을 세워.
(정가)=(원가)+(이익), (판매 가격)=(정가)−(할인 금액), (이익)=(판매 가격)−(원가)

| 정답 및 풀이 46쪽 |

01 어떤 상품을 원가에 30 %의 이익을 붙여서 정가를 정하고, 정가에서 600원을 할인하여 판매하였더니 / 1개를 팔 때마다 900원의 이익을 얻었다. 이 상품의 원가를 구하시오.

이익 → 판매 가격 − 원가 =900원

❶ 원가를 x원이라 하면

❷ 원가에 30 %의 이익을 붙여서 정가를 정했으므로

$(\text{정가})=x+\frac{30}{100}x(\text{원})$

정가에서 600원을 할인하여 판매했으므로

$(\text{판매 가격})=x+\frac{30}{100}x-\square(\text{원})$

1개를 팔 때마다 900원의 이익을 얻으므로

(판매 가격)−(원가)=(이익)에서

$\left(x+\frac{30}{100}x-\square\right)-x=\square$ ······ ㉠

❸ ㉠에서 $\frac{30}{100}x=\square$, $x=\square$

따라서 원가는 $\square$원이다.

❹ $(\text{정가})=\square+\frac{30}{100}\times\square$

$=6500(\text{원})$,

$(\text{판매 가격})=6500-600=5900(\text{원})$이므로

$(\text{이익})=5900-\square=900(\text{원})$이 되어 문제의 뜻에 맞는다.

원가 → 정가 → 판매 가격 → 이익
순으로 차근차근 식으로 나타내 보자~

02 어떤 상품을 원가에 40 %의 이익을 붙여서 정가를 정하고, 정가에서 500원을 할인하여 판매하였더니 1개를 팔 때마다 700원의 이익을 얻었다. 이 상품의 원가를 구하시오.

03 어떤 상품을 원가에 20 %의 이익을 붙여서 정가를 정하고, 정가에서 600원을 할인하여 판매하였더니 1개를 팔 때마다 원가의 5 %의 이익을 얻었다. 이 상품의 원가를 구하시오.

이익 → 판매 가격 − 원가 = 원가의 5 %

04 원가가 5000원인 상품을 정가에서 25 % 할인하여 팔았더니 1개를 팔 때마다 원가의 20 %의 이익을 얻었다. 이 상품의 정가를 구하시오.

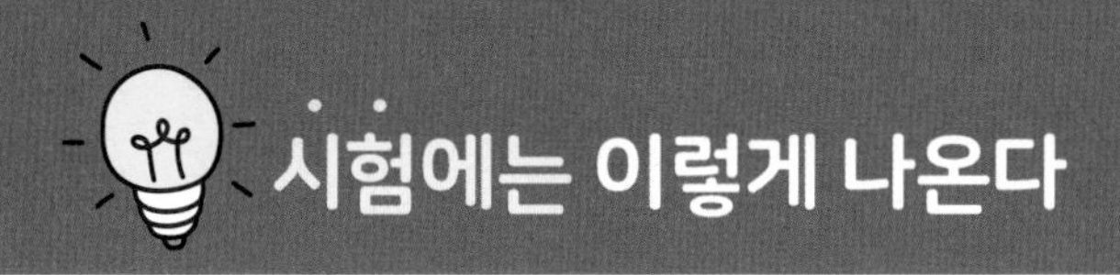

| 정답 및 풀이 47쪽 |

01 A 동호회의 올해의 회원 수는 작년보다 16 % 증가한 406명이다. A 동호회의 작년의 회원 수는?

① 320명 ② 330명 ③ 340명 ④ 350명 ⑤ 360명

02 A 중학교에서 올해의 남학생 수는 작년보다 4 % 증가했고, 여학생 수는 작년보다 5 % 감소했다. 작년의 전체 학생은 780명이고, 올해는 작년보다 3명이 감소했다. 올해의 남학생 수는?

① 412명 ② 416명 ③ 420명 ④ 424명 ⑤ 428명

★ 학생 수를 x명으로 놓고, 증가, 감소한 학생 수에 대한 방정식을 세운다.
→ (증가한 성별의 학생 수) −(감소한 성별의 학생 수) =(전체 학생 수의 변화량)

03 어떤 상품을 원가에 24 %의 이익을 붙여서 정가를 정하고, 정가에서 3000원을 할인하여 판매하였더니 1개를 팔 때마다 1800원의 이익을 얻었다. 이 상품의 원가는?

① 12000원 ② 14000원 ③ 16000원
④ 18000원 ⑤ 20000원

★ 구해야 하는 가격을 x원으로 놓고, 이익에 대한 방정식을 세운다.
① (정가)=(원가)+(이익)
② (판매 가격) =(정가)−(할인 금액)
③ (이익)=(판매 가격)−(원가)

04 원가가 10000원인 상품을 정가에서 10 % 할인하여 팔았더니 1개를 팔 때마다 원가의 8 %의 이익을 얻었다. 이 상품의 정가는?

① 12000원 ② 13000원 ③ 14000원
④ 15000원 ⑤ 16000원

디오판토스 묘비의 수수께끼 해결하기

그는 일생의 $\frac{1}{6}$을
소년으로 지냈고,
$\frac{1}{12}$을 청년으로 지냈으며,
다시 $\frac{1}{7}$이 지나서 결혼하였다.
5년이 지나 아들을 낳았고
아들은 아버지의 수명의
절반밖에 살지 못했다.
그는 아들이 죽은 후 4년 뒤에
세상을 떠났다.

디오판토스가 x세까지 살았다고 하면

x

$\frac{1}{6}x$ $\frac{1}{12}x$ $\frac{1}{7}x$ 5 $\frac{1}{2}x$ 4

$\frac{1}{6}x+\frac{1}{12}x+\frac{1}{7}x+5+\frac{1}{2}x+4=x$

양변에 84를 곱하여 정리하면

$14x+7x+12x+420+42x+336=84x$

$75x+756=84x,\ -9x=-756,\ x=84$

따라서 디오판토스는 84세까지 살았다는 것을 알 수 있어.

묘비명의 수수께끼에서 그가 얼마나 수학과 방정식을 사랑했는지 느껴지지? 이 책을 다 마친 친구들도 이제 방정식에 대해 잘 알고 자신감을 가지길 바랄게!

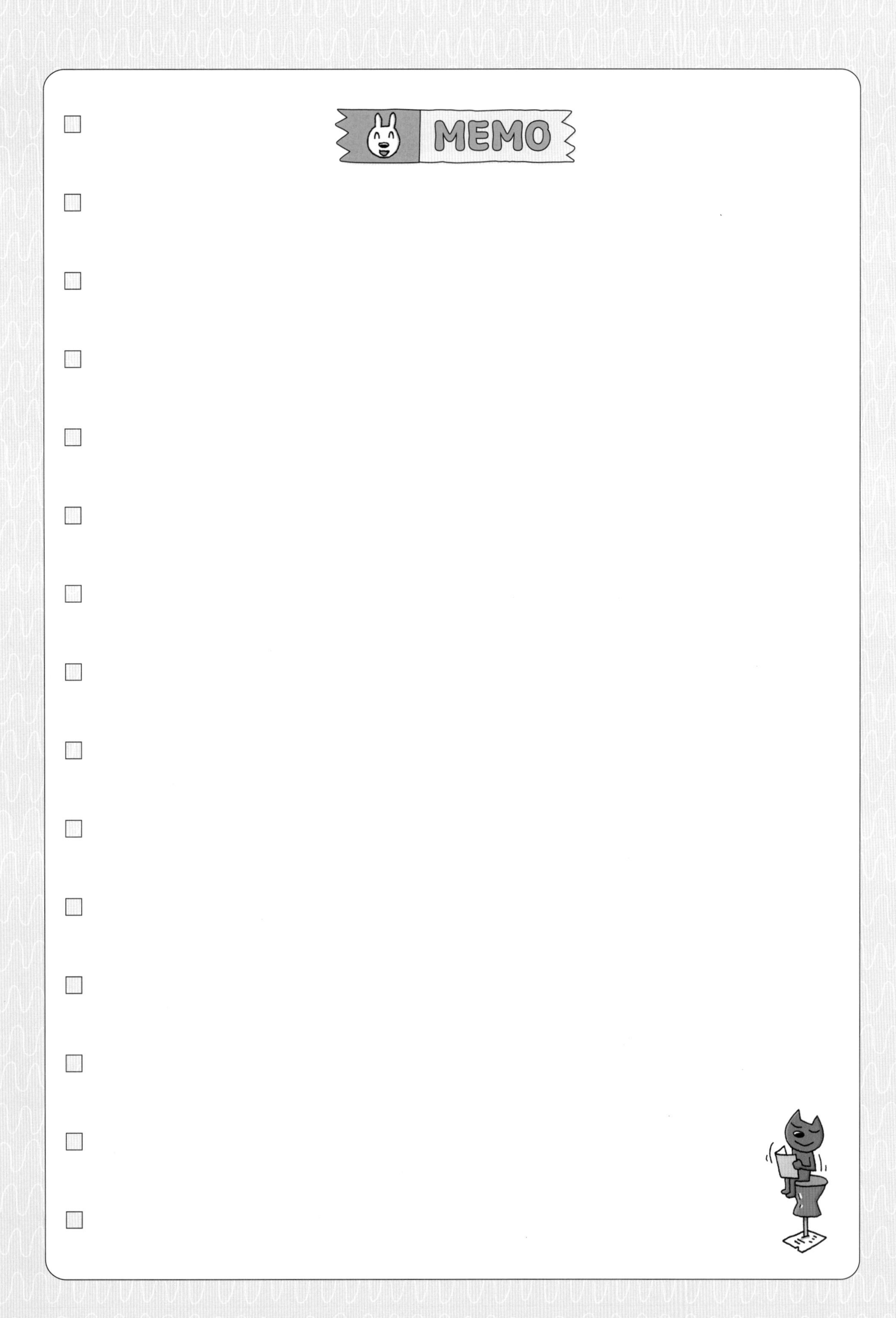
MEMO

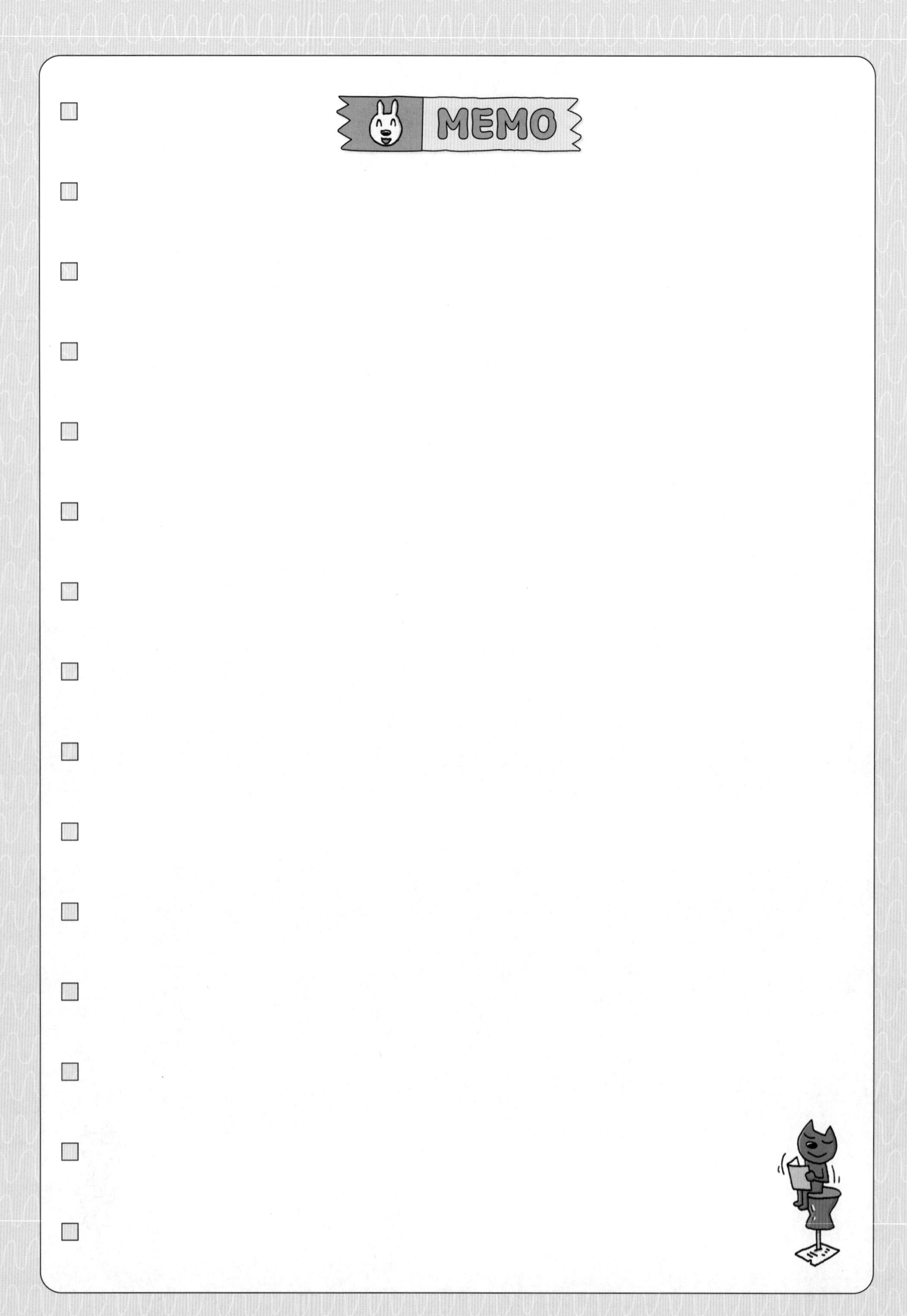
MEMO

2학기, 제일 먼저 풀어야 할 문제집!

'바쁜 중1을 위한 빠른 중학도형'

1학년 2학기 과정 | 기본 도형과 작도, 평면도형, 입체도형, 통계

★ ★ ★

2학기 수학 기초 완성!

기초부터 시험 대비까지! 바빠로 끝낸다!

중학교 2학기 첫 수학은 '바빠 중학도형' 이다!

★ 2학기, 제일 먼저 풀어야 할 문제집!

도형뿐만 아니라 확률과 통계까지 기본 문제를 한 권에 모아, 기초가 탄탄해져요.

★ 대치동 명강사의 노하우가 쏙쏙 '바빠 꿀팁'

책에는 없던, 말로만 듣던 꿀팁을 그대로 담아 더욱 쉽게 이해돼요.

★ '앗! 실수' 코너로 실수 문제 잡기!

중학생 70%가 틀린 문제를 짚어 주어, 실수를 확~ 줄여 줘요.

★ 내신 대비 '거저먹는 시험 문제' 수록

이 문제들만 풀어도 2학기 학교 시험은 문제없어요.

★ 선생님들도 박수 치며 좋아하는 책!

자습용이나 학원 선생님들이 숙제로 내주기 딱 좋은 책이에요.

15 일에 완성하는 영역별 강화 프로그램

바쁜 중학생을 위한 빠른 일차방정식

$x+3 = 2x$

정답 및 풀이

취약한 부분만 빠르게 보강!

개념부터 활용까지
일차방정식만
한 번에 콕!

한 권으로 총정리!

- 문자와 식
- 일차방정식
- 일차방정식의 활용

중학교 1학년 필독서

이지스에듀

개념부터
활용까지
한 번에 콕!

15 일에 완성하는 영역별 강화 프로그램

바쁜 중학생을 위한 빠른 일차방정식

$x+3 = 2x$

정답 및 풀이

이지스에듀

01 곱셈 기호 ×를 생략하여 식을 간단히!

A 13쪽

01 $9x$ 02 $-2x$ 03 $\frac{1}{3}a$ $\left(\text{또는 } \frac{a}{3}\right)$

04 $-\frac{2}{7}x$ 05 $-b$ 06 $-0.1x$ 07 $0.01a$

08 $-6a$ 09 $2ab$ 10 $0.1xy$ 11 $abcd$

12 $-\frac{1}{2}xyz$ $\left(\text{또는 } -\frac{xyz}{2}\right)$

B 14쪽

01 x^4 02 x^3y 03 a^2b^2 04 ab^2c^3

05 $\frac{1}{6}a^3$ $\left(\text{또는 } \frac{a^3}{6}\right)$ 06 $-x^2y$ 07 $-0.1ab^2c$

08 $6p^2qr^2$ 09 $-9(a-3)$

10 $\frac{1}{5}(2x+y)$ $\left(\text{또는 } \frac{2x+y}{5}\right)$

11 $-4a^2(x+y)$

C 15쪽

01 $6x+3y$ 02 $7x-b$

03 x^2+yz 04 $ab-2a$

05 $\frac{1}{2}x+\frac{2}{3}y$ 06 a^2b-pq

07 $9x-5z$ 08 $a+2c$

09 $-x-3y^2$ 10 $-\frac{1}{3}ax-\frac{1}{4}by$

11 $-5(a+b)+0.2x^2$

시험에는 이렇게 나온다 16쪽

01 ①, ⑤ 02 ③ 03 ⑤

01 ② $b\times b\times 0.1=0.1b^2$

③ $y\times z\times 1\times x=xyz$

④ $x\times(a-b)\times 3=3x(a-b)$

따라서 옳은 것은 ①, ⑤이다.

02 ③ $x\times(-5)\times\left(y+\frac{1}{6}\right)=-5x\left(y+\frac{1}{6}\right)$

03 $(-1)\times a\times 2+x\times(x+3)\times y$

수끼리 먼저 계산 / 곱셈의 교환법칙 적용

$=(-2)\times a+x\times y\times(x+3)$

생략할 수 없어

$=-2a+xy(x+3)$

02 나눗셈 기호 ÷를 생략하여 식을 간단히!

A 18쪽

01 $\frac{2}{x}$ 02 $-y$ 03 $\frac{4}{x+y}$ 04 $-\frac{5}{a+2b}$

05 $-\frac{x+6y}{2}$ 06 $\frac{7(a+b)}{c}$

07 $\frac{a}{3b}$ 08 $-\frac{x}{4y}$ 09 $-\frac{3x}{y}$ 10 $\frac{ac}{b}$

11 $\frac{xy}{2}$ 12 $\frac{ax}{by}$

06 $(a+b)\div\frac{c}{7}=(a+b)\times\frac{7}{c}=\frac{7(a+b)}{c}$

07 $a\div b\div 3=\frac{a}{b}\div 3=\frac{a}{b}\times\frac{1}{3}=\frac{a}{3b}$

다른 풀이

$a\div b\div 3=a\times\frac{1}{b}\times\frac{1}{3}=\frac{a}{3b}$

08 $x\div(-4)\div y=\frac{x}{-4}\div y=\left(-\frac{x}{4}\right)\times\frac{1}{y}=-\frac{x}{4y}$

다른 풀이

$x\div(-4)\div y=x\times\left(-\frac{1}{4}\right)\times\frac{1}{y}=-\frac{x}{4y}$

09 $x\div y\div\left(-\frac{1}{3}\right)=x\times\frac{1}{y}\times(-3)=-\frac{3x}{y}$

10 $a\div(b\div c)=a\div\frac{b}{c}=a\times\frac{c}{b}=\frac{ac}{b}$

11 $x\div(2\div y)=x\div\frac{2}{y}=x\times\frac{y}{2}=\frac{xy}{2}$

12 $a\div(b\div x)\div y=a\div\frac{b}{x}\div y=a\times\frac{x}{b}\times\frac{1}{y}=\frac{ax}{by}$

B

19쪽

01 $\frac{ab}{c}$ 02 $-\frac{xy}{7}$ 03 $\frac{3(a-b)}{4}$

04 $\frac{pr}{8q}$ 05 $\frac{xz}{y^2}$ 06 $\frac{a}{bcd}$ 07 $p+4q$

08 $ab-\frac{x}{y}$ 09 $\frac{3x}{a}+\frac{2b}{y}$

10 $\frac{x^2}{y}-(a+b)$ 11 $\frac{a-b}{c}-\frac{3x}{z}$

12 $\frac{x^2}{y-5z}+\frac{ab}{6}$

01 $a\times b\div c=a\times b\times\frac{1}{c}=\frac{ab}{c}$

02 $x\div(-7)\times y=x\times\left(-\frac{1}{7}\right)\times y=-\frac{xy}{7}$

03 $3\times(a-b)\div 4=3\times(a-b)\times\frac{1}{4}=\frac{3(a-b)}{4}$

04 $p\div q\times r\div 8=p\times\frac{1}{q}\times r\times\frac{1}{8}=\frac{pr}{8q}$

05 $x\div y\div y\times z=x\times\frac{1}{y}\times\frac{1}{y}\times z=\frac{xz}{y^2}$

06 $(a\div b)\div(c\times d)=\frac{a}{b}\div cd=\frac{a}{b}\times\frac{1}{cd}=\frac{a}{bcd}$

07 $p\div 1+q\div\frac{1}{4}=\frac{p}{1}+q\times 4=p+4q$

09 $x\div\frac{a}{3}-b\times\left(-\frac{2}{y}\right)=x\times\frac{3}{a}+\frac{2b}{y}=\frac{3x}{a}+\frac{2b}{y}$

10 $x\times x\div y+(a+b)\div(-1)$
$=x\times x\times\frac{1}{y}+\frac{a+b}{-1}$
$=\frac{x^2}{y}-(a+b)$

11 $(a-b)\div c+x\times(-3)\div z$
$=\frac{a-b}{c}+x\times(-3)\times\frac{1}{z}$
$=\frac{a-b}{c}-\frac{3x}{z}$

12 $x\div(y-5z)\times x+a\div(6\div b)$
$=x\times\frac{1}{y-5z}\times x+a\div\frac{6}{b}$
$=\frac{x^2}{y-5z}+a\times\frac{b}{6}$
$=\frac{x^2}{y-5z}+\frac{ab}{6}$

시험에는 이렇게 나온다

20쪽

01 ⑤ 02 ③, ④ 03 ③

01 ① $(a-2)\div c=\frac{a-2}{c}$

② $\frac{b}{a}\div\frac{1}{3}=\frac{b}{a}\times 3=\frac{3b}{a}$

③ $(-1)\div b\div c=(-1)\times\frac{1}{b}\times\frac{1}{c}=-\frac{1}{bc}$

④ $\left(-\frac{1}{5}\right)\div(x\div y)=\left(-\frac{1}{5}\right)\div\frac{x}{y}$
$=\left(-\frac{1}{5}\right)\times\frac{y}{x}$
$=-\frac{y}{5x}$

⑤ $a\div b\div(c\div d)=a\div b\div\frac{c}{d}=a\times\frac{1}{b}\times\frac{d}{c}=\frac{ad}{bc}$

따라서 옳은 것은 ⑤이다.

02 ① $a\times b\div c=a\times b\times\frac{1}{c}=\frac{ab}{c}$

② $a\div b\div c=a\times\frac{1}{b}\times\frac{1}{c}=\frac{a}{bc}$

③ $a\div b\times c=\frac{a}{b}\times c=\frac{ac}{b}$

④ $a\div(b\div c)=a\div\frac{b}{c}=a\times\frac{c}{b}=\frac{ac}{b}$

⑤ $a\div(b\times c)=a\div bc=a\times\frac{1}{bc}=\frac{a}{bc}$

따라서 $\frac{ac}{b}$와 같은 것은 ③, ④이다.

03 ① $a\div 2\times b=a\times\frac{1}{2}\times b=\frac{ab}{2}$

② $3\times(p-q)\div(-r)=3\times(p-q)\times\left(-\frac{1}{r}\right)$
$=-\frac{3(p-q)}{r}$

③ $x\div(9\times y\div z)=x\div\left(9\times y\times\frac{1}{z}\right)$
$=x\div\frac{9y}{z}$
$=x\times\frac{z}{9y}$
$=\frac{xz}{9y}$

④ $x\div\frac{1}{y}-4\div(-y)\times z=x\times y-4\times\left(-\frac{1}{y}\right)\times z$
$=xy+\frac{4z}{y}$

⑤ $\frac{3}{5}\div c\div c+a\times b\div\left(-\frac{1}{2}\right)$
$=\frac{3}{5}\times\frac{1}{c}\times\frac{1}{c}+a\times b\times(-2)$
$=\frac{3}{5c^2}-2ab$

따라서 옳지 않은 것은 ③이다.

03 모르는 것을 문자로 놓고 식으로 나타내

A 22쪽

01 $3x+4$ 02 $20n$개
03 $(14+n)$살 04 $(m-20)$살
05 $10a+b$ 06 $100a+10b+c$
07 $\frac{a+b}{2}$점 08 $(100a+500b)$원
09 $(2m+4n)$개 10 $(120-6a)$쪽

03 (n년 후의 나이)=(현재 나이)$+n=14+n$(살)

05 십의 자리의 숫자가 a, 일의 자리의 숫자가 b인 두 자리 자연수는
$a\times10+b=10a+b$

06 백의 자리의 숫자가 a, 십의 자리의 숫자가 b, 일의 자리의 숫자가 c인 세 자리 자연수는
$a\times100+b\times10+c=100a+10b+c$

09 오리의 다리는 2개, 돼지의 다리는 4개이므로 다리의 개수의 합은
$2\times m+4\times n=2m+4n$(개)

10 매일 a쪽씩 6일 동안 읽은 쪽수는 $a\times6=6a$(쪽)이므로
(남은 쪽수)=(전체 쪽수)−(읽은 쪽수)$=120-6a$(쪽)

B 23쪽

01 $2500a$원 02 $\frac{x}{30}$원
03 $(4500a+15000)$원 04 $(1200a+2000b)$원
05 $(5000-b)$원
06 $(10000-600x-1000y)$원
07 $a^2\ \mathrm{cm}^2$ 08 $\frac{1}{2}ab\ \mathrm{cm}^2$
09 $xy\ \mathrm{cm}^2$ 10 $2(x+y)\ \mathrm{cm}$
11 $\frac{1}{2}(a+b)h\ \mathrm{cm}^2$

06 연필 x자루의 가격은 $600\times x=600x$(원)이고,
공책 y권의 가격은 $1000\times y=1000y$(원)이므로
(거스름돈)=(낸 돈)−(연필의 가격)−(공책의 가격)
$=10000-600x-1000y$(원)

07 정사각형은 모든 변의 길이가 같으므로
(정사각형의 넓이)$=a\times a=a^2(\mathrm{cm}^2)$

08 (삼각형의 넓이)=(밑변의 길이)×(높이)÷2
$=a\times b\times\frac{1}{2}=\frac{1}{2}ab(\mathrm{cm}^2)$

10 (직사각형의 둘레의 길이)
=2×{(가로의 길이)+(세로의 길이)}
$=2\times(x+y)=2(x+y)(\mathrm{cm})$

11 (사다리꼴의 넓이)
={(윗변의 길이)+(아랫변의 길이)}×(높이)÷2
$=(a+b)\times h\times\frac{1}{2}=\frac{1}{2}(a+b)h(\mathrm{cm}^2)$

C 24쪽

01 $3a$ km 02 $40x$ m
03 시속 $\frac{x}{7}$ km 04 초속 $\frac{200}{a}$ m
05 $\frac{x}{80}$시간 06 $\frac{3000}{x}$분
07 $(25-5x)$km 08 $\left(\frac{x}{4}+\frac{1}{3}\right)$시간

01 (이동 거리)=(속력)×(시간)$=3\times a=3a(\mathrm{km})$

03 (속력)$=\frac{(거리)}{(시간)}=\frac{x}{7}$(km/시)

05 (걸린 시간)$=\frac{(거리)}{(속력)}=\frac{x}{80}$(시간)

06 3 km=3000 m이므로
(걸린 시간)$=\frac{(거리)}{(속력)}=\frac{3000}{x}$(분)

07 자전거를 타고 이동한 거리가 $5\times x=\boxed{5x}$(km)이므로
(남은 거리)=(전체 거리)−(이동 거리)
$=\boxed{25-5x}$(km)

08 찬우가 이동한 시간은 $\boxed{\frac{x}{4}}$시간이고, 라면을 먹은 시간은
$\frac{20}{60}=\boxed{\frac{1}{3}}$(시간)이므로
(걸린 시간)=(이동 시간)+(라면 먹은 시간)
$=\boxed{\frac{x}{4}+\frac{1}{3}}$(시간)

D 25쪽

01 $3x$ g
02 $\frac{1}{20}x$ g (또는 $0.05x$ g)
03 $\frac{a}{5}$ %
04 $\frac{800}{b}$ %
05 $\frac{100x}{200+x}$ %
06 $(x+2y)$g
07 $(2000-20x)$원
08 $(300+3a)$명

01 (소금의 양)$=\frac{(\text{소금물의 농도})}{100}\times$(소금물의 양)

$=\frac{x}{100}\times 300=3x(\text{g})$

03 (소금물의 농도)$=\frac{(\text{소금의 양})}{(\text{소금물의 양})}\times 100$

$=\frac{a}{500}\times 100=\frac{a}{5}(\%)$

05 물 200 g에 소금 x g을 넣었으므로 소금물의 양은 $(200+x)$ g이다.

(소금물의 농도)$=\frac{(\text{소금의 양})}{(\text{소금물의 양})}\times 100$

$=\frac{x}{200+x}\times 100=\frac{100x}{200+x}(\%)$

06 섞인 소금물에 들어 있는 소금의 양은 x %의 소금물 100 g에 들어 있는 소금의 양과 y %의 소금물 200 g에 들어 있는 소금의 양의 합이므로

$\frac{x}{100}\times 100+\frac{y}{100}\times 200=x+2y(\text{g})$

07 (할인 금액)=(정가)$\times\frac{(\text{할인율})}{100}$

$=2000\times\frac{x}{100}=\boxed{20x}$(원)

이므로

(판매 가격)=(정가)−(할인 금액)

$=\boxed{2000-20x}$(원)

08 (올해 증가한 학생 수)

=(작년 학생 수)$\times\frac{(\text{증가율})}{100}$

$=300\times\frac{a}{100}=\boxed{3a}$(명)

이므로

(올해 학생 수)

=(작년 학생 수)+(올해 증가한 학생 수)

$=\boxed{300+3a}$(명)

시험에는 이렇게 나온다 26쪽

01 ⑤ 02 ④, ⑤ 03 ③

01 ⑤ 소수점 아래 첫째 자리의 숫자가 a인 수는

$a\times\frac{1}{10}=\frac{1}{10}a$

따라서 옳지 않은 것은 ⑤이다.

02 ④ 시속 200 km로 x km를 이동했으므로

(걸린 시간)$=\frac{(\text{거리})}{(\text{속력})}=\frac{x}{200}$(시간)

⑤ 섞인 소금물에 들어 있는 소금의 양은 5 %의 소금물 x g에 들어 있는 소금의 양과 10 %의 소금물 y g에 들어 있는 소금의 양의 합이므로

$\frac{5}{100}\times x+\frac{10}{100}\times y=\frac{1}{20}x+\frac{1}{10}y(\text{g})$

따라서 옳지 않은 것은 ④, ⑤이다.

03 ㄱ. (물건의 가격)$=a\times 7=7a$(원)이므로

(거스름돈)=(낸 돈)−(물건의 가격)

$=10000-7a$(원)

ㄴ. (이동 거리)$=50\times x=50x(\text{m})$이고,

6 km=6000 m이므로

(남은 거리)=(전체 거리)−(이동 거리)

$=6000-50x(\text{m})$

ㄷ. (이익)$=4000\times\frac{x}{100}=40x$(원)이므로

(판매 가격)=(원가)+(이익)$=4000+40x$(원)

이상에서 옳은 것은 ㄱ, ㄷ이다.

04 문자에 수를 대입하기 전에 생략된 기호를 다시 써

A 28쪽

01 5	02 9	03 −9	04 0
05 −1	06 12	07 4	08 5
09 −4	10 −8	11 6	12 −10

01 $a=3$일 때,

$a+2=3+2=5$

02 $a=5$일 때,

$\frac{10}{a}+7=\frac{10}{5}+7=2+7=9$

03 $b=2$일 때,

$-5b+1=-5\times b+1$

$=-5\times2+1$
$=-10+1=-9$

04 $x=6$일 때,
$\frac{2}{3}x-4=\frac{2}{3}\times x-4$
$=\frac{2}{3}\times6-4$
$=4-4=0$

05 $y=\frac{1}{4}$일 때,
$16y-5=16\times y-5$
$=16\times\frac{1}{4}-5$
$=4-5=-1$

06 $a=3$일 때,
$a^2+a=3^2+3=9+3=12$

07 $y=-1$일 때,
$y+5=(-1)+5=4$

08 $y=-3$일 때,
$-y+2=-(-3)+2=3+2=5$

09 $x=-2$일 때,
$\frac{8}{x}=\frac{8}{-2}=-4$

10 $x=-4$일 때,
$\frac{1}{2}x-6=\frac{1}{2}\times x-6$
$=\frac{1}{2}\times(-4)-6$
$=-2-6=-8$

11 $a=-\frac{3}{2}$일 때,
$-2a+3=-2\times a+3$
$=-2\times\left(-\frac{3}{2}\right)+3$
$=3+3=6$

12 $x=-1$일 때,
$x^2+4x-7=x^2+4\times x-7$
$=(-1)^2+4\times(-1)-7$
$=1-4-7=-10$

B 29쪽

01 8	02 10	03 0	04 7
05 1	06 1	07 1	08 -3
09 -7	10 -1	11 -19	12 4

01 $a=3$, $b=2$일 때,
$4a-2b=4\times3-2\times2$
$=12-4=8$

02 $x=1$, $y=2$일 때,
$5xy=5\times1\times2=10$

03 $x=5$, $y=6$일 때,
$\frac{3}{5}x-\frac{1}{2}y=\frac{3}{5}\times5-\frac{1}{2}\times6$
$=3-3=0$

04 $a=\frac{1}{2}$, $b=\frac{1}{3}$일 때,
$8a+9b=8\times\frac{1}{2}+9\times\frac{1}{3}$
$=4+3=7$

05 $a=6$, $b=4$일 때,
$\frac{2b}{a+2}=\frac{2\times4}{6+2}=\frac{8}{8}=1$

06 $a=\frac{2}{3}$, $b=1$일 때,
$9a^2-3b=9\times\left(\frac{2}{3}\right)^2-3\times1$
$=9\times\frac{4}{9}-3$
$=4-3=1$

07 $x=2$, $y=-1$일 때,
$2x+3y=2\times2+3\times(-1)$
$=4-3=1$

08 $x=-5$, $y=-\frac{1}{3}$일 때,
$x-6y=(-5)-6\times\left(-\frac{1}{3}\right)$
$=-5+2=-3$

09 $x=3$, $y=-4$일 때,
$\frac{x-y}{x+y}=\frac{3-(-4)}{3+(-4)}=\frac{7}{-1}=-7$

10 $a=-2$, $b=4$일 때,

$\frac{3}{a}+\frac{2}{b}=\frac{3}{-2}+\frac{2}{4}=-\frac{3}{2}+\frac{1}{2}=-1$

11 $x=2$, $y=-1$일 때,

$-5x^2+y^2=-5\times2^2+(-1)^2$
$=-20+1=-19$

12 $a=5$, $b=-1$, $c=-3$일 때,

$ab+c^2=5\times(-1)+(-3)^2$
$=-5+9=4$

C 30쪽

01 6	02 -4	03 2	04 -15
05 -5	06 $-\frac{1}{5}$	07 5	08 -26
09 $-\frac{5}{12}$	10 10	11 10	12 7

01 $x=\frac{1}{2}$일 때,

$\frac{3}{x}=3\div x=3\div\frac{1}{2}$
$=3\times2=6$

02 $x=\frac{1}{5}$일 때,

$1-\frac{1}{x}=1-1\div x=1-1\div\frac{1}{5}$
$=1-1\times5=1-5=-4$

03 $x=\frac{2}{3}$일 때,

$\frac{1}{x}+\frac{1}{2}=1\div x+\frac{1}{2}=1\div\frac{2}{3}+\frac{1}{2}$
$=1\times\frac{3}{2}+\frac{1}{2}=\frac{3}{2}+\frac{1}{2}=2$

04 $x=-\frac{1}{3}$일 때,

$\frac{5}{x}=5\div x=5\div\left(-\frac{1}{3}\right)$
$=5\times(-3)=-15$

05 $x=-\frac{1}{4}$일 때,

$\frac{1}{x}+4x=1\div x+4\times x$
$=1\div\left(-\frac{1}{4}\right)+4\times\left(-\frac{1}{4}\right)$
$=1\times(-4)-1$
$=-4-1=-5$

06 $x=-\frac{5}{2}$일 때,

$\frac{1}{2x}=1\div(2\times x)=1\div\left\{2\times\left(-\frac{5}{2}\right)\right\}$
$=1\div(-5)=1\times\left(-\frac{1}{5}\right)=-\frac{1}{5}$

07 $a=\frac{1}{2}$, $b=\frac{1}{3}$일 때,

$\frac{1}{a}+\frac{1}{b}=1\div a+1\div b$
$=1\div\frac{1}{2}+1\div\frac{1}{3}$
$=1\times2+1\times3$
$=2+3=5$

08 $a=-\frac{1}{5}$, $b=\frac{1}{4}$일 때,

$\frac{2}{a}-\frac{4}{b}=2\div a-4\div b$
$=2\div\left(-\frac{1}{5}\right)-4\div\frac{1}{4}$
$=2\times(-5)-4\times4$
$=-10-16=-26$

09 $x=\frac{1}{4}$, $y=-\frac{3}{5}$일 때,

$\frac{x}{y}=x\div y=\frac{1}{4}\div\left(-\frac{3}{5}\right)=\frac{1}{4}\times\left(-\frac{5}{3}\right)=-\frac{5}{12}$

10 $x=\frac{1}{3}$, $y=3$일 때,

$xy+\frac{y}{x}=x\times y+y\div x=\frac{1}{3}\times3+3\div\frac{1}{3}$
$=1+3\times3=1+9=10$

11 $x=-4$, $y=\frac{1}{2}$일 때,

$x^2-\frac{3}{y}=x^2-3\div y=(-4)^2-3\div\frac{1}{2}$
$=16-3\times2=16-6=10$

12 $a=-\frac{1}{2}$, $b=\frac{1}{3}$, $c=\frac{1}{6}$일 때,

$\frac{1}{a}+\frac{1}{b}+\frac{1}{c}=1\div a+1\div b+1\div c$
$=1\div\left(-\frac{1}{2}\right)+1\div\frac{1}{3}+1\div\frac{1}{6}$
$=1\times(-2)+1\times3+1\times6$
$=-2+3+6=7$

D 31쪽

01 35 °C　02 초속 343 m　03 63 kg
04 (1) $(25-6x)$°C (2) -5 °C
05 (1) $S=\frac{1}{2}ab$ (2) 12 cm^2
06 (1) $S=\frac{1}{2}(a+b)h$ (2) 9 cm^2

01 화씨온도 x°F → 섭씨온도 $\frac{5}{9}(x-32)$°C
x 대신 95　x 대신 95
화씨온도 95°F → 섭씨온도 $\frac{5}{9}(95-32)$°C
$\frac{5}{9}(95-32)=\frac{5}{9}\times63=35$
따라서 화씨온도가 95°F일 때, 섭씨온도는 35 °C이다.

02 기온 t°C → 소리의 속력 $(0.6t+331)$m/s
t 대신 20　t 대신 20
기온 20°C → 소리의 속력 $(0.6\times20+331)$m/s
$0.6\times20+331=12+331=343$
따라서 기온이 20°C일 때, 소리의 속력은 초속 343 m이다.

03 키 x cm → 표준체중 $0.9(x-100)$kg
x 대신 170　x 대신 170
키 170 cm → 표준체중 $0.9(170-100)$kg
$0.9(170-100)=0.9\times70=63$
따라서 키가 170 cm인 정우의 표준체중은 63 kg이다.

04 (1) 기온은 지면에서 수직으로 1 km씩 높아질 때마다 6 °C씩 낮아지므로 지면으로부터 x km 높이에서의 기온은 지면보다 $6x$ °C만큼 낮다.
따라서 지면의 기온이 25 °C일 때, 지면으로부터 x km 높이에서의 기온은
$(25-6x)$°C
(2) $25-6x$에 $x=5$를 대입하면
$25-6\times5=25-30=-5$
따라서 지면의 기온이 25 °C일 때, 지면으로부터 5 km 높이에서의 기온은 -5 °C이다.

05 (1) (삼각형의 넓이)=(밑변의 길이)×(높이)÷2
이므로
$S=a\times b\times\frac{1}{2}=\frac{1}{2}ab$
(2) $S=\frac{1}{2}ab$에 $a=6$, $b=4$를 대입하면
$S=\frac{1}{2}\times6\times4=12$
따라서 구하는 삼각형의 넓이는 12 cm^2이다.

06 (1) (사다리꼴의 넓이)
={(윗변의 길이)+(아랫변의 길이)}×(높이)÷2
이므로
$S=(a+b)\times h\times\frac{1}{2}=\frac{1}{2}(a+b)h$
(2) $S=\frac{1}{2}(a+b)h$에 $a=2$, $b=4$, $h=3$을 대입하면
$S=\frac{1}{2}\times(2+4)\times3=\frac{1}{2}\times6\times3=9$
따라서 구하는 사다리꼴의 넓이는 9 cm^2이다.

시험에는 이렇게 나온다 32쪽

01 ⑤　02 ②　03 ④　04 ③
05 (1) $S=2(ab+bc+ac)$ (2) 46 cm^2

01 $x=4$일 때
① $x-1=4-1=3$
② $3x-9=3\times4-9=12-9=3$
③ $-2x+10=-2\times4+10=-8+10=2$
④ $3-\frac{1}{2}x=3-\frac{1}{2}\times4=3-2=1$
⑤ $2+\frac{8}{x}=2+\frac{8}{4}=2+2=4$
따라서 식의 값이 가장 큰 것은 ⑤이다.

02 $a=-1$일 때
① $2a+5=2\times(-1)+5=-2+5=3$
② $3-a=3-(-1)=3+1=4$
③ $3a^2=3\times(-1)^2=3\times1=3$
④ $a^3+4=(-1)^3+4=-1+4=3$
⑤ $6+\frac{3}{a}=6+\frac{3}{-1}=6-3=3$
따라서 식의 값이 나머지 넷과 다른 하나는 ②이다.

03 $x=\frac{1}{2}$, $y=-3$일 때
① $xy=\frac{1}{2}\times(-3)=-\frac{3}{2}$
② $2x+y=2\times\frac{1}{2}+(-3)=1-3=-2$
③ $-6x+\frac{1}{3}y=(-6)\times\frac{1}{2}+\frac{1}{3}\times(-3)=-3-1=-4$
④ $\frac{y}{x}=y\div x=(-3)\div\frac{1}{2}=(-3)\times2=-6$
⑤ $4x^2y=4\times\left(\frac{1}{2}\right)^2\times(-3)=4\times\frac{1}{4}\times(-3)=-3$
따라서 식의 값이 가장 작은 것은 ④이다.

04 t초 후 → $(40t-5t^2)$m
t 대신 2　t 대신 2
2초 후 → $(40\times2-5\times2^2)$m
$40\times2-5\times2^2=80-20=60$
따라서 이 물체의 2초 후의 높이는 60 m이다.

05 (1)

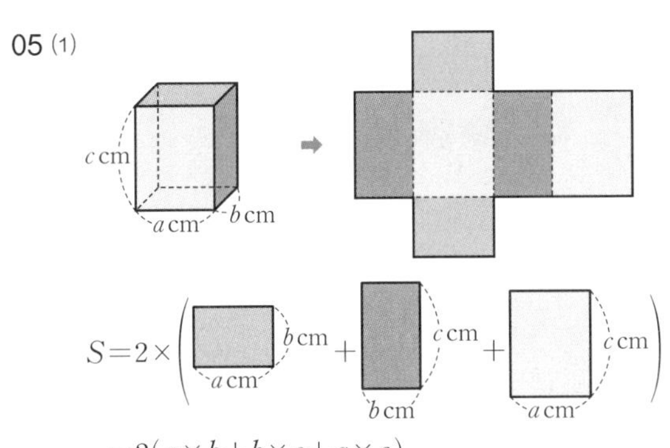

$S=2\times\left(\square_{a\text{ cm}}^{b\text{ cm}}+\square_{b\text{ cm}}^{c\text{ cm}}+\square_{a\text{ cm}}^{c\text{ cm}}\right)$

$=2(a\times b+b\times c+a\times c)$

$=2(ab+bc+ac)$

(2) $S=2(ab+bc+ac)$에 $a=3$, $b=1$, $c=5$를 대입하면

$S=2\times(3\times1+1\times5+3\times5)=46$

따라서 구하는 직육면체의 겉넓이는 46 cm^2이다.

05 다항식과 일차식의 뜻을 알아보자

A 35쪽

01 ○	02 ○	03 ×	04 ×
05 ○	06 ×	07 ○	08 ○
09 ○	10 ○	11 ○	12 ×

06 $\frac{3}{a}$과 같이 분모에 문자가 포함된 식은 단항식이 아니다.

12 $\frac{1}{x}$과 같이 항이 아닌 것이 섞여 있으므로 다항식이 아니다.

B 36쪽

01 $4x$, 2	02 2	03 4	
04 $2x$, $-6y$, -3		05 -3	06 2
07 -6	08 $2x^2$, $-x$, 5		09 5
10 2	11 -1	12 $-\frac{x^2}{3}$, $-\frac{x}{4}$, $\frac{2}{5}$	
13 $\frac{2}{5}$	14 $-\frac{1}{3}$	15 $-\frac{1}{4}$	

C 37쪽

01 1	02 1	03 1	04 2
05 2	06 3	07 ○	08 ○
09 ×	10 ○	11 ×	12 ×

11 $\frac{1}{x}$과 같이 항이 아닌 것이 섞여 있으므로 일차식이 아니다.

12 $5+0\times x=5$이므로 일차식이 아니다.

시험에는 이렇게 나온다 38쪽

01 ②	02 -10	03 ④	04 ②, ③
05 ④			

01 단항식은 5, xy^2, x^2, $\frac{y}{8}$이므로 4개이다.

02 다항식 $6x-\frac{5}{3}y+\frac{3}{2}$에서 x의 계수는 6, y의 계수는 $-\frac{5}{3}$, 다항식의 차수는 1이다.

따라서 $a=6$, $b=-\frac{5}{3}$, $c=1$이므로

$abc=6\times\left(-\frac{5}{3}\right)\times1=-10$

03 ④ x의 계수는 -8이다.

05 주어진 식이 x에 대한 일차식이 되려면 x^2의 계수가 0이 되어야 한다.

따라서 $a-4$의 값이 0이 되어야 하므로 $a=4$

06 일차식과 수의 곱셈, 나눗셈 계산하기

A 40쪽

01 $6x$	02 $-20a$	03 $-12y$	04 $6b$
05 $-x$	06 $\frac{2}{3}y$	07 $4a$	08 $-3x$
09 $-4b$	10 $\frac{3}{5}y$	11 $-4a$	12 $6b$

10 $\frac{6}{5}y\div2=\frac{6}{5}y\times\frac{1}{2}=\frac{3}{5}y$

11 $14a\div\left(-\frac{7}{2}\right)=14a\times\left(-\frac{2}{7}\right)=-4a$

12 $\left(-\frac{8}{3}b\right)\div\left(-\frac{4}{9}\right)=\left(-\frac{8}{3}b\right)\times\left(-\frac{9}{4}\right)=6b$

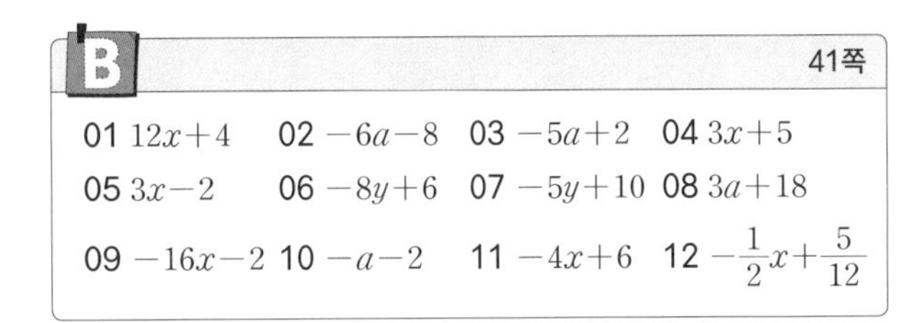

B 41쪽

01 $12x+4$	02 $-6a-8$	03 $-5a+2$	04 $3x+5$
05 $3x-2$	06 $-8y+6$	07 $-5y+10$	08 $3a+18$
09 $-16x-2$	10 $-a-2$	11 $-4x+6$	12 $-\frac{1}{2}x+\frac{5}{12}$

01 $4(3x+1)=4\times3x+4\times1=12x+4$

02 $-2(3a+4)=(-2)\times 3a+(-2)\times 4=-6a-8$

03 $-(5a-2)=(-1)\times 5a-(-1)\times 2=-5a+2$

04 $6\left(\frac{1}{2}x+\frac{5}{6}\right)=6\times\frac{1}{2}x+6\times\frac{5}{6}=3x+5$

05 $\frac{1}{2}(6x-4)=\frac{1}{2}\times 6x-\frac{1}{2}\times 4=3x-2$

06 $-\frac{4}{3}\left(6y-\frac{9}{2}\right)=\left(-\frac{4}{3}\right)\times 6y-\left(-\frac{4}{3}\right)\times\frac{9}{2}=-8y+6$

07 $(-y+2)\times 5=(-y)\times 5+2\times 5=-5y+10$

08 $\left(\frac{1}{3}a+2\right)\times 9=\frac{1}{3}a\times 9+2\times 9=3a+18$

09 $\left(2x+\frac{1}{4}\right)\times(-8)=2x\times(-8)+\frac{1}{4}\times(-8)=-16x-2$

10 $(4a+8)\times\left(-\frac{1}{4}\right)=4a\times\left(-\frac{1}{4}\right)+8\times\left(-\frac{1}{4}\right)=-a-2$

11 $(-12x+18)\times\frac{1}{3}=(-12x)\times\frac{1}{3}+18\times\frac{1}{3}=-4x+6$

12 $\left(\frac{3}{5}x-\frac{1}{2}\right)\times\left(-\frac{5}{6}\right)=\frac{3}{5}x\times\left(-\frac{5}{6}\right)-\frac{1}{2}\times\left(-\frac{5}{6}\right)$
$=-\frac{1}{2}x+\frac{5}{12}$

C 42쪽

01 $a+2$	02 $2b-3$	03 $4x-3$	04 $-2y-1$
05 $-5a+1$	06 $2x-4$	07 $3x+6$	08 $2y-6$
09 $6y-3$	10 $-21a+14$	11 $-8x+6$	12 $5a-\frac{4}{3}$

01 $(2a+4)\div 2=(2a+4)\times\frac{1}{2}=2a\times\frac{1}{2}+4\times\frac{1}{2}=a+2$

02 $(8b-12)\div 4=(8b-12)\times\frac{1}{4}=8b\times\frac{1}{4}-12\times\frac{1}{4}=2b-3$

03 $(12x-9)\div 3=(12x-9)\times\frac{1}{3}=12x\times\frac{1}{3}-9\times\frac{1}{3}=4x-3$

04 $(10y+5)\div(-5)=(10y+5)\times\left(-\frac{1}{5}\right)$
$=10y\times\left(-\frac{1}{5}\right)+5\times\left(-\frac{1}{5}\right)=-2y-1$

05 $(20a-4)\div(-4)=(20a-4)\times\left(-\frac{1}{4}\right)$
$=20a\times\left(-\frac{1}{4}\right)-4\times\left(-\frac{1}{4}\right)=-5a+1$

06 $(-14x+28)\div(-7)=(-14x+28)\times\left(-\frac{1}{7}\right)$
$=(-14x)\times\left(-\frac{1}{7}\right)+28\times\left(-\frac{1}{7}\right)$
$=2x-4$

07 $(x+2)\div\frac{1}{3}=(x+2)\times 3=x\times 3+2\times 3=3x+6$

08 $\left(\frac{1}{3}y-1\right)\div\frac{1}{6}=\left(\frac{1}{3}y-1\right)\times 6=\frac{1}{3}y\times 6-1\times 6=2y-6$

09 $(4y-2)\div\frac{2}{3}=(4y-2)\times\frac{3}{2}=4y\times\frac{3}{2}-2\times\frac{3}{2}=6y-3$

10 $(-15a+10)\div\frac{5}{7}=(-15a+10)\times\frac{7}{5}$
$=(-15a)\times\frac{7}{5}+10\times\frac{7}{5}=-21a+14$

11 $\left(2x-\frac{3}{2}\right)\div\left(-\frac{1}{4}\right)=\left(2x-\frac{3}{2}\right)\times(-4)$
$=2x\times(-4)-\frac{3}{2}\times(-4)=-8x+6$

12 $\left(-\frac{3}{2}a+\frac{2}{5}\right)\div\left(-\frac{3}{10}\right)=\left(-\frac{3}{2}a+\frac{2}{5}\right)\times\left(-\frac{10}{3}\right)$
$=\left(-\frac{3}{2}a\right)\times\left(-\frac{10}{3}\right)+\frac{2}{5}\times\left(-\frac{10}{3}\right)$
$=5a-\frac{4}{3}$

시험에는 이렇게 나온다 43쪽

01 ④	02 ⑤	03 ②	04 $-\frac{1}{4}$

01 ④ $\frac{3}{4}x\div 6=\frac{3}{4}x\times\frac{1}{6}=\frac{1}{8}x$

02 ① $-(-2x+3)=(-1)\times(-2x)+(-1)\times 3=2x-3$
② $2\left(x-\frac{3}{2}\right)=2\times x-2\times\frac{3}{2}=2x-3$
③ $(6x-9)\div 3=(6x-9)\times\frac{1}{3}=6x\times\frac{1}{3}-9\times\frac{1}{3}=2x-3$
④ $(-16x+24)\div(-8)$
$=(-16x+24)\times\left(-\frac{1}{8}\right)$
$=(-16x)\times\left(-\frac{1}{8}\right)+24\times\left(-\frac{1}{8}\right)=2x-3$

⑤ $\left(-\frac{8}{3}x-4\right)\times\left(-\frac{3}{4}\right)=\left(-\frac{8}{3}x\right)\times\left(-\frac{3}{4}\right)-4\times\left(-\frac{3}{4}\right)$
$=2x+3$

따라서 나머지 넷과 다른 하나는 ⑤이다.

03 ② $5\left(\frac{2}{5}b-3\right)=5\times\frac{2}{5}b-5\times3=2b-15$

04 $\left(-\frac{2}{7}x+\frac{1}{3}\right)\div\left(-\frac{4}{21}\right)=\left(-\frac{2}{7}x+\frac{1}{3}\right)\times\left(-\frac{21}{4}\right)$
$=\left(-\frac{2}{7}x\right)\times\left(-\frac{21}{4}\right)+\frac{1}{3}\times\left(-\frac{21}{4}\right)$
$=\frac{3}{2}x-\frac{7}{4}$

이므로 x의 계수는 $\frac{3}{2}$, 상수항은 $-\frac{7}{4}$이다.

따라서 $a=\frac{3}{2}$, $b=-\frac{7}{4}$이므로

$a+b=\frac{3}{2}+\left(-\frac{7}{4}\right)=-\frac{1}{4}$

07 동류항의 덧셈과 뺄셈은 분배법칙을 이용해

A 45쪽

01 ○ 02 × 03 ○ 04 ×
05 ○ 06 ×
07 $4x$와 $-2x$, $-y$와 $9y$, -3과 6
08 $-x^2$과 $3x^2$, $\frac{x}{2}$와 $-\frac{x}{6}$, 5와 $-\frac{4}{3}$
09 $2xy$와 $-3xy$ 10 x와 $2x$, -4와 3
11 $-x$와 $-5x$, $3y$와 y
12 $3x^2$과 $\frac{1}{4}x^2$, $2x$와 $-4x$, -11과 $\frac{7}{5}$

02 문자는 같지만 차수가 다르므로 동류항이 아니다.

04 차수는 같지만 문자가 다르므로 동류항이 아니다.

06 문자는 같지만 각 문자의 차수가 일치하지 않으므로 동류항이 아니다.

B 46쪽

01 $8x$ 02 $10a$ 03 $2x$ 04 $-6y$
05 $0.5x$ 06 $\frac{1}{6}a$ 07 $6x$ 08 $8a$
09 b 10 $5x$ 11 $-\frac{7}{4}x$

01 $3x+5x=(3+5)x=8x$

02 $2a+8a=(2+8)a=10a$

03 $6x-4x=(6-4)x=2x$

04 $y-7y=(1-7)y=-6y$

05 $0.2x+0.3x=(0.2+0.3)x=0.5x$

06 $\frac{a}{2}-\frac{a}{3}=\left(\frac{1}{2}-\frac{1}{3}\right)a=\frac{1}{6}a$

07 $x+2x+3x=(1+2+3)x=6x$

08 $2a-a+7a=(2-1+7)a=8a$

09 $3b+2b-4b=(3+2-4)b=b$

10 $-x+9x-3x=(-1+9-3)x=5x$

11 $x-\frac{1}{4}x-\frac{5}{2}x=\left(1-\frac{1}{4}-\frac{5}{2}\right)x=-\frac{7}{4}x$

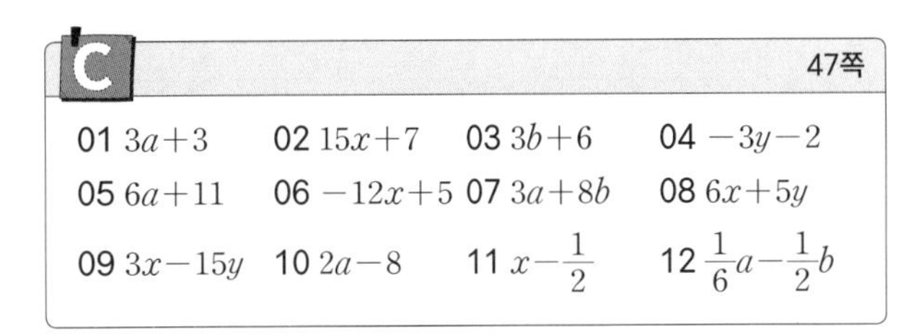

C 47쪽

01 $3a+3$ 02 $15x+7$ 03 $3b+6$ 04 $-3y-2$
05 $6a+11$ 06 $-12x+5$ 07 $3a+8b$ 08 $6x+5y$
09 $3x-15y$ 10 $2a-8$ 11 $x-\frac{1}{2}$ 12 $\frac{1}{6}a-\frac{1}{2}b$

01 $a+2a+3=(1+2)a+3=3a+3$

02 $7x+3+8x+4=7x+8x+3+4$
$=(7+8)x+3+4=15x+7$

03 $4b+1-b+5=4b-b+1+5$
$=(4-1)b+1+5=3b+6$

04 $3y-4-6y+2=3y-6y-4+2$
$=(3-6)y-4+2=-3y-2$

05 $-a+3+7a+8=-a+7a+3+8$
$=(-1+7)a+3+8=6a+11$

06 $-4x+6-8x-1=-4x-8x+6-1$
$=(-4-8)x+6-1=-12x+5$

07 $2a+3b+a+5b=2a+a+3b+5b$
$=(2+1)a+(3+5)b=3a+8b$

08 $3x-y+3x+6y=3x+3x-y+6y$
$=(3+3)x+(-1+6)y=6x+5y$

09 $x-10y-5y+2x=x+2x-10y-5y$
$=(1+2)x+(-10-5)y=3x-15y$

10 $\frac{1}{2}a+1+\frac{3}{2}a-9=\frac{1}{2}a+\frac{3}{2}a+1-9$
$=\left(\frac{1}{2}+\frac{3}{2}\right)a+1-9=2a-8$

11 $\frac{4}{3}x+\frac{1}{2}-\frac{1}{3}x-1=\frac{4}{3}x-\frac{1}{3}x+\frac{1}{2}-1$
$=\left(\frac{4}{3}-\frac{1}{3}\right)x+\frac{1}{2}-1=x-\frac{1}{2}$

12 $-\frac{1}{2}a+\frac{3}{4}b+\frac{2}{3}a-\frac{5}{4}b=-\frac{1}{2}a+\frac{2}{3}a+\frac{3}{4}b-\frac{5}{4}b$
$=\left(-\frac{1}{2}+\frac{2}{3}\right)a+\left(\frac{3}{4}-\frac{5}{4}\right)b$
$=\frac{1}{6}a-\frac{1}{2}b$

시험에는 이렇게 나온다 48쪽

01 ①, ③	02 ②	03 ③	04 ④
05 2			

01 ②, ④ 차수는 같지만 문자가 다르므로 동류항이 아니다.
⑤ 문자는 같지만 각 문자의 차수가 일치하지 않으므로 동류항이 아니다.
따라서 동류항인 것끼리 짝지어진 것은 ①, ③이다.

02 $3x$와 동류항인 것은 $2x$, $-\frac{x}{3}$의 2개이다.

03 ③ $3a-2+4a=3a+4a-2=(3+4)a-2=7a-2$

04 $9x+8y-2x-14y=9x-2x+8y-14y$
$=(9-2)x+(8-14)y=7x-6y$

05 $\frac{5}{4}x+4-\frac{1}{2}x-\frac{4}{3}=\frac{5}{4}x-\frac{1}{2}x+4-\frac{4}{3}$
$=\left(\frac{5}{4}-\frac{1}{2}\right)x+4-\frac{4}{3}=\frac{3}{4}x+\frac{8}{3}$

따라서 $a=\frac{3}{4}$, $b=\frac{8}{3}$이므로
$ab=\frac{3}{4}\times\frac{8}{3}=2$

08 일차식의 덧셈과 뺄셈은 괄호를 먼저 풀어

A 50쪽

01 $3x+4$	02 $5x-1$	03 $7x-7$	04 $x+8$
05 $x-4$	06 $x+3$	07 $x-4$	08 $-2x+7$
09 $2x+1$	10 $3x-1$	11 $6x+5$	12 $-\frac{1}{3}x+\frac{6}{5}$

01 $(x+1)+(2x+3)=x+1+2x+3$
$=x+2x+1+3=3x+4$

02 $(2x+1)+(3x-2)=2x+1+3x-2$
$=2x+3x+1-2=5x-1$

03 $(6x-3)+(x-4)=6x-3+x-4$
$=6x+x-3-4=7x-7$

04 $(2x+5)+(-x+3)=2x+5-x+3$
$=2x-x+5+3=x+8$

05 $(5x-2)+(-4x-2)=5x-2-4x-2$
$=5x-4x-2-2=x-4$

06 $\left(\frac{1}{4}x+2\right)+\left(\frac{3}{4}x+1\right)=\frac{1}{4}x+2+\frac{3}{4}x+1$
$=\frac{1}{4}x+\frac{3}{4}x+2+1=x+3$

07 $(2x+1)-(x+5)=2x+1-x-5$
$=2x-x+1-5=x-4$

08 $(x+3)-(3x-4)=x+3-3x+4$
$=x-3x+3+4=-2x+7$

09 $(3x-2)-(x-3)=3x-2-x+3$
$=3x-x-2+3=2x+1$

10 $(2x+4)-(-x+5)=2x+4+x-5$
$=2x+x+4-5=3x-1$

11 $(4x-2)-(-2x-7)=4x-2+2x+7$
$=4x+2x-2+7=6x+5$

12 $\left(\frac{2}{3}x+1\right)-\left(x-\frac{1}{5}\right)=\frac{2}{3}x+1-x+\frac{1}{5}$
$=\frac{2}{3}x-x+1+\frac{1}{5}=-\frac{1}{3}x+\frac{6}{5}$

B 51쪽

01 $5x+3$	02 $7x+15$	03 $6x-8$	04 $26x+7$
05 $6x+14$	06 $31x-18$	07 $-x-7$	08 $-6x-2$
09 $3x$	10 $\frac{3}{2}x-4$	11 $5x+5$	12 $8x-13$

01 $2(x+1)+(3x+1)=2x+2+3x+1$
$=2x+3x+2+1=5x+3$

02 $(2x+5)+5(x+2)=2x+5+5x+10$
$=2x+5x+5+10=7x+15$

03 $2(x+2)+4(x-3)=2x+4+4x-12$
$=2x+4x+4-12=6x-8$

04 $3(2x+4)+5(4x-1)=6x+12+20x-5$
$=6x+20x+12-5=26x+7$

05 $4(2x+3)+2(-x+1)=8x+12-2x+2$
$=8x-2x+12+2=6x+14$

06 $3(5x-2)+4(4x-3)=15x-6+16x-12$
$=15x+16x-6-12=31x-18$

07 $5(x-2)+3(-2x+1)=5x-10-6x+3$
$=5x-6x-10+3=-x-7$

08 $4(-3x+2)+2(3x-5)=-12x+8+6x-10$
$=-12x+6x+8-10$
$=-6x-2$

09 $\frac{1}{2}(4x+6)+(x-3)=2x+3+x-3=2x+x+3-3=3x$

10 $\frac{1}{3}(3x-9)+\frac{1}{2}(x-2)=x-3+\frac{1}{2}x-1$
$=x+\frac{1}{2}x-3-1=\frac{3}{2}x-4$

11 $2\left(x+\frac{1}{2}\right)+4\left(\frac{3}{4}x+1\right)=2x+1+3x+4$
$=2x+3x+1+4=5x+5$

12 $6\left(\frac{1}{3}x-\frac{1}{2}\right)+12\left(\frac{1}{2}x-\frac{5}{6}\right)=2x-3+6x-10$
$=2x+6x-3-10=8x-13$

C 52쪽

01 $-x+2$	02 $x-12$	03 $-2x+22$
04 $-14x-11$	05 $4x+49$	06 $10x+10$
07 $18x-11$	08 $-24x+21$	09 $x-4$
10 $-\frac{3}{2}x+4$	11 $2x+5$	12 $-\frac{1}{2}$

01 $2(x+2)-(3x+2)=2x+4-3x-2$
$=2x-3x+4-2=-x+2$

02 $(4x+6)-3(x+6)=4x+6-3x-18$
$=4x-3x+6-18=x-12$

03 $2(x-3)-4(x-7)=2x-6-4x+28$
$=2x-4x-6+28=-2x+22$

04 $6(x-1)-5(4x+1)=6x-6-20x-5$
$=6x-20x-6-5=-14x-11$

05 $3(4x+3)-8(x-5)=12x+9-8x+40$
$=12x-8x+9+40=4x+49$

06 $4(2x+3)-2(-x+1)=8x+12+2x-2$
$=8x+2x+12-2=10x+10$

07 $3(x-2)-5(-3x+1)=3x-6+15x-5$
$=3x+15x-6-5=18x-11$

08 $6(-2x+1)-3(4x-5)=-12x+6-12x+15$
$=-12x-12x+6+15$
$=-24x+21$

09 $(3x-1)-\frac{1}{4}(8x+12)=3x-1-2x-3$
$=3x-2x-1-3=x-4$

10 $\frac{1}{2}(x+6)-\frac{1}{3}(6x-3)=\frac{1}{2}x+3-2x+1$

$=\frac{1}{2}x-2x+3+1=-\frac{3}{2}x+4$

11 $4\left(\frac{3}{4}x+\frac{1}{4}\right)-6\left(\frac{1}{6}x-\frac{2}{3}\right)=3x+1-x+4$
$=3x-x+1+4=2x+5$

12 $2\left(\frac{1}{4}x-\frac{5}{2}\right)-3\left(\frac{1}{6}x-\frac{3}{2}\right)=\frac{1}{2}x-5-\frac{1}{2}x+\frac{9}{2}$
$=\frac{1}{2}x-\frac{1}{2}x-5+\frac{9}{2}=-\frac{1}{2}$

시험에는 이렇게 나온다 53쪽

01 ④	02 ③	03 ⑤	04 ①

01 ④ $2(x+2)-(3x-4)=2x+4-3x+4$
$=2x-3x+4+4=-x+8$

02 $3(x-4)-2(-2x+5)=3x-12+4x-10$
$=3x+4x-12-10=7x-22$

03 ㄱ. $3(6x+2)-4(3x-2)=18x+6-12x+8$
$=18x-12x+6+8=6x+14$

ㄴ. $(x+3)+\frac{1}{3}(9x-6)=x+3+3x-2$
$=x+3x+3-2=4x+1$

ㄷ. $4\left(x+\frac{1}{2}\right)-3\left(\frac{4}{3}x-1\right)=4x+2-4x+3$
$=4x-4x+2+3=5$

이상에서 옳은 것은 ㄱ, ㄴ, ㄷ이다.

04 (남은 부분의 넓이)
=(큰 직사각형의 넓이)−(작은 직사각형의 넓이)
$=(4x-2)\times 9-6\times(x+1)$
$=36x-18-6x-6$
$=36x-6x-18-6=30x-24$

09 복잡한 일차식의 덧셈과 뺄셈은 괄호에 주의해

A 55쪽

01 $\frac{3}{4}x+1$	02 $\frac{5}{9}x-\frac{4}{9}$	03 $\frac{5}{6}x+\frac{1}{12}$
04 $\frac{9}{10}x-\frac{13}{10}$	05 $\frac{7}{6}x-\frac{11}{3}$	06 $\frac{1}{6}x+\frac{1}{6}$
07 $\frac{1}{8}x-\frac{5}{8}$	08 $-\frac{5}{21}x+\frac{12}{7}$	09 $\frac{1}{12}x+\frac{5}{6}$
10 $-\frac{7}{6}x+\frac{1}{4}$		

01 $\frac{x+1}{2}+\frac{x+2}{4}=\frac{2(x+1)+(x+2)}{4}$
$=\frac{2x+2+x+2}{4}$
$=\frac{3x+4}{4}=\frac{3}{4}x+1$

02 $\frac{x-1}{3}+\frac{2x-1}{9}=\frac{3(x-1)+(2x-1)}{9}$
$=\frac{3x-3+2x-1}{9}$
$=\frac{5x-4}{9}=\frac{5}{9}x-\frac{4}{9}$

03 $\frac{2x+3}{4}+\frac{x-2}{3}=\frac{3(2x+3)+4(x-2)}{12}$
$=\frac{6x+9+4x-8}{12}$
$=\frac{10x+1}{12}=\frac{5}{6}x+\frac{1}{12}$

04 $\frac{x-3}{2}+\frac{2x+1}{5}=\frac{5(x-3)+2(2x+1)}{10}$
$=\frac{5x-15+4x+2}{10}$
$=\frac{9x-13}{10}=\frac{9}{10}x-\frac{13}{10}$

05 $\frac{-x-5}{3}+\frac{3x-4}{2}=\frac{2(-x-5)+3(3x-4)}{6}$
$=\frac{-2x-10+9x-12}{6}$
$=\frac{7x-22}{6}=\frac{7}{6}x-\frac{11}{3}$

06 $\frac{x+2}{3}-\frac{x+3}{6}=\frac{2(x+2)-(x+3)}{6}$
$=\frac{2x+4-x-3}{6}$
$=\frac{x+1}{6}=\frac{1}{6}x+\frac{1}{6}$

07 $\frac{x-1}{2}-\frac{3x+1}{8}=\frac{4(x-1)-(3x+1)}{8}$
$=\frac{4x-4-3x-1}{8}$
$=\frac{x-5}{8}=\frac{1}{8}x-\frac{5}{8}$

08 $\frac{x+3}{3}-\frac{4x-5}{7}=\frac{7(x+3)-3(4x-5)}{21}$
$=\frac{7x+21-12x+15}{21}$
$=\frac{-5x+36}{21}=-\frac{5}{21}x+\frac{12}{7}$

09 $\frac{3x-2}{4}-\frac{2x-4}{3}=\frac{3(3x-2)-4(2x-4)}{12}$

$=\dfrac{9x-6-8x+16}{12}$

$=\dfrac{x+10}{12}=\dfrac{1}{12}x+\dfrac{5}{6}$

10 $\dfrac{-2x-1}{4}-\dfrac{4x-3}{6}=\dfrac{3(-2x-1)-2(4x-3)}{12}$

$=\dfrac{-6x-3-8x+6}{12}$

$=\dfrac{-14x+3}{12}=-\dfrac{7}{6}x+\dfrac{1}{4}$

B

56쪽

01 $-2x+7$　02 $5x-20$　03 $-2a$
04 $3x+12$　05 -3　06 $8x+8y$
07 $4x+7$　08 $-x-4$　09 $8x+8y$
10 $10x-2$

01 $5-\{3x-(x+2)\}=5-(3x-x-2)$
$=5-(2x-2)$
$=5-2x+2=-2x+7$

02 $3x-\{2x+4(5-x)\}=3x-(2x+20-4x)$
$=3x-(-2x+20)$
$=3x+2x-20=5x-20$

03 $1+\{4a-3-2(3a-1)\}=1+(4a-3-6a+2)$
$=1+(-2a-1)$
$=1-2a-1=-2a$

04 $-3x+2\{4x+(-x+6)\}=-3x+2(4x-x+6)$
$=-3x+2(3x+6)$
$=-3x+6x+12=3x+12$

05 $4a-[5a+\{a-(2a-3)\}]=4a-\{5a+(a-2a+3)\}$
$=4a-\{5a+(-a+3)\}$
$=4a-(5a-a+3)$
$=4a-(4a+3)$
$=4a-4a-3=-3$

06 $5x-y+[2x-\{3x-7y-(4x+2y)\}]$
$=5x-y+\{2x-(3x-7y-4x-2y)\}$
$=5x-y+\{2x-(-x-9y)\}$
$=5x-y+(2x+x+9y)$
$=5x-y+(3x+9y)$
$=5x-y+3x+9y=8x+8y$

07 $A=x+2$, $B=2x+3$이므로
$2A+B=2(\boxed{x+2})+(2x+3)$
$=\boxed{2x+4}+2x+3$
$=\boxed{4x+7}$

08 $A=x-3$, $B=2x+1$이므로
$A-B=(x-3)-(2x+1)=x-3-2x-1=-x-4$

09 $A=2x+4y$, $B=-x+2y$이므로
$3A-2B=3(2x+4y)-2(-x+2y)$
$=6x+12y+2x-4y=8x+8y$

10 $A=x+4$, $B=3x-2$이므로
$2A-(A-3B)=2A-A+3B$
$=A+3B$
$=(x+4)+3(3x-2)$
$=x+4+9x-6$
$=10x-2$

C

57쪽

01 $2x-3$　02 $11x-2$　03 $2x-4$　04 $6x+8$
05 $4x-3$　06 $-6x-y$　07 $5x+17$

03 $\square+(x+2)=3x-2$
➜ $\square=3x-2-(x+2)$
$=\underline{3x-2-x-2}$
$=\underline{2x-4}$

04 $\square-(4x+1)=2x+7$
➜ $\square=2x+7+(4x+1)$
$=\underline{2x+7+4x+1}$
$=\underline{6x+8}$

05 어떤 다항식을 $\square$라 하면
$\square-(3x-4)=x+1$
➜ $\square=x+1+(3x-4)$
$=\underline{x+1+3x-4}$
$=\underline{4x-3}$

06 어떤 다항식을 $\square$라 하면
$\square+(2x+3y)=-4x+2y$
➜ $\square=-4x+2y-(2x+3y)$
$=-4x+2y-2x-3y$
$=-6x-y$

07 어떤 다항식을 □라 하면

$\square-(9-x)=6x+8$

$\rightarrow \square=6x+8+(9-x)$

$=6x+8+9-x$

$=5x+17$

D 58쪽

01 $4x+6$

02 (1) $\square-(x+1)=2x+3$ (2) $3x+4$ (3) $4x+5$

03 (1) $\square+(4x+2)=-x+3$ (2) $-5x+1$ (3) $-9x-1$

01 어떤 다항식을 □라 하고 잘못 계산한 식을 세우면

$\square-(x+5)=2x-4$

덧셈과 뺄셈의 관계를 이용하여 어떤 다항식을 구하면

$\square=2x-4+(x+5)$

$=\underline{2x-4+x+5}$

$=\underline{3x+1}$

따라서 바르게 계산한 식은

$\square+(x+5)=\underline{(3x+1)+(x+5)}$

$=\underline{3x+1+x+5}$

$=\underline{4x+6}$

02 (1) 어떤 다항식을 □라 하고 잘못 계산한 식을 세우면

$\square-(x+1)=2x+3$

(2) 덧셈과 뺄셈의 관계를 이용하여 어떤 다항식을 구하면

$\square=2x+3+(x+1)$

$=2x+3+x+1$

$=3x+4$

(3) 따라서 바르게 계산한 식은

$\square+(x+1)=(3x+4)+(x+1)$

$=3x+4+x+1$

$=4x+5$

03 (1) 어떤 다항식을 □라 하고 잘못 계산한 식을 세우면

$\square+(4x+2)=-x+3$

(2) 덧셈과 뺄셈의 관계를 이용하여 어떤 다항식을 구하면

$\square=-x+3-(4x+2)$

$=-x+3-4x-2$

$=-5x+1$

(3) 따라서 바르게 계산한 식은

$\square-(4x+2)=(-5x+1)-(4x+2)$

$=-5x+1-4x-2=-9x-1$

시험에는 이렇게 나온다 59쪽

01 ③ 02 ⑤ 03 ② 04 $-8x+7$

05 $-2x+7$

01 $\frac{x-5}{4}-\frac{2x-3}{5}=\frac{5(x-5)-4(2x-3)}{20}$

$=\frac{5x-25-8x+12}{20}$

$=\frac{-3x-13}{20}=-\frac{3}{20}x-\frac{13}{20}$

02 $2x+3-[6x-\{4x+4-3(-x+5)\}]$

$=2x+3-\{6x-(4x+4+3x-15)\}$

$=2x+3-\{6x-(7x-11)\}$

$=2x+3-(6x-7x+11)$

$=2x+3-(-x+11)$

$=2x+3+x-11=3x-8$

따라서 $a=3$, $b=-8$이므로

$a+b=3+(-8)=-5$

03 $A=4x-2$, $B=2x+5$이므로

$2A+B-(A-B)=2A+B-A+B$

$=A+2B$

$=(4x-2)+2(2x+5)$

$=4x-2+4x+10$

$=8x+8$

04 $\square-(x-1)=-9x+8$

$\rightarrow \square=-9x+8+(x-1)$

$=-9x+8+x-1$

$=-8x+7$

05 어떤 다항식을 □라 하고 잘못 계산한 식을 세우면

$\square+(3x-5)=4x-3$

덧셈과 뺄셈의 관계를 이용하여 어떤 다항식을 구하면

$\square=4x-3-(3x-5)$

$=4x-3-3x+5=x+2$

따라서 바르게 계산한 식은

$\square-(3x-5)=x+2-(3x-5)$

$=x+2-3x+5=-2x+7$

10 등호 =가 있는 등식과 방정식을 알아보자

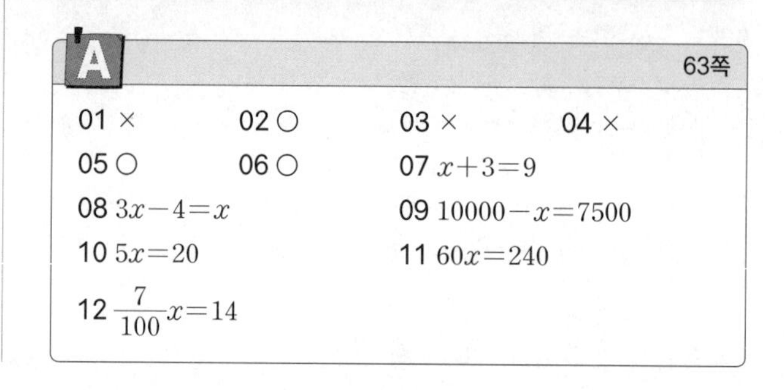

A 63쪽

01 × 02 ○ 03 × 04 ×

05 ○ 06 ○ 07 $x+3=9$

08 $3x-4=x$ 09 $10000-x=7500$

10 $5x=20$ 11 $60x=240$

12 $\frac{7}{100}x=14$

07 어떤 수 x에 3을 더한 수는 $x+3$이므로
$x+3=9$

08 어떤 수 x의 3배에서 4를 뺀 수는 $3x-4$이므로
$3x-4=x$

09 x원짜리 과자 1개를 사고 10000원을 내면 거스름돈이
$(10000-x)$원이므로
$10000-x=7500$

10 가로의 길이가 x cm, 세로의 길이가 5 cm인 직사각형의 넓이는 $x\times5=5x(\text{cm}^2)$이므로
$5x=20$

11 시속 60 km로 x시간 동안 이동한 거리는
$60\times x=60x(\text{km})$이므로
$60x=240$

12 7 %의 소금물 x g에 들어 있는 소금의 양은
$\frac{7}{100}\times x=\frac{7}{100}x(\text{g})$이므로
$\frac{7}{100}x=14$

B 64쪽

01 표는 풀이 참조, $x=2$
02 표는 풀이 참조, $x=-1$
03 표는 풀이 참조, $x=1$
04 $x=-1$
05 $x=3$
06 $x=-1$
07 $x=4$
08 $x=2$

01

x의 값	좌변의 값	우변의 값	참, 거짓
0	$3\times0-2=-2$	4	거짓
1	$3\times1-2=1$	4	거짓
2	$3\times2-2=4$	4	참

→ 방정식의 해: $x=\boxed{2}$

02

x의 값	좌변의 값	우변의 값	참, 거짓
-2	$5-(-2)=7$	6	거짓
-1	$5-(-1)=6$	6	참
0	$5-0=5$	6	거짓

→ 방정식의 해: $x=\boxed{-1}$

03

x의 값	좌변의 값	우변의 값	참, 거짓
-1	$2\times(-1)-1=-3$	$4-3\times(-1)=7$	거짓
0	$2\times0-1=-1$	$4-3\times0=4$	거짓
1	$2\times1-1=1$	$4-3\times1=1$	참

→ 방정식의 해: $x=1$

04

x의 값	좌변의 값	우변의 값	참, 거짓
-1	$(-1)+4=3$	3	참
0	$0+4=4$	3	거짓
1	$1+4=5$	3	거짓

→ 방정식의 해: $x=-1$

05

x의 값	좌변의 값	우변의 값	참, 거짓
2	$3\times2+2=8$	11	거짓
3	$3\times3+2=11$	11	참
4	$3\times4+2=14$	11	거짓

→ 방정식의 해: $x=3$

06

x의 값	좌변의 값	우변의 값	참, 거짓
-2	$2\times(-2)+1=-3$	-2	거짓
-1	$2\times(-1)+1=-1$	-1	참
0	$2\times0+1=1$	0	거짓

→ 방정식의 해: $x=-1$

07

x의 값	좌변의 값	우변의 값	참, 거짓
3	$2\times(3-1)=4$	$10-3=7$	거짓
4	$2\times(4-1)=6$	$10-4=6$	참
5	$2\times(5-1)=8$	$10-5=5$	거짓

→ 방정식의 해: $x=4$

08

x의 값	좌변의 값	우변의 값	참, 거짓
0	$\frac{0+1}{3}=\frac{1}{3}$	$\frac{0}{2}=0$	거짓
1	$\frac{1+1}{3}=\frac{2}{3}$	$\frac{1}{2}$	거짓
2	$\frac{2+1}{3}=1$	$\frac{2}{2}=1$	참

→ 방정식의 해: $x=2$

C 65쪽

01 ○　02 ×　03 ○　04 ×
05 ○　06 ×　07 ○　08 ×
09 ×　10 ×　11 ○

01 $2x=12$에 $x=6$을 대입하면
(좌변)$=2\times6=12$, (우변)$=12$
즉, (좌변)$=$(우변)이므로 $x=6$은 주어진 방정식의 해이다.

02 $x-2=1$에 $x=1$을 대입하면
(좌변)$=1-2=-1$, (우변)$=1$
즉, (좌변)$\neq$(우변)이므로 $x=1$은 주어진 방정식의 해가 아니다.

03 $5-x=3$에 $x=2$를 대입하면
(좌변)$=5-2=3$, (우변)$=3$
즉, (좌변)=(우변)이므로 $x=2$는 주어진 방정식의 해이다.

04 $\frac{1}{2}x+3=\frac{7}{2}$에 $x=3$을 대입하면
(좌변)$=\frac{1}{2}\times3+3=\frac{9}{2}$, (우변)$=\frac{7}{2}$
즉, (좌변)≠(우변)이므로 $x=3$은 주어진 방정식의 해가 아니다.

05 $-3x=5x-8$에 $x=1$을 대입하면
(좌변)$=-3\times1=-3$, (우변)$=5\times1-8=-3$
즉, (좌변)=(우변)이므로 $x=1$은 주어진 방정식의 해이다.

06 $x+2=2x+3$에 $x=4$를 대입하면
(좌변)$=4+2=6$, (우변)$=2\times4+3=11$
즉, (좌변)≠(우변)이므로 $x=4$는 주어진 방정식의 해가 아니다.

07 $4-x=3-2x$에 $x=-1$을 대입하면
(좌변)$=4-(-1)=5$, (우변)$=3-2\times(-1)=5$
즉, (좌변)=(우변)이므로 $x=-1$은 주어진 방정식의 해이다.

08 $2(x+4)=6x-1$에 $x=4$를 대입하면
(좌변)$=2\times(4+4)=16$, (우변)$=6\times4-1=23$
즉, (좌변)≠(우변)이므로 $x=4$는 주어진 방정식의 해가 아니다.

09 $2x-3=5(x+3)$에 $x=-5$를 대입하면
(좌변)$=2\times(-5)-3=-13$, (우변)$=5\times\{(-5)+3\}=-10$
즉, (좌변)≠(우변)이므로 $x=-5$는 주어진 방정식의 해가 아니다.

10 $4(x+1)=3(x-2)$에 $x=-7$을 대입하면
(좌변)$=4\times\{(-7)+1\}=-24$
(우변)$=3\times\{(-7)-2\}=-27$
즉, (좌변)≠(우변)이므로 $x=-7$은 주어진 방정식의 해가 아니다.

11 $\frac{x-1}{2}=\frac{x}{4}$에 $x=2$를 대입하면
(좌변)$=\frac{2-1}{2}=\frac{1}{2}$, (우변)$=\frac{2}{4}=\frac{1}{2}$
즉, (좌변)=(우변)이므로 $x=2$는 주어진 방정식의 해이다.

시험에는 이렇게 나온다 66쪽

01 ①, ③ 02 ④ 03 ③, ④ 04 ⑤

02 ④ 초속 x m로 20초 동안 달린 거리는
$x\times20=20x$(m)이므로
$20x=100$

03 ① $x+1=-3$에 $x=-2$를 대입하면
(좌변)$=-2+1=-1$, (우변)$=-3$
즉, (좌변)≠(우변)이므로 $x=-2$는 주어진 방정식의 해가 아니다.
② $3x+2=15$에 $x=4$를 대입하면
(좌변)$=3\times4+2=14$, (우변)$=15$
즉, (좌변)≠(우변)이므로 $x=4$는 주어진 방정식의 해가 아니다.
③ $2x=6-x$에 $x=2$를 대입하면
(좌변)$=2\times2=4$, (우변)$=6-2=4$
즉, (좌변)=(우변)이므로 $x=2$는 주어진 방정식의 해이다.
④ $x-\frac{1}{2}=\frac{1}{2}$에 $x=1$을 대입하면
(좌변)$=1-\frac{1}{2}=\frac{1}{2}$, (우변)$=\frac{1}{2}$
즉, (좌변)=(우변)이므로 $x=1$은 주어진 방정식의 해이다.
⑤ $3x-1=2(x+1)$에 $x=4$를 대입하면
(좌변)$=3\times4-1=11$, (우변)$=2(4+1)=10$
즉, (좌변)≠(우변)이므로 $x=4$는 주어진 방정식의 해가 아니다.
따라서 [ ] 안의 수가 방정식의 해인 것은 ③, ④이다.

04 각 방정식에 $x=2$를 대입하면
① (좌변)$=2\times2+3=7$, (우변)$=7$
즉, (좌변)=(우변)이므로 $x=2$는 주어진 방정식의 해이다.
② (좌변)$=7-4\times2=-1$, (우변)$=-1$
즉, (좌변)=(우변)이므로 $x=2$는 주어진 방정식의 해이다.
③ (좌변)$=-2+10=8$, (우변)$=4\times2=8$
즉, (좌변)=(우변)이므로 $x=2$는 주어진 방정식의 해이다.
④ (좌변)$=3\times(2-1)=3$, (우변)$=5-2=3$
즉, (좌변)=(우변)이므로 $x=2$는 주어진 방정식의 해이다.
⑤ (좌변)$=\frac{2+2}{3}=\frac{4}{3}$, (우변)$=\frac{2-1}{2}=\frac{1}{2}$
즉, (좌변)≠(우변)이므로 $x=2$는 주어진 방정식의 해가 아니다.
따라서 주어진 방정식 중 $x=2$가 해가 아닌 것은 ⑤이다.

11 항상 참인 등식 항등식!

A 68쪽

01 ○	02 ○	03 ○	04 ×
05 ×	06 ×	07 ×	08 ○
09 ○	10 ×	11 ○	12 ○

06 미지수가 없으므로 항등식이 아니다.

07 (우변)$=2x-3x=-x$
즉, (좌변의 식)$\neq$(우변의 식)이므로 항등식이 아니다.

08 (좌변)$=5x-2x=3x$
즉, (좌변의 식)$=$(우변의 식)이므로 항등식이다.

09 (좌변)$=3(x-1)=3x-3$
즉, (좌변의 식)$=$(우변의 식)이므로 항등식이다.

10 (우변)$=3(x+2)=3x+6$
즉, (좌변의 식)$\neq$(우변의 식)이므로 항등식이 아니다.

11 (우변)$=2-(x-2)=2-x+2=4-x$
즉, (좌변의 식)$=$(우변의 식)이므로 항등식이다.

12 (좌변)$=2(x+1)+3=2x+2+3=2x+5$
즉, (좌변의 식)$=$(우변의 식)이므로 항등식이다.

B 69쪽

01 $a=2, b=3$	02 $a=3, b=-1$
03 $a=4, b=-3$	04 $a=-2, b=5$
05 $a=-1, b=8$	06 $a=-2, b=1$
07 $a=4, b=4$	08 $a=\frac{1}{3}, b=\frac{2}{3}$
09 $a=3, b=1$	10 $a=4, b=5$
11 $a=-5, b=\frac{3}{4}$	12 $a=-2, b=-9$

06 (우변)$=-(2x-1)=-2x+1$이므로 $a=-2, b=1$

07 (우변)$=4(x-1)=4x-4$이므로 $a=4, b=4$

08 (우변)$=\frac{x+2}{3}=\frac{x}{3}+\frac{2}{3}$이므로 $a=\frac{1}{3}, b=\frac{2}{3}$

12 (우변)$=-(3x-b)+x=-3x+b+x=-2x+b$이므로
$ax-9=-2x+b$
즉, 이 등식이 항등식이려면 $a=-2, b=-9$

시험에는 이렇게 나온다 70쪽

01 ③	02 ④	03 ④	04 11

01 ① (좌변의 식)$=$(우변의 식)이므로 항등식이다.
② (좌변)$=4x-2x=2x$
즉, (좌변의 식)$=$(우변의 식)이므로 항등식이다.
③ (좌변의 식)$\neq$(우변의 식)이므로 항등식이 아니다.
④ (우변)$=(2-x)-2=2-x-2=-x$
즉, (좌변의 식)$=$(우변의 식)이므로 항등식이다.
⑤ (우변)$=5(x-1)=5x-5$
즉, (좌변의 식)$=$(우변의 식)이므로 항등식이다.
따라서 항등식이 아닌 것은 ③이다.

02 x의 값에 관계없이 항상 참인 등식은 항등식이다.
ㄱ, ㄷ. (좌변의 식)$\neq$(우변의 식)이므로 항등식이 아니다.
ㄴ. (좌변)$=2(x+5)=2x+10$
즉, (좌변의 식)$=$(우변의 식)이므로 항등식이다.
ㄹ. (우변)$=-(x-2)-1=-x+2-1=-x+1$
즉, (좌변의 식)$=$(우변의 식)이므로 항등식이다.
이상에서 x의 값에 관계없이 항상 참인 등식은 ㄴ, ㄹ이다.

03 등식 $ax-6=3x+b$가 x에 대한 항등식이므로
$a=3, b=-6$
따라서 $ab=3\times(-6)=-18$

04 모든 x에 대하여 항상 참인 등식은 항등식이다.
(우변)$=4(x-1)-3=4x-4-3=4x-7$이므로
$ax-b=4x-7$
즉, 이 등식이 항등식이려면 $a=4, b=7$
따라서 $a+b=4+7=11$

12 등식의 성질을 이용하여 방정식의 해를 구해

A 72쪽

01 1	02 $3, 3$	03 $4, 4b$
04 $-2, -\frac{b}{2}$	05 $-1, -b$	06 0
07 $\frac{b}{2}$	08 $5b$	09 $2b+1$
10 $-a+5$	11 7	12 4

B 73쪽

01 ○	02 ○	03 ×	04 ○
05 ○	06 ×	07 ○	08 ×
09 ○	10 ○	11 ×	12 ○

03 $a=b$의 양변에 2를 더하면 $a+2=b+2$이다.
따라서 $a+2\neq b-2$이다.

06 $ac=bc$에서 $c\neq0$이라는 조건이 없으므로 양변을 c로 나눌 수 없다. 즉, $a=b$인지 알 수 없다.

08 $a=-b$의 양변에서 5를 빼면 $a-5=-b-5$이다.
따라서 $a-5\neq-b+5$이다.

11 $3x=y$의 양변에 1을 더하면 $3x+1=y+1$이다.
따라서 $3(x+1)\neq y+1$이다.

12 $a=4b$의 양변을 4로 나누면 $\frac{a}{4}=b$이고,
$\frac{a}{4}=b$의 양변에 2를 더하면 $\frac{a}{4}+2=b+2$이다.

C 74쪽

01 ㄱ	02 ㄴ	03 ㄹ	04 ㄷ
05 ㄱ, ㄹ	06 ㄴ, ㄷ	07 풀이 참조	08 풀이 참조

01 $x-2=1$
$x-2+2=1+2$ ㄱ
따라서 $x=3$

02 $x+1=5$
$x+1-1=5-1$ ㄴ
따라서 $x=4$

03 $3x=9$
$\frac{3x}{3}=\frac{9}{3}$ ㄹ
따라서 $x=3$

04 $\frac{1}{2}x=1$
$\frac{1}{2}x\times2=1\times2$ ㄷ
따라서 $x=2$

05 $2x-6=0$
$2x-6+6=6$, $2x=6$ ㄱ
$\frac{2x}{2}=\frac{6}{2}$ ㄹ
따라서 $x=3$

06 $\frac{x}{4}+2=0$
$\frac{x}{4}+2-2=-2$, $\frac{x}{4}=-2$ ㄴ
$\frac{x}{4}\times4=-2\times4$ ㄷ
따라서 $x=-8$

07 $2x-1=3$
$2x-1+1=3+\boxed{1}$ (양변에 $\boxed{1}$을 더한다.)
$2x=\boxed{4}$
$\frac{2x}{\boxed{2}}=\frac{\boxed{4}}{2}$ (양변을 $\boxed{2}$로 나눈다.)
$x=\boxed{2}$

08 $3x+4=-2$
$3x+4-\boxed{4}=-2-\boxed{4}$ (양변에서 $\boxed{4}$를 뺀다.)
$3x=\boxed{-6}$
$\frac{3x}{\boxed{3}}=\frac{\boxed{-6}}{\boxed{3}}$ (양변을 $\boxed{3}$으로 나눈다.)
$x=\boxed{-2}$

D 75쪽

01 $x=8$	02 $x=2$	03 $x=-9$
04 $x=-1$	05 $x=6$	06 $x=-3$
07 $x=-2$	08 $x=5$	09 $x=4$
10 $x=2$	11 $x=10$	12 $x=2$

01 $x-3=5$의 양변에 3을 더하면
$x-3+3=5+3$
따라서 $x=8$

02 $x-\frac{1}{2}=\frac{3}{2}$의 양변에 $\frac{1}{2}$을 더하면
$x-\frac{1}{2}+\frac{1}{2}=\frac{3}{2}+\frac{1}{2}$
따라서 $x=2$

03 $x+8=-1$의 양변에서 8을 빼면
$x+8-8=-1-8$
따라서 $x=-9$

04 $x+\frac{1}{3}=-\frac{2}{3}$의 양변에서 $\frac{1}{3}$을 빼면

$x+\frac{1}{3}-\frac{1}{3}=-\frac{2}{3}-\frac{1}{3}$

따라서 $x=-1$

05 $\frac{1}{3}x=2$의 양변에 3을 곱하면

$\frac{1}{3}x\times 3=2\times 3$

따라서 $x=6$

06 $-\frac{1}{6}x=\frac{1}{2}$의 양변에 -6을 곱하면

$-\frac{1}{6}x\times(-6)=\frac{1}{2}\times(-6)$

따라서 $x=-3$

07 $3x=-6$의 양변을 3으로 나누면

$\frac{3x}{3}=\frac{-6}{3}$

따라서 $x=-2$

08 $-5x=-25$의 양변을 -5로 나누면

$\frac{-5x}{-5}=\frac{-25}{-5}$

따라서 $x=5$

09 $5x-20=0$의 양변에 20을 더하면

$5x-20+20=20$, $5x=20$

$5x=20$의 양변을 5로 나누면

$\frac{5x}{5}=\frac{20}{5}$

따라서 $x=4$

10 $\frac{3}{2}x-3=0$의 양변에 3을 더하면

$\frac{3}{2}x-3+3=3$, $\frac{3}{2}x=3$

$\frac{3}{2}x=3$의 양변에 $\frac{2}{3}$를 곱하면

$\frac{3}{2}x\times\frac{2}{3}=3\times\frac{2}{3}$

따라서 $x=2$

11 $\frac{x}{2}-4=1$의 양변에 4를 더하면

$\frac{x}{2}-4+4=1+4$, $\frac{x}{2}=5$

$\frac{x}{2}=5$의 양변에 2를 곱하면

$\frac{x}{2}\times 2=5\times 2$

따라서 $x=10$

12 $-4x+3=-5$의 양변에서 3을 빼면

$-4x+3-3=-5-3$, $-4x=-8$

$-4x=-8$의 양변을 -4로 나누면

$\frac{-4x}{-4}=\frac{-8}{-4}$

따라서 $x=2$

시험에는 이렇게 나온다 76쪽

01 ③, ⑤ 02 ㄴ, ㄹ 03 ③

01 ③ $ac=bc$에서 $c\neq 0$이라는 조건이 없으므로 양변을 c로 나눌 수 없다. 즉, $a=b$인지 알 수 없다.

⑤ $\frac{a}{2}=\frac{b}{3}$의 양변에 1을 더하면

$\frac{a}{2}+1=\frac{b}{3}+1$

$\frac{a+2}{2}=\frac{b+3}{3}$

따라서 $\frac{a+2}{2}\neq\frac{b+2}{3}$이다.

그러므로 옳지 않은 것은 ③, ⑤이다.

02 $5x+8=-7$
$5x=-15$
$x=-3$

(가) $5x+8-8=-7-8$
(나) $\frac{5x}{5}=\frac{-15}{5}$

따라서 c는 자연수이므로 (가)에서 이용된 등식의 성질은 ㄴ, (나)에서 이용된 등식의 성질은 ㄹ이다.

03 $\frac{3}{5}x-1=\frac{1}{5}$
$3x-5=1$
$3x=6$
$x=2$

(가) $\left(\frac{3}{5}x-1\right)\times 5=\frac{1}{5}\times 5$
(나) $3x-5+5=1+5$
(다) $\frac{3x}{3}=\frac{6}{3}$

따라서 c는 자연수이므로 등식의 성질 '$a=b$일 때, $\frac{a}{c}=\frac{b}{c}$이다.'를 이용한 곳은 (다)뿐이다.

13 이항과 일차방정식의 뜻을 알아보자

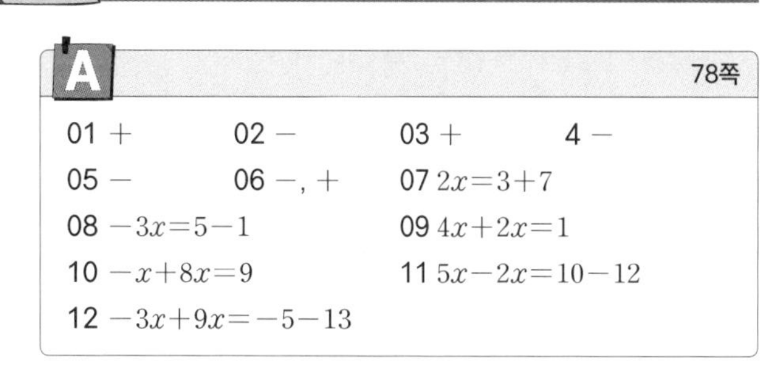

A 78쪽

01 $+$ 02 $-$ 03 $+$ 4 $-$
05 $-$ 06 $-$, $+$ 07 $2x=3+7$
08 $-3x=5-1$ 09 $4x+2x=1$
10 $-x+8x=9$ 11 $5x-2x=10-12$
12 $-3x+9x=-5-13$

B

79쪽

01 ○	02 ×	03 ×	04 ×
05 ○	06 ○	07 ○	08 ×
09 ○	10 ×	11 ×	12 ○

02 (일차식)$=0$ 꼴이 아니므로 일차방정식이 아니다.

03 분모에 x가 있으므로 일차방정식이 아니다.

04 일차식이다.

08 $5x+2=5x-3$에서
$5x+2-5x+3=0$
즉, $5=0$이므로 일차방정식이 아니다.

10 $4(x-1)=4x-4$에서
$4x-4=4x-4$
$4x-4-4x+4=0$
즉, $0=0$이므로 일차방정식이 아니다.
이때 이 등식은 항등식이다.

11 $x^2-6x=3-x$에서
$x^2-6x-3+x=0$
즉, $x^2-5x-3=0$이므로 일차방정식이 아니다.

12 $x^2+2x+1=x^2-x$에서
$x^2+2x+1-x^2+x=0$
즉, $3x+1=0$이므로 일차방정식이다.

시험에는 이렇게 나온다

80쪽

01 ④	02 ③	03 ⑤	04 ⑤

01 밑줄 친 부분을 바르게 이항하면
① $2x\underline{-1}=0$ ➜ $2x=1$
② $5x\underline{+4}=-1$ ➜ $5x=-1-4$
③ $x=\underline{2x}+3$ ➜ $x-2x=3$
⑤ $-6x\underline{+3}=\underline{x}-9$ ➜ $-6x-x=-9-3$

02 $8x-2=3x+4$에서
$8x-2-3x-4=0$
즉, $5x-6=0$
따라서 $a=5$, $b=-6$이므로
$a+b=5+(-6)=-1$

03 ① $7x-5$는 일차식이다.
② $5x-2x=3x$에서 $5x-2x-3x=0$
즉, $0=0$이므로 일차방정식이 아니다.
이때 이 등식은 항등식이다.
③ $2x-1=2x+1$에서 $2x-1-2x-1=0$
즉, $-2=0$이므로 일차방정식이 아니다.
④ $x^2-1=x$에서 $x^2-1-x=0$
즉, $x^2-x-1=0$이므로 일차방정식이 아니다.
⑤ $x^2+3=x(x-6)$에서 $x^2+3=x^2-6x$
$x^2+3-x^2+6x=0$
즉, $6x+3=0$이므로 일차방정식이다.
따라서 일차방정식인 것은 ⑤이다.

04 등식 $4x-3=ax+2$가 x에 대한 일차방정식이려면
$4\neq a$이어야 한다.
⑤ $a=4$이면 주어진 등식은
$4x-3=4x+2$
$4x-3-4x-2=0$
즉, $-5=0$이므로 일차방정식이 아니다.

14 이항을 이용하여 일차방정식의 풀이 속도를 높여

A

82쪽

01 $x=3$	02 $x=3$	03 $x=-1$
04 $x=3$	05 $x=-5$	06 $x=\frac{2}{3}$
07 $x=2$	08 $x=-4$	09 $x=\frac{1}{2}$

01 $x+2=5$
$x=5-\boxed{2}$ ($\boxed{2}$를 이항한다.)
$x=\boxed{3}$

02 $2x-5=1$
$2x=1+\boxed{5}$ ($\boxed{-5}$를 이항한다.)
$2x=\boxed{6}$
$x=\boxed{3}$ (양변을 $\boxed{2}$로 나눈다.)

03 $3x=-2x-5$
$3x+\boxed{2x}=-5$ ($-2x$를 이항한다.)
$\boxed{5}x=-5$
$x=\boxed{-1}$ (양변을 $\boxed{5}$로 나눈다.)

04 $x-4=-1$에서 $x=-1+4$
따라서 $x=3$

05 $3-x=8$에서 $-x=8-3$, $-x=5$

따라서 $x=-5$

06 $3x-4=-2$에서 $3x=-2+4$, $3x=2$

따라서 $x=\frac{2}{3}$

07 $-x=3x-8$에서 $-x-3x=-8$, $-4x=-8$

따라서 $x=2$

08 $4x=7x+12$에서 $4x-7x=12$, $-3x=12$

따라서 $x=-4$

09 $-9x=x-5$에서 $-9x-x=-5$, $-10x=-5$

따라서 $x=\frac{1}{2}$

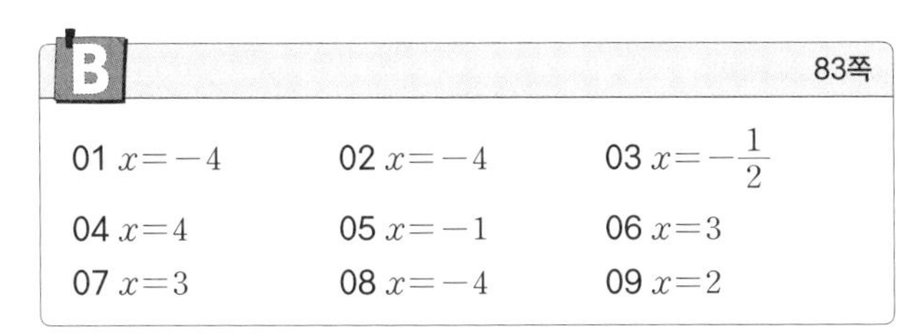

B 83쪽

01 $x=-4$	02 $x=-4$	03 $x=-\frac{1}{2}$
04 $x=4$	05 $x=-1$	06 $x=3$
07 $x=3$	08 $x=-4$	09 $x=2$

01

$$2x+1=x-3$$

1, x를 이항한다.

$$2x-\boxed{x}=-3-\boxed{1}$$

$$x=\boxed{-4}$$

02

$$x+3=2x+7$$

3, $\boxed{2x}$를 이항한다.

$$x-\boxed{2x}=7-3$$

$$\boxed{-x}=4$$

양변을 $\boxed{-1}$로 나눈다.

$$x=\boxed{-4}$$

03

$$2-3x=5x+6$$

2, $\boxed{5x}$를 이항한다.

$$-3x-\boxed{5x}=6-\boxed{2}$$

$$\boxed{-8}x=4$$

양변을 $\boxed{-8}$로 나눈다.

$$x=\boxed{-\frac{1}{2}}$$

04 $5=-x+9$에서 $x=9-5$

따라서 $x=4$

05 $x+3=-2x$에서 $x+2x=-3$, $3x=-3$

따라서 $x=-1$

06 $21-2x=5x$에서 $-2x-5x=-21$, $-7x=-21$

따라서 $x=3$

07 $4x-5=2x+1$에서 $4x-2x=1+5$, $2x=6$

따라서 $x=3$

08 $6x+9=x-11$에서 $6x-x=-11-9$, $5x=-20$

따라서 $x=-4$

09 $-3x+9=5x-7$에서 $-3x-5x=-7-9$

$-8x=-16$

따라서 $x=2$

C 84쪽

01 -3, -1	02 4, -2	03 5, 1
04 2, -2	05 -6, -3	06 7, 1
07 2, -6, -3	08 3, 3, 1	09 -3, 1, $-\frac{1}{3}$
10 2, 2, 1	11 3, 12, 4	12 -5, -10, 2

D 85쪽

01 $x=1$	02 $x=-2$	03 $x=-3$
04 $x=5$	05 $x=\frac{1}{2}$	06 $x=5$
07 $x=-5$	08 $x=-1$	09 $x=\frac{3}{2}$
10 $x=1$	11 $x=2$	12 $x=3$

01 $-2x+5=3$에서 $-2x=-2$

따라서 $x=1$

02 $8-3x=14$에서 $-3x=6$

따라서 $x=-2$

03 $5=-4x-7$에서 $4x=-12$

따라서 $x=-3$

04 $-x+15=2x$에서 $-3x=-15$

따라서 $x=5$

05 $3x-5=-7x$에서 $10x=5$

따라서 $x=\frac{1}{2}$

06 $-2x-25=-7x$에서 $5x=25$

따라서 $x=5$

07 $15-x=-4x$에서 $3x=-15$
따라서 $x=-5$

08 $x-3=3x-1$에서 $-2x=2$
따라서 $x=-1$

09 $9-2x=3+2x$에서 $-4x=-6$
따라서 $x=\frac{3}{2}$

10 $-x+5=-6x+10$에서 $5x=5$
따라서 $x=1$

11 $4-9x=-3x-8$에서 $-6x=-12$
따라서 $x=2$

12 $-2x+9=6x-15$에서 $-8x=-24$
따라서 $x=3$

시험에는 이렇게 나온다 86쪽

01 ①	02 ④	03 ⑤	04 ③

01 $x-3=2x-1$에서 $-x=2$
따라서 $x=-2$

02 ① $x+1=-1$에서 $x=-2$
② $6-2x=x$에서 $-3x=-6$, $x=2$
③ $x+9=-x+7$에서 $2x=-2$, $x=-1$
④ $3x+2=2x-1$에서 $x=-3$
⑤ $3-4x=5-2x$에서 $-2x=2$, $x=-1$
따라서 해가 가장 작은 것은 ④이다.

03 ① $2x-5=9$에서 $2x=14$, $x=7$
② $3x+14=5x$에서 $-2x=-14$, $x=7$
③ $2x-4=x+3$에서 $x=7$
④ $9-2x=2-x$에서 $-x=-7$, $x=7$
⑤ $4x+15=x-6$에서 $3x=-21$, $x=-7$
따라서 해가 나머지 넷과 다른 하나는 ⑤이다.

04 $2x-20=10-3x$에서
$5x=30$, $x=6$
$5x+6=2x-3$에서
$3x=-9$, $x=-3$
따라서 $a=6$, $b=-3$이므로 $a+b=3$

15 일차방정식에 괄호가 있으면 일단 괄호부터 풀어

A 88쪽

01 $x=5$	02 $x=1$	03 $x=2$
04 $x=-7$	05 $x=\frac{5}{2}$	06 $x=2$
07 $x=0$	08 $x=\frac{1}{2}$	

01 $3(x-2)=x+4$ (괄호를 푼다.)
$3x-\boxed{6}=x+4$ ($\boxed{-6}$, x를 이항하여 정리한다.)
$\boxed{2}x=\boxed{10}$ (양변을 $\boxed{2}$로 나눈다.)
$x=\boxed{5}$

02 $x-7=-2(x+2)$ (괄호를 푼다.)
$x-7=-2x-\boxed{4}$ (-7, $\boxed{-2x}$를 이항하여 정리한다.)
$\boxed{3}x=\boxed{3}$ (양변을 $\boxed{3}$으로 나눈다.)
$x=\boxed{1}$

03 $2(x-1)=x$에서 $2x-2=x$
따라서 $x=2$

04 $-(x+3)=4$에서 $-x-3=4$, $-x=7$
따라서 $x=-7$

05 $9=2(x+2)$에서 $9=2x+4$, $-2x=-5$
따라서 $x=\frac{5}{2}$

06 $5x=2(7-x)$에서 $5x=14-2x$, $7x=14$
따라서 $x=2$

07 $3(x+1)=2x+3$에서 $3x+3=2x+3$
따라서 $x=0$

08 $2x+9=-4(x-3)$에서 $2x+9=-4x+12$, $6x=3$
따라서 $x=\frac{1}{2}$

B 89쪽

01 $x=1$	02 $x=2$	03 $x=18$
04 $x=-2$	05 $x=-\frac{3}{2}$	06 $x=-1$
07 $x=0$	08 $x=-2$	09 $x=-1$
10 $x=7$	11 $x=-4$	12 $x=1$

01 $2(x-2)=x-3$에서 $2x-4=x-3$
따라서 $x=1$

02 $1-2x=-3(x-1)$에서 $1-2x=-3x+3$
따라서 $x=2$

03 $3x-2=4(x-5)$에서 $3x-2=4x-20$, $-x=-18$
따라서 $x=18$

04 $x-6=2(3x+2)$에서 $x-6=6x+4$, $-5x=10$
따라서 $x=-2$

05 $4(1-2x)=7-6x$에서 $4-8x=7-6x$, $-2x=3$
따라서 $x=-\frac{3}{2}$

06 $4x+1=-3(4x+5)$에서 $4x+1=-12x-15$, $16x=-16$
따라서 $x=-1$

07 $4(x-3)=3(x-4)$에서 $4x-12=3x-12$
따라서 $x=0$

08 $2(5x+8)=-(x+6)$에서 $10x+16=-x-6$, $11x=-22$
따라서 $x=-2$

09 $-2(x-1)=4(x+2)$에서 $-2x+2=4x+8$
$-6x=6$
따라서 $x=-1$

10 $6x-(x+2)=3(x+4)$에서 $6x-x-2=3x+12$
$5x-2=3x+12$, $2x=14$
따라서 $x=7$

11 $-(2x+7)=5(x+4)+1$에서 $-2x-7=5x+20+1$
$-2x-7=5x+21$, $-7x=28$
따라서 $x=-4$

12 $2(3x-4)=x-3(2x-1)$에서 $6x-8=x-6x+3$
$6x-8=-5x+3$, $11x=11$
따라서 $x=1$

C 90쪽

01 9	02 3	3 2	04 12
05 7	06 0	07 3	

01 $(x-3):x=2:3$
$3(x-3)=\boxed{2x}$ (방정식으로 바꾼다.)
$3x-9=\boxed{2x}$ (괄호를 푼다.)
$x=\boxed{9}$ (-9, $\boxed{2x}$를 이항하여 정리한다.)

02 $(x+1):1=(3x-1):2$
$\boxed{2}(x+1)=3x-1$ (방정식으로 바꾼다.)
$\boxed{2}x+\boxed{2}=3x-1$ (괄호를 푼다.)
$-x=\boxed{-3}$ ($\boxed{2}$, $3x$를 이항하여 정리한다.)
$x=\boxed{3}$ (양변을 -1로 나눈다.)

03 $x:(x+2)=1:2$에서 $2x=x+2$
따라서 $x=2$

04 $(x-3):3=x:4$에서 $4(x-3)=3x$, $4x-12=3x$
따라서 $x=12$

05 $(x-1):2=(2x-5):3$에서 $3(x-1)=2(2x-5)$
$3x-3=4x-10$, $-x=-7$
따라서 $x=7$

06 $1:4=(x+2):(8-5x)$에서 $8-5x=4(x+2)$
$8-5x=4x+8$, $-9x=0$
따라서 $x=0$

07 $(3x-5):(13-x)=2:5$에서 $5(3x-5)=2(13-x)$
$15x-25=26-2x$, $17x=51$
따라서 $x=3$

시험에는 이렇게 나온다 91쪽

01 ③	02 ④	03 ②	04 3

01 $3(x-1)=x-2$에서 $3x-3=x-2$, $2x=1$
따라서 $x=\frac{1}{2}$

02 $2(x-2)=-3x+1$에서 $2x-4=-3x+1$, $5x=5$, $x=1$
① $5x+6=-x$에서 $6x=-6$, $x=-1$

② $4x-1=2x-3$에서 $2x=-2$, $x=-1$

③ $3(x+2)=-1$에서 $3x+6=-1$, $3x=-7$

$x=-\frac{7}{3}$

④ $5x-13=2(x-5)$에서 $5x-13=2x-10$

$3x=3$, $x=1$

⑤ $-3(1-x)=4x+1$에서 $-3+3x=4x+1$

$-x=4$, $x=-4$

따라서 방정식 $2(x-2)=-3x+1$과 해가 같은 것은 ④이다.

03 $-(x-4)=3x+8$에서

$-x+4=3x+8$, $-4x=4$, $x=-1$

$3(x-4)=5(2x-1)-14$에서

$3x-12=10x-5-14$, $3x-12=10x-19$

$-7x=-7$, $x=1$

따라서 $a=-1$, $b=1$이므로 $a-b=-1-1=-2$

04 $(3x-7):2=(6-x):3$에서 $3(3x-7)=2(6-x)$

$9x-21=12-2x$, $11x=33$

따라서 $x=3$

16 계수가 소수 또는 분수이면 계수를 정수로 고쳐

A 93쪽

01 $x=-1$	02 $x=4$	03 $x=12$
04 $x=3$	05 $x=7$	06 $x=-3$
07 $x=-3$	08 $x=9$	09 $x=3$

01 $0.5x+0.3=0.2x$
) 양변에 10을 곱한다.
$5x+\boxed{3}=2x$
) $\boxed{3}$, $2x$를 이항하여 정리한다.
$\boxed{3}x=\boxed{-3}$
) 양변을 $\boxed{3}$으로 나눈다.
$x=\boxed{-1}$

02 $0.1x=2-0.4x$
) 양변에 $\boxed{10}$을 곱한다.
$x=\boxed{20}-4x$
) $\boxed{-4x}$를 이항하여 정리한다.
$\boxed{5}x=\boxed{20}$
) 양변을 $\boxed{5}$로 나눈다.
$x=\boxed{4}$

03 $0.01x=0.03x-0.24$
) 양변에 100을 곱한다.
$x=\boxed{3x}-24$
) $\boxed{3x}$를 이항하여 정리한다.
$\boxed{-2}x=-24$
) 양변을 $\boxed{-2}$로 나눈다.
$x=\boxed{12}$

04 $0.3x=2.4-0.5x$의 양변에 10을 곱하면

$3x=24-5x$, $8x=24$

따라서 $x=3$

05 $0.2x-1.5=0.6-0.1x$의 양변에 10을 곱하면

$2x-15=6-x$, $3x=21$

따라서 $x=7$

06 $1-0.2x=0.4x+2.8$의 양변에 10을 곱하면

$10-2x=4x+28$, $-6x=18$

따라서 $x=-3$

07 $0.04x+0.13=0.08x+0.25$의 양변에 100을 곱하면

$4x+13=8x+25$, $-4x=12$

따라서 $x=-3$

08 $0.07x-0.2=0.04x+0.07$의 양변에 100을 곱하면

$7x-20=4x+7$, $3x=27$

따라서 $x=9$

09 $0.2x-1.4=0.4(x-5)$의 양변에 10을 곱하면

$2x-14=4(x-5)$, $2x-14=4x-20$, $-2x=-6$

따라서 $x=3$

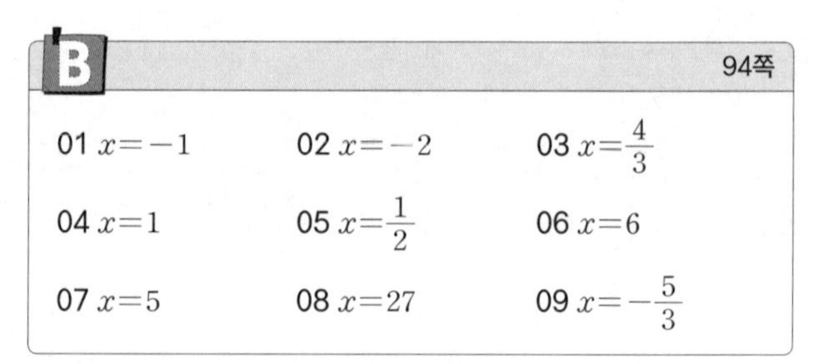

B 94쪽

01 $x=-1$	02 $x=-2$	03 $x=\frac{4}{3}$
04 $x=1$	05 $x=\frac{1}{2}$	06 $x=6$
07 $x=5$	08 $x=27$	09 $x=-\frac{5}{3}$

01 $\frac{3}{5}x=\frac{2}{5}x-\frac{1}{5}$
) 양변에 분모인 5를 곱한다.
$3x=\boxed{2}x-1$
) $\boxed{2x}$를 이항하여 정리한다.
$x=\boxed{-1}$

02 $\frac{1}{4}x+2=\frac{3}{2}$
) 양변에 분모의 최소공배수인 $\boxed{4}$를 곱한다.
$x+\boxed{8}=6$
) $\boxed{8}$을 이항하여 정리한다.
$x=\boxed{-2}$

03 $\frac{1}{2}x-\frac{1}{10}=\frac{1}{5}x+\frac{3}{10}$
) 양변에 분모의 최소공배수인 $\boxed{10}$을 곱한다.
$\boxed{5}x-1=2x+\boxed{3}$
) -1, $2x$를 이항하여 정리한다.
$\boxed{3}x=4$
) 양변을 $\boxed{3}$으로 나눈다.
$x=\boxed{\frac{4}{3}}$

04 $\frac{3}{4}x+\frac{1}{8}=\frac{7}{8}$의 양변에 8을 곱하면

$6x+1=7$, $6x=6$

따라서 $x=1$

05 $\frac{1}{3}x+\frac{5}{6}=1$의 양변에 6을 곱하면

$2x+5=6$, $2x=1$

따라서 $x=\frac{1}{2}$

06 $\frac{2}{3}x-1=\frac{1}{2}x$의 양변에 6을 곱하면

$4x-6=3x$

따라서 $x=6$

07 $\frac{1}{5}x=\frac{4}{15}x-\frac{1}{3}$의 양변에 15를 곱하면

$3x=4x-5$, $-x=-5$

따라서 $x=5$

08 $\frac{1}{3}x-2=\frac{1}{6}x+\frac{5}{2}$의 양변에 6을 곱하면

$2x-12=x+15$

따라서 $x=27$

09 $\frac{5}{6}x+\frac{1}{12}=\frac{1}{3}x-\frac{3}{4}$의 양변에 12를 곱하면

$10x+1=4x-9$, $6x=-10$

따라서 $x=-\frac{5}{3}$

C 95쪽

01 $x=-2$ 02 $x=-5$ 03 $x=2$
04 $x=6$ 05 $x=-2$ 06 $x=1$
07 $x=10$ 08 $x=-21$

01 $\frac{x-2}{4}=\frac{2x+1}{3}$
) 양변에 분모의 최소공배수인 12를 곱한다.
$3(x-2)=\boxed{4}(2x+1)$
) 괄호를 푼다.
$3x-6=\boxed{8}x+\boxed{4}$
) -6, $\boxed{8x}$를 이항하여 정리한다.
$\boxed{-5}x=\boxed{10}$
) 양변을 $\boxed{-5}$로 나눈다.
$x=\boxed{-2}$

02 $\frac{x+5}{2}-\frac{x}{5}=1$
) 양변에 분모의 최소공배수인 $\boxed{10}$을 곱한다.
$5(x+5)-\boxed{2x}=10$
) 괄호를 푼다.
$5x+25-\boxed{2x}=10$
$\boxed{3}x+25=10$
) 25를 이항하여 정리한다.
$\boxed{3}x=\boxed{-15}$
) 양변을 $\boxed{3}$으로 나눈다.
$x=\boxed{-5}$

03 $\frac{x}{3}=\frac{x+2}{6}$의 양변에 6을 곱하면 $2x=x+2$

따라서 $x=2$

04 $\frac{x+2}{4}=\frac{3x-2}{8}$의 양변에 8을 곱하면

$2(x+2)=3x-2$, $2x+4=3x-2$, $-x=-6$

따라서 $x=6$

05 $\frac{x-1}{3}=\frac{x-3}{5}$의 양변에 15를 곱하면

$5(x-1)=3(x-3)$, $5x-5=3x-9$, $2x=-4$

따라서 $x=-2$

06 $\frac{x+3}{4}=\frac{11-5x}{6}$의 양변에 12를 곱하면

$3(x+3)=2(11-5x)$, $3x+9=22-10x$, $13x=13$

따라서 $x=1$

07 $\frac{x}{2}-\frac{x+6}{8}=3$의 양변에 8을 곱하면

$4x-(x+6)=24$, $4x-x-6=24$

$3x-6=24$, $3x=30$

따라서 $x=10$

08 $\frac{x+4}{7}-2=\frac{3x+1}{14}$의 양변에 14를 곱하면

$2(x+4)-28=3x+1$, $2x+8-28=3x+1$

$2x-20=3x+1$, $-x=21$

따라서 $x=-21$

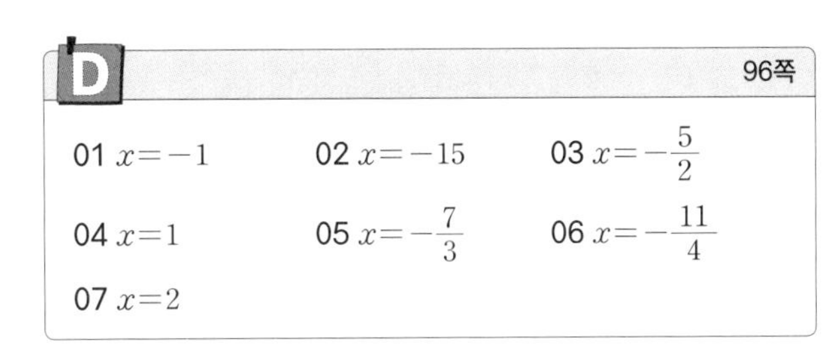

D 96쪽

01 $x=-1$ 02 $x=-15$ 03 $x=-\frac{5}{2}$
04 $x=1$ 05 $x=-\frac{7}{3}$ 06 $x=-\frac{11}{4}$
07 $x=2$

01 $\frac{1}{5}x-0.3=0.5x$
) 소수를 분수로 바꾼다.
$\frac{1}{5}x-\frac{3}{10}=\frac{5}{10}x$
) 양변에 분모의 최소공배수인 10을 곱한다.
$2x-3=5x$
) -3, $\boxed{5x}$를 이항하여 정리한다.
$\boxed{-3}x=3$
) 양변을 $\boxed{-3}$으로 나눈다.
$x=\boxed{-1}$

02 $0.3x-1=\frac{1}{2}x+2$
) 소수를 분수로 바꾼다.
$\boxed{\frac{3}{10}}x-1=\frac{1}{2}x+2$
) 양변에 분모의 최소공배수인 $\boxed{10}$을 곱한다.
$\boxed{3}x-10=5x+20$
) -10, $\boxed{5x}$를 이항하여 정리한다.
$\boxed{-2}x=30$
) 양변을 $\boxed{-2}$로 나눈다.
$x=\boxed{-15}$

03 $0.2x-\frac{1}{2}=-1$에서 $\frac{2}{10}x-\frac{1}{2}=-1$

$\frac{2}{10}x-\frac{1}{2}=-1$의 양변에 10을 곱하면

$2x-5=-10$, $2x=-5$

따라서 $x=-\frac{5}{2}$

04 $0.6x-\frac{4}{15}=\frac{1}{3}x$에서 $\frac{6}{10}x-\frac{4}{15}=\frac{1}{3}x$

$\frac{6}{10}x-\frac{4}{15}=\frac{1}{3}x$의 양변에 30을 곱하면

$18x-8=10x$, $8x=8$

따라서 $x=1$

05 $\frac{8}{5}x+0.9=0.7x-\frac{6}{5}$에서 $\frac{8}{5}x+\frac{9}{10}=\frac{7}{10}x-\frac{6}{5}$

$\frac{8}{5}x+\frac{9}{10}=\frac{7}{10}x-\frac{6}{5}$의 양변에 10을 곱하면

$16x+9=7x-12$, $9x=-21$

따라서 $x=-\frac{7}{3}$

06 $0.4(x-1)=-\frac{3}{2}$에서 $\frac{4}{10}(x-1)=-\frac{3}{2}$

$\frac{4}{10}(x-1)=-\frac{3}{2}$의 양변에 10을 곱하면

$4(x-1)=-15$, $4x-4=-15$, $4x=-11$

따라서 $x=-\frac{11}{4}$

07 $\frac{2x-1}{3}=-0.2x+1.4$에서 $\frac{2x-1}{3}=-\frac{2}{10}x+\frac{14}{10}$

$\frac{2x-1}{3}=-\frac{2}{10}x+\frac{14}{10}$의 양변에 30을 곱하면

$10(2x-1)=-6x+42$, $20x-10=-6x+42$, $26x=52$

따라서 $x=2$

시험에는 이렇게 나온다 97쪽

01 ③	02 ④	03 ②	04 $x=3$

01 $0.4x+2.1=0.2x-0.3$의 양변에 10을 곱하면

$4x+21=2x-3$, $2x=-24$

따라서 $x=-12$

02 ① $0.4x-1.8=-0.2x$의 양변에 10을 곱하면

$4x-18=-2x$, $6x=18$

따라서 $x=3$

② $0.2(x+4)=0.1x+1.5$의 양변에 10을 곱하면

$2(x+4)=x+15$, $2x+8=x+15$

따라서 $x=7$

③ $\frac{1}{4}x+3=\frac{2}{3}x+\frac{1}{2}$의 양변에 12를 곱하면

$3x+36=8x+6$, $-5x=-30$

따라서 $x=6$

④ $\frac{x+4}{5}=\frac{x-2}{4}$의 양변에 20을 곱하면

$4(x+4)=5(x-2)$, $4x+16=5x-10$, $-x=-26$

따라서 $x=26$

⑤ $\frac{3}{4}x-\frac{x-5}{2}=6$의 양변에 4를 곱하면

$3x-2(x-5)=24$, $3x-2x+10=24$, $x+10=24$

따라서 $x=14$

이상에서 해가 가장 큰 방정식은 ④이다.

03 $\frac{x+5}{6}-\frac{2x-11}{3}=1$의 양변에 6을 곱하면

$(x+5)-2(2x-11)=6$, $x+5-4x+22=6$

$-3x+27=6$, $-3x=-21$

따라서 $x=7$

04 $0.3x-\frac{1}{5}=\frac{1}{2}x-0.8$에서 $\frac{3}{10}x-\frac{1}{5}=\frac{1}{2}x-\frac{8}{10}$

$\frac{3}{10}x-\frac{1}{5}=\frac{1}{2}x-\frac{8}{10}$의 양변에 10을 곱하면

$3x-2=5x-8$, $-2x=-6$

따라서 $x=3$

17 주어진 해를 대입해서 상수 a의 값을 구해

A 99쪽

01 -1	02 5	03 9	04 5
05 2	06 2	07 5	08 -1
09 0	10 12		

01 $x+1=a$에 $x=-2$를 대입하면 $-2+1=a$, $a=-1$

02 $ax+3=8$에 $x=1$을 대입하면 $a+3=8$, $a=5$

03 $7x+a=-4x-13$에 $x=-2$를 대입하면

$-14+a=8-13$, $-14+a=-5$, $a=9$

04 $ax+1=-2x+15$에 $x=2$를 대입하면

$2a+1=-4+15$, $2a+1=11$, $2a=10$, $a=5$

05 $4x-7=ax+5$에 $x=6$을 대입하면

$24-7=6a+5$, $17=6a+5$, $-6a=-12$, $a=2$

06 $a(x+2)=6$에 $x=1$을 대입하면

$3a=6$, $a=2$

07 $4(x-3)=a(x-2)$에 $x=-2$를 대입하면
$-20=-4a$, $4a=20$, $a=5$

08 $2(4x+a)=5x+7$에 $x=3$을 대입하면
$2(12+a)=15+7$, $24+2a=22$, $2a=-2$, $a=-1$

09 $0.4x-0.6=0.2x+a$에 $x=3$을 대입하면
$1.2-0.6=0.6+a$, $0.6=0.6+a$, $a=0$

10 $\frac{x+a}{4}-\frac{x}{2}=2$에 $x=4$를 대입하면
$\frac{4+a}{4}-2=2$, $\frac{4+a}{4}=4$, $4+a=16$, $a=12$

B 100쪽

01 3	02 0	03 1	04 -2
05 4	06 -10	07 10	08 8
09 1	10 2		

01 $2x-3=1$에서 $2x=4$, $x=2$
$-x+5=a$에 $x=2$를 대입하면 $-2+5=a$, $a=3$

02 $-3x+8=5x$에서 $-8x=-8$, $x=1$
$-x+3=2x+a$에 $x=1$을 대입하면 $2=2+a$, $a=0$

03 $2x+7=4x-3$에서 $-2x=-10$, $x=5$
$ax+5=2x$에 $x=5$를 대입하면
$5a+5=10$, $5a=5$, $a=1$

04 $2x+9=-4x-9$에서 $6x=-18$, $x=-3$
$3-ax=x$에 $x=-3$을 대입하면
$3+3a=-3$, $3a=-6$, $a=-2$

05 $x-6=-2x-9$에서 $3x=-3$, $x=-1$
$3x+a=2x+3$에 $x=-1$을 대입하면 $-3+a=1$, $a=4$

06 $3x=2(x-1)$에서 $3x=2x-2$, $x=-2$
$a-9x=4-2x$에 $x=-2$를 대입하면
$a+18=8$, $a=-10$

07 $3-2(x+5)=-9$에서 $3-2x-10=-9$, $-2x-7=-9$
$-2x=-2$, $x=1$
$x+3=ax-6$에 $x=1$을 대입하면 $4=a-6$, $a=10$

08 $0.1x+0.3=x-0.6$의 양변에 10을 곱하면
$x+3=10x-6$, $-9x=-9$, $x=1$
$7+a(x-2)=-1$에 $x=1$을 대입하면
$7-a=-1$, $-a=-8$, $a=8$

09 $0.4x-1=-1.8$의 양변에 10을 곱하면
$4x-10=-18$, $4x=-8$, $x=-2$
$ax+\frac{1}{4}=\frac{1}{2}x-\frac{3}{4}$에 $x=-2$를 대입하면
$-2a+\frac{1}{4}=-1-\frac{3}{4}$, $-2a+\frac{1}{4}=-\frac{7}{4}$
$-2a=-\frac{7}{4}-\frac{1}{4}$, $-2a=-2$, $a=1$

10 $\frac{1}{3}x-1=\frac{1}{4}x-\frac{5}{6}$의 양변에 12를 곱하면
$4x-12=3x-10$, $x=2$
$\frac{x+a}{2}=\frac{10-x}{4}$에 $x=2$를 대입하면
$\frac{2+a}{2}=2$, $2+a=4$, $a=2$

시험에는 이렇게 나온다 101쪽

01 ⑤	02 ③	03 ②	04 ④

01 $2x+a=16-x$에 $x=7$을 대입하면
$14+a=9$, $a=-5$

02 $3(x-4)=5x+a$에 $x=-5$를 대입하면
$-27=-25+a$, $a=-2$

03 $3x-4=4x-1$에서 $-x=3$, $x=-3$
$ax+5=8-x$에 $x=-3$을 대입하면
$-3a+5=11$, $-3a=6$, $a=-2$

04 $0.3x+0.6=0.1x$의 양변에 10을 곱하면
$3x+6=x$, $2x=-6$, $x=-3$
$4x+9=-3(x+a)$에 $x=-3$을 대입하면
$-3=-3(-3+a)$, $-3=9-3a$, $3a=12$, $a=4$

18 어떤 수, 연속하는 수, 자릿수에 대한 일차방정식의 활용

A 105쪽

01 2	02 3	03 1	04 -1
05 2	06 3		

01 어떤 수를 x라 하면 어떤 수의 3배는 $3x$, 어떤 수보다 4만큼 큰 수는 $\boxed{x+4}$이므로

$3x=\boxed{x+4}$ …… ㉠

㉠에서 $\boxed{2}x=\boxed{4}$, $x=\boxed{2}$

따라서 어떤 수는 $\boxed{2}$이다.

$\boxed{2}$의 3배는 6, $\boxed{2}$보다 4만큼 큰 수는 6이므로 문제의 뜻에 맞는다.

02 어떤 수를 x라 하면 어떤 수에 1을 더한 수의 2배는 $2(x+\boxed{1})$, 어떤 수보다 5만큼 큰 수는 $\boxed{x+5}$이므로

$2(x+\boxed{1})=\boxed{x+5}$ …… ㉠

㉠에서 $2x+\boxed{2}=\boxed{x+5}$, $x=\boxed{3}$

따라서 어떤 수는 $\boxed{3}$이다.

$\boxed{3}$에 1을 더한 수의 2배는 8, $\boxed{3}$보다 5만큼 큰 수는 8이므로 문제의 뜻에 맞는다.

03 어떤 수를 x라 하면 어떤 수의 3배에서 2를 뺀 수는 $3x-2$이므로

$3x-2=x$, $2x=2$, $x=1$

따라서 어떤 수는 1이다.

1의 3배에서 2를 뺀 수는 1이므로 문제의 뜻에 맞는다.

04 어떤 수를 x라 하면 어떤 수에서 1을 뺀 수는 $x-1$, 어떤 수의 2배는 $2x$이므로

$x-1=2x$, $-x=1$, $x=-1$

따라서 어떤 수는 -1이다.

-1에서 1을 뺀 수는 -2, -1의 2배는 -2이므로 문제의 뜻에 맞는다.

05 어떤 수를 x라 하면 어떤 수에 2를 더한 수의 3배는 $3(x+2)$, 어떤 수보다 10만큼 큰 수는 $x+10$이므로

$3(x+2)=x+10$, $3x+6=x+10$, $2x=4$, $x=2$

따라서 어떤 수는 2이다.

2에 2를 더한 수의 3배는 12, 2보다 10만큼 큰 수는 12이므로 문제의 뜻에 맞는다.

06 어떤 수를 x라 하면 어떤 수에서 1을 뺀 수의 3배는 $3(x-1)$, 어떤 수의 2배는 $2x$이므로

$3(x-1)=2x$, $3x-3=2x$, $x=3$

따라서 어떤 수는 3이다.

3에서 1을 뺀 수의 3배는 6, 3의 2배는 6이므로 문제의 뜻에 맞는다.

B 106쪽

01 3, 4, 5	02 3, 5, 7	03 6, 7
04 9, 10, 11	05 6, 8, 10	06 4

01 연속하는 세 자연수를 $x-1$, x, $x+\boxed{1}$이라 하면

$(x-1)+x+(x+\boxed{1})=12$ …… ㉠

㉠에서 $\boxed{3}x=12$, $x=4$

따라서 연속하는 세 자연수는 $\boxed{3}$, 4, $\boxed{5}$이다.

$\boxed{3}$, 4, $\boxed{5}$의 합은 12이므로 문제의 뜻에 맞는다.

02 연속하는 세 홀수를 $x-2$, x, $x+\boxed{2}$라 하면

$(x-2)+x+(x+\boxed{2})=15$ …… ㉠

㉠에서 $\boxed{3}x=15$, $x=5$

따라서 연속하는 세 홀수는 $\boxed{3}$, 5, $\boxed{7}$이다.

$\boxed{3}$, 5, $\boxed{7}$의 합은 15이므로 문제의 뜻에 맞는다.

03 연속하는 두 자연수를 x, $x+1$이라 하면

$x+(x+1)=13$, $2x=12$, $x=6$

따라서 연속하는 두 자연수는 6, 7이다.

6, 7의 합은 13이므로 문제의 뜻에 맞는다.

04 연속하는 세 자연수를 $x-1$, x, $x+1$이라 하면

$(x-1)+x+(x+1)=30$, $3x=30$, $x=10$

따라서 연속하는 세 자연수는 9, 10, 11이다.

9, 10, 11의 합은 30이므로 문제의 뜻에 맞는다.

05 연속하는 세 짝수를 $x-2$, x, $x+2$라 하면

$(x-2)+x+(x+2)=24$, $3x=24$, $x=8$

따라서 연속하는 세 짝수는 6, 8, 10이다.

6, 8, 10의 합은 24이므로 문제의 뜻에 맞는다.

06 연속하는 세 자연수를 x, $x+1$, $x+2$라 하면

$3x=(x+1)+(x+2)+1$, $3x=2x+4$, $x=4$

따라서 연속하는 세 자연수는 4, 5, 6이므로 가장 작은 수는 4이다.

4의 3배는 12, 5와 6의 합보다 1만큼 큰 수는 12이므로 문제의 뜻에 맞는다.

C 107쪽

01 18	02 24	03 37	04 25
05 45	06 39		

01 십의 자리의 숫자를 x라 하면 두 자리 자연수는 $10x+$ 8 , 각 자리의 숫자의 합의 2배는 $2(x+$ 8 $)$이므로

$10x+$ 8 $=2(x+$ 8 $)$ …… ㉠

㉠에서 $10x+$ 8 $=2x+$ 16

8 $x=8$, $x=$ 1

따라서 두 자리 자연수는 18 이다.

18 은 1과 8의 합의 2배와 같으므로 문제의 뜻에 맞는다.

02 십의 자리의 숫자를 x라 하면 두 자리 자연수는 $10x+4$, 각 자리의 숫자의 합의 4배는 $4(x+4)$이므로

$10x+4=4(x+4)$, $10x+4=4x+16$

$6x=12$, $x=2$

따라서 두 자리 자연수는 24이다.

24는 2와 4의 합의 4배와 같으므로 문제의 뜻에 맞는다.

03 일의 자리의 숫자를 x라 하면 두 자리 자연수는 $30+x$이고, 각 자리의 숫자의 합의 4배보다 3만큼 작은 수는 $4(3+x)-3$이므로

$30+x=4(3+x)-3$, $30+x=12+4x-3$

$30+x=4x+9$, $-3x=-21$, $x=7$

따라서 두 자리 자연수는 37이다.

37은 3과 7의 합의 4배보다 3만큼 작으므로 문제의 뜻에 맞는다.

04 처음 수의 일의 자리의 숫자를 x라 하면 처음 수는 $20+x$, 십의 자리의 숫자와 일의 자리의 숫자를 바꾼 수는 10 $x+2$이므로

10 $x+2=20+x+27$ …… ㉠

㉠에서 10 $x+2=x+47$

9 $x=45$, $x=$ 5

따라서 처음 수는 25 이다.

자리를 바꾼 수 52 는 처음 수 25 보다 27만큼 크므로 문제의 뜻에 맞는다.

05 처음 수의 일의 자리의 숫자를 x라 하면 처음 수는 $40+x$, 십의 자리의 숫자와 일의 자리의 숫자를 바꾼 수는 $10x+4$이므로

$10x+4=40+x+9$, $10x+4=x+49$

$9x=45$, $x=5$

따라서 처음 수는 45이다.

54는 45보다 9만큼 크므로 문제의 뜻에 맞는다.

06 처음 수의 십의 자리의 숫자를 x라 하면 처음 수는 $10x+9$, 십의 자리의 숫자와 일의 자리의 숫자를 바꾼 수는 $90+x$이므로

$90+x=2(10x+9)+15$, $90+x=20x+18+15$

$90+x=20x+33$, $-19x=-57$, $x=3$

따라서 처음 수는 39이다.

93은 39의 2배보다 15만큼 크므로 문제의 뜻에 맞는다.

시험에는 이렇게 나온다 108쪽

01 ⑤	02 ③	03 12	04 ②
05 72			

01 어떤 수를 x라 하면

$2x+7=3x-2$, $-x=-9$, $x=9$

따라서 어떤 수는 9이다.

02 어떤 수를 x라 하면

$3(x+5)=4x$, $3x+15=4x$, $-x=-15$, $x=15$

따라서 어떤 수는 15이다.

03 연속하는 세 자연수를 $x-1$, x, $x+1$이라 하면

$(x-1)+x+(x+1)=33$, $3x=33$, $x=11$

따라서 연속하는 세 자연수는 10, 11, 12이므로 가장 큰 수는 12이다.

04 연속하는 세 짝수를 $x-2$, x, $x+2$라 하면

$3(x+2)=2\{(x-2)+x\}-10$, $3x+6=2(2x-2)-10$

$3x+6=4x-4-10$, $3x+6=4x-14$

$-x=-20$, $x=20$

따라서 연속하는 세 짝수는 18, 20, 22이므로 가장 작은 수는 18이다.

05 처음 수의 일의 자리의 숫자를 x라 하면 처음 수는 $70+x$, 십의 자리의 숫자와 일의 자리의 숫자를 바꾼 수는 $10x+7$이므로

$10x+7=70+x-45$, $10x+7=x+25$

$9x=18$, $x=2$

따라서 처음 수는 72이다.

19 나이, 예금에 대한 일차방정식의 활용

A 110쪽

01 2년	02 1년	03 5년	04 30년
05 14년	06 16세		

01 x년 후에 누나의 나이가 찬우의 나이의 2배가 된다고 하면

	올해 나이(세)	x년 후 나이(세)
찬우	7	$7+x$
누나	16	$16+x$

→ $16+x=2\times(7+x)$ ...... ㉠

㉠에서 $16+x=14+2x$, $x=2$

따라서 누나의 나이가 찬우의 나이의 2배가 되는 것은 2년 후이다.

2년 후의 찬우의 나이는 9세, 누나의 나이는 18세로 누나의 나이가 찬우의 나이의 2배가 되므로 문제의 뜻에 맞는다.

02 x년 후에 어머니의 나이가 서연이의 나이의 3배가 된다고 하면

	올해 나이(세)	x년 후 나이(세)
서연	15	$15+x$
어머니	47	$47+x$

→ $47+x=3(15+x)$

$47+x=45+3x$, $-2x=-2$, $x=1$

따라서 1년 후에 어머니의 나이가 서연이의 나이의 3배가 된다.

1년 후 서연이의 나이는 16세, 어머니의 나이는 48세로 어머니의 나이가 서연이의 나이의 3배가 되므로 문제의 뜻에 맞는다.

03 x년 후에 삼촌의 나이가 다영이의 나이의 2배가 된다고 하면

	올해 나이(세)	x년 후 나이(세)
다영	7	$7+x$
삼촌	19	$19+x$

→ $19+x=2(7+x)$

$19+x=14+2x$, $-x=-5$, $x=5$

따라서 5년 후에 삼촌의 나이가 다영이의 나이의 2배가 된다.

5년 후 다영이의 나이는 12세, 삼촌의 나이는 24세로 삼촌의 나이가 다영이의 나이의 2배가 되므로 문제의 뜻에 맞는다.

04 x년 전에 어머니의 나이가 이모의 나이의 2배였다고 하면

	올해 나이(세)	x년 전 나이(세)
이모	38	$38-x$
어머니	46	$46-x$

→ $46-x=2(38-x)$

$46-x=76-2x$, $x=30$

따라서 30년 전에 어머니의 나이가 이모의 나이의 2배였다.

30년 전 이모의 나이는 8세, 어머니의 나이는 16세로 어머니의 나이가 이모의 나이의 2배였으므로 문제의 뜻에 맞는다.

05 x년 전에 할아버지의 나이가 손자의 나이의 10배였다고 하면

	올해 나이(세)	x년 전 나이(세)
손자	21	$21-x$
할아버지	84	$84-x$

→ $84-x=10(21-x)$

$84-x=210-10x$, $9x=126$, $x=14$

따라서 14년 전에 할아버지의 나이가 손자의 나이의 10배였다.

14년 전 할아버지의 나이는 70세, 손자의 나이는 7세로 할아버지의 나이가 손자의 나이의 10배였으므로 문제의 뜻에 맞는다.

06 올해 도연이의 나이를 x세라 하면 올해 할머니의 나이는 $4x$세이다.

	올해 나이(세)	8년 후 나이(세)
도연	x	$x+8$
할머니	$4x$	$4x+8$

8년 후에 할머니의 나이가 도연이의 나이의 3배가 되므로

$4x+8=3(x+8)$, $4x+8=3x+24$, $x=16$

따라서 올해 도연이의 나이는 16세이다.

올해 도연이의 나이는 16세, 할머니의 나이는 64세이다. 그러므로 8년 후에 도연이의 나이는 24세, 할머니의 나이는 72세로 할머니의 나이가 도연이의 나이의 3배가 되므로 문제의 뜻에 맞는다.

B

111쪽

01 10일 02 5개월 03 20일 04 3일
05 4개월

01 x일 후에 형과 동생의 저금액이 같아진다고 하면

	현재 저금액(원)	x일 후 저금액(원)
형	5000	$5000+300x$
동생	3000	$3000+500x$

→ $5000+300x=3000+500x$ ...... ㉠

㉠에서 $-200x=-2000$, $x=10$

따라서 10일 후에 형과 동생의 저금액이 같아진다.

10일 후의 형의 저금액은 8000원, 동생의 저금액은 8000원이므로 문제의 뜻에 맞는다.

02 x개월 후에 은우와 정우의 예금액이 같아진다고 하면

	현재 예금액(만 원)	x개월 후 예금액(만 원)
은우	10	$10+2x$
정우	15	$15+x$

→ $10+2x=15+x$, $x=5$

따라서 5개월 후에 은우와 정우의 예금액이 같아진다.

5개월 후의 은우의 예금액은 20만 원, 정우의 예금액은 20만 원이므로 문제의 뜻에 맞는다.

03 x일 후에 윤수와 정민이의 지갑에 남아 있는 금액이 같아진다고 하면

	현재 금액(원)	x일 후 금액(원)
윤수	40000	$40000-1500x$
정민	50000	$50000-2000x$

→ $40000-1500x=50000-2000x$

$500x=10000$, $x=20$

따라서 20일 후에 윤수와 정민이의 지갑에 남아 있는 금액이 같아진다.

20일 후에 윤수의 지갑에 남아 있는 금액은 10000원, 정민이의 지갑에 남아 있는 금액은 10000원이므로 문제의 뜻에 맞는다.

04 x일 후에 나영이의 저금액이 유나의 저금액의 2배가 된다고 하면

	현재 저금액(원)	x일 후 저금액(원)
유나	1000	$1000+1000x$
나영	5000	$5000+1000x$

→ $5000+1000x=2(1000+1000x)$

$5000+1000x=2000+2000x$

$-1000x=-3000$, $x=3$

따라서 3일 후에 나영이의 저금액이 유나의 저금액의 2배가 된다.

3일 후의 유나의 저금액은 4000원, 나영이의 저금액은 8000원으로 나영이의 저금액이 유나의 저금액의 2배가 되므로 문제의 뜻에 맞는다.

05 x개월 후에 태희의 예금액이 유림이의 예금액의 2배가 된다고 하면

	현재 예금액(원)	x개월 후 예금액(원)
유림	7000	$7000+3000x$
태희	30000	$30000+2000x$

→ $30000+2000x=2(7000+3000x)$

$30000+2000x=14000+6000x$

$-4000x=-16000$, $x=4$

따라서 4개월 후에 태희의 예금액이 유림이의 예금액의 2배가 된다.

4개월 후의 유림이의 예금액은 19000원, 태희의 예금액은 38000원으로 태희의 예금액이 유림이의 예금액의 2배가 되므로 문제의 뜻에 맞는다.

시험에는 이렇게 나온다 112쪽

01 ② 02 ③ 03 ① 04 ②
05 ④

01 x년 후에 아빠의 나이가 강빈이의 나이의 2배가 된다고 하면

	올해 나이(세)	x년 후 나이(세)
강빈	17	$17+x$
아빠	52	$52+x$

→ $52+x=2(17+x)$

$52+x=34+2x$, $-x=-18$, $x=18$

따라서 18년 후에 아빠의 나이가 강빈이의 나이의 2배가 된다.

02 x년 전에 엄마의 나이가 예림이의 나이의 7배였다고 하면

	올해 나이(세)	x년 전 나이(세)
예림	10	$10-x$
엄마	40	$40-x$

→ $40-x=7(10-x)$

$40-x=70-7x$, $6x=30$, $x=5$

따라서 5년 전에 엄마의 나이가 예림이의 나이의 7배였다.

03 올해 우빈이의 나이를 x세라 하면 올해 고모의 나이는 $(x+24)$세이다.

	올해 나이(세)	2년 후 나이(세)
우빈	x	$x+2$
고모	$x+24$	$x+24+2$

2년 후에 고모의 나이가 우빈이의 나이의 5배가 되므로

$x+24+2=5(x+2)$

$x+26=5x+10$, $-4x=-16$, $x=4$

따라서 올해 우빈이의 나이는 4세이다.

04 x개월 후에 민재와 진욱이의 예금액이 같아진다고 하면

	현재 예금액(원)	x개월 후 예금액(원)
민재	12000	$12000+2000x$
진욱	18000	$18000+1000x$

→ $12000+2000x=18000+1000x$

$1000x=6000$, $x=6$

따라서 6개월 후에 민재와 진욱이의 예금액이 같아진다.

05 x개월 후에 소희의 예금액이 예서의 예금액의 2배가 된다고 하면

	현재 예금액(원)	x개월 후 예금액(원)
예서	20000	$20000+2000x$
소희	20000	$20000+5000x$

→ $20000+5000x=2(20000+2000x)$

$20000+5000x=40000+4000x$

$1000x=20000$, $x=20$

따라서 20개월 후에 소희의 예금액이 예서의 예금액의 2배가 된다.

20 개수 또는 양에 대한 일차방정식의 활용

A 114쪽

01 4개　02 1500원　03 8쪽　04 12세
05 56쪽, 57쪽　06 11개　07 94점

01 아름이가 산 음료수의 개수를 x라 하면
$\boxed{1200}\times x+2500=7300$ …… ㉠
㉠에서 $\boxed{1200}x=\boxed{4800}$, $x=\boxed{4}$
따라서 아름이가 산 음료수는 $\boxed{4}$개이다.

아름이가 음료수와 빵을 사는 데 지불한 돈은 총
$1200\times\boxed{4}+2500=7300$(원)이므로 문제의 뜻에 맞는다.

02 재욱이가 산 공책 한 권의 가격을 x원이라 하면
$10000-x\times5=2500$, $-5x=-7500$, $x=1500$
따라서 재욱이가 산 공책 한 권의 가격은 1500원이다.

거스름돈은 $10000-1500\times5=2500$(원)이므로 문제의 뜻에 맞는다.

03 지윤이가 둘째 날부터 매일 푼 쪽수를 x쪽이라 하면 16쪽을 푼 날은 1일, x쪽을 푼 날은 11일이므로
$16\times1+x\times11=104$, $11x=88$, $x=8$
따라서 지윤이가 둘째 날부터 매일 푼 쪽수는 8쪽이다.

전체 쪽수는 $16\times1+8\times11=104$(쪽)이므로 문제의 뜻에 맞는다.

04 동생의 나이를 x세, 형의 나이를 $(x+3)$세라 하면
$(x+3)+x=27$, $2x=24$, $x=12$
따라서 동생의 나이는 12세이다.

형의 나이는 $12+3=15$(세)이므로 형과 동생의 나이의 합은 $15+12=27$(세)가 되어 문제의 뜻에 맞는다.

05 예림이가 펼친 두 쪽수를 x쪽, $(x+1)$쪽이라 하면
$x+(x+1)=113$, $2x=112$, $x=56$
따라서 예림이가 펼친 두 쪽수는 56쪽, 57쪽이다.

$56+57=113$(쪽)이므로 문제의 뜻에 맞는다.

06 찬희가 동희에게 구슬을 x개 준다고 하면 찬희가 가진 구슬은 $(47-x)$개가 되고, 동희가 가진 구슬은 $(25+x)$개가 된다.
두 사람이 가진 구슬의 개수가 같아져야 하므로
$47-x=25+x$, $-2x=-22$, $x=11$
따라서 찬희가 동희에게 구슬을 11개 주면 된다.

찬희가 동희에게 구슬을 11개 주면 찬희가 가진 구슬은 $47-11=36$(개)가 되고, 동희가 가진 구슬은 $25+11=36$(개)가 되어 문제의 뜻에 맞는다.

07 서영이가 수학 시험에서 x점을 받는다고 하면 세 과목 점수의 평균이 90점이어야 하므로
$\frac{92+84+x}{3}=90$, $\frac{176+x}{3}=90$, $176+x=270$, $x=94$
따라서 서영이는 수학 시험에서 94점을 받아야 한다.

세 과목 점수의 평균은 $\frac{92+84+94}{3}=\frac{270}{3}=90$(점)이므로 문제의 뜻에 맞는다.

B 115쪽

01 5개　02 8마리　03 12개　04 10자루
05 9명　06 15세

01 우리 팀이 넣은 3점짜리 슛의 개수를 x라 하면 2점짜리 슛의 개수는 $\boxed{40}-x$이므로
$2(\boxed{40}-x)+3x=85$ …… ㉠
㉠에서 $\boxed{80}-2x+3x=85$
$\boxed{80}+x=85$, $x=\boxed{5}$
따라서 우리 팀은 3점짜리 슛을 $\boxed{5}$개 넣었다.

우리 팀이 넣은 2점짜리 슛은 $\boxed{35}$개이므로 총 득점은
$2\times\boxed{35}+3\times\boxed{5}=85$(점)이 되어 문제의 뜻에 맞는다.

02 닭의 다리는 2개, 소의 다리는 4개이다.
닭을 x마리라 하면 소는 $(15-x)$마리이므로
$2x+4(15-x)=44$, $2x+60-4x=44$
$-2x=-16$, $x=8$
따라서 닭은 8마리이다.

소는 7마리이므로 닭과 소의 다리 개수는 총
$2\times8+4\times7=44$가 되어 문제의 뜻에 맞는다.

03 사과를 x개 샀다고 하면 배는 $(20-x)$개 샀으므로
$1500x+2000(20-x)=34000$
$1500x+40000-2000x=34000$
$-500x=-6000$, $x=12$
따라서 사과는 12개 샀다.

배는 8개 샀으므로 사과와 배의 총 구입 금액은
$1500\times12+2000\times8=34000$(원)이 되어 문제의 뜻에 맞는다.

04 연필을 x자루 샀다고 하면 볼펜은 $(15-x)$자루 샀으므로

$600x+1200(15-x)=12000$
$600x+18000-1200x=12000$
$-600x=-6000$, $x=10$
따라서 연필은 10자루 샀다.

볼펜은 5자루 샀으므로 연필과 볼펜의 총 구입 금액은
$600\times10+1200\times5=12000$(원)이 되어 문제의 뜻에 맞는다.

05 과학관에 입장한 청소년을 x명이라 하면 입장한 어른은 $(12-x)$명이므로
$3000x+5000(12-x)=42000$
$3000x+60000-5000x=42000$
$-2000x=-18000$, $x=9$
따라서 입장한 청소년은 9명이다.

입장한 어른은 3명이므로 청소년과 어른의 총 입장료는
$3000\times9+5000\times3=42000$(원)이 되어 문제의 뜻에 맞는다.

06 올해 아들의 나이를 x세라 하면 아버지의 나이는 $(70-x)$세이다.

	현재 나이(세)	5년 후 나이(세)
아들	x	$x+5$
아버지	$70-x$	$70-x+5$

5년 후에 아버지의 나이가 아들의 나이의 3배가 되므로
$70-x+5=3(x+5)$, $75-x=3x+15$
$-4x=-60$, $x=15$
따라서 올해 아들의 나이는 15세이다.

올해 아들의 나이는 15세, 아버지의 나이는 55세이다. 5년 후의 아버지의 나이 60세는 아들의 나이 20세의 3배이므로 문제의 뜻에 맞는다.

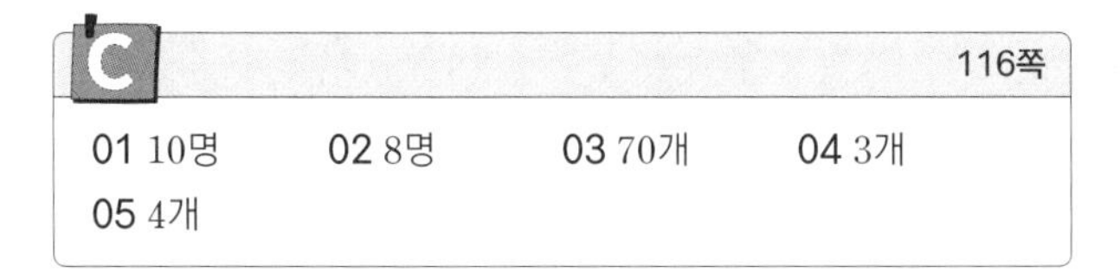
C 116쪽

01 10명　02 8명　03 70개　04 3개　05 4개

01 학생 수를 x명이라 하면 나누어 주는 방법에 관계없이 공책의 수는 일정하므로
$3x+2=4x-\boxed{8}$ ...... ㉠
㉠에서 $-x=\boxed{-10}$, $x=\boxed{10}$
따라서 학생은 $\boxed{10}$명이다.

이때 나누어 주는 공책의 수는
3권씩 나누어 줄 때 $3\times\boxed{10}+2=32$(권),
4권씩 나누어 줄 때 $4\times\boxed{10}-8=32$(권)
이므로 문제의 뜻에 맞는다.

02 학생 수를 x명이라 하면 나누어 주는 방법에 관계없이 연필의 수는 일정하므로
$6x+2=7x-6$, $-x=-8$, $x=8$
따라서 학생은 8명이다.

이때 나누어 주는 연필의 수는
6자루씩 나누어 줄 때 $6\times8+2=50$(자루),
7자루씩 나누어 줄 때 $7\times8-6=50$(자루)
이므로 문제의 뜻에 맞는다.

03 학생 수를 x명이라 하면 나누어 주는 방법에 관계없이 사탕의 개수는 일정하므로
$8x+6=9x-2$, $-x=-8$, $x=8$
따라서 학생은 8명이므로 사탕의 개수는
$8\times8+6=70$(개)

9개씩 나누어 줄 때의 사탕의 개수도 $9\times8-2=70$(개)이므로 문제의 뜻에 맞는다.

04 긴 의자의 개수를 x라 하면
3명씩 앉을 때 학생 수는 $3x+\boxed{1}$(명),
4명씩 앉을 때 학생 수는 $4(x-1)+2$(명)이므로
$3x+\boxed{1}=4(x-1)+2$ ...... ㉠
㉠에서 $3x+\boxed{1}=4x-4+2$
$-x=\boxed{-3}$, $x=\boxed{3}$
따라서 긴 의자는 $\boxed{3}$개이다.

이때 학생 수는
$3\times3+1=10$(명), $4\times2+2=10$(명)

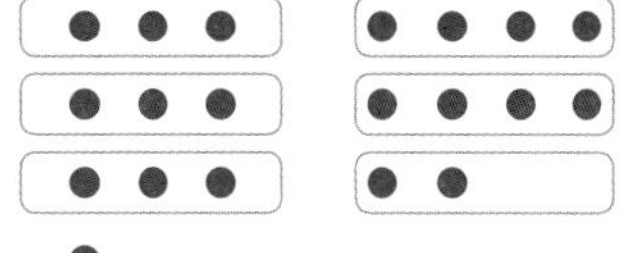

이므로 문제의 뜻에 맞는다.

05 긴 의자의 개수를 x라 하면
4명씩 앉을 때 학생 수는 $4x+2$(명),
5명씩 앉을 때 학생 수는 $5(x-1)+3$(명)이므로
$4x+2=5(x-1)+3$
$4x+2=5x-5+3$
$-x=-4$, $x=4$
따라서 긴 의자는 4개이다.

이때 학생 수는
$4\times4+2=18$(명), $5\times3+3=18$(명)

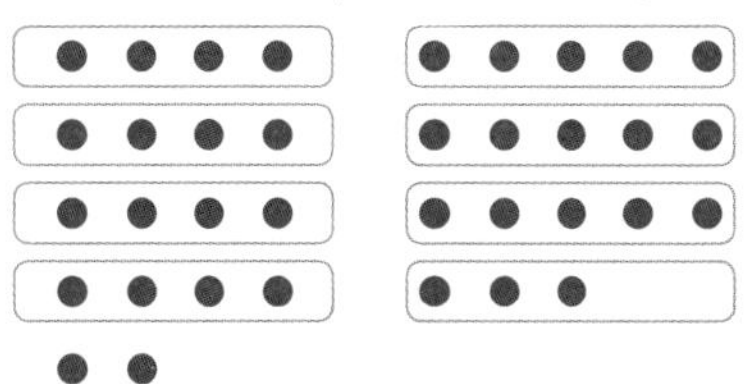

이므로 문제의 뜻에 맞는다.

시험에는 이렇게 나온다 117쪽

01 ④ 02 ⑤ 03 ① 04 ③

01 승훈이가 산 연필의 수를 x자루라 하면
$600\times x+3000=10200$, $600x=7200$, $x=12$
따라서 승훈이가 산 연필은 12자루이다.

02 3점짜리 문제가 x문항 출제된다고 하면 4점짜리 문제는
$30-3-x=27-x$(문항) 출제되므로
$2\times3+3\times x+4\times(27-x)=100$
$6+3x+108-4x=100$
$-x+114=100$, $-x=-14$, $x=14$
따라서 3점짜리 문제는 14문항 출제된다.

03 학생 수를 x명이라 하면 쿠키의 개수는
$4x+14=6x-4$, $-2x=-18$, $x=9$
따라서 학생은 9명이므로 쿠키는 모두
$4\times9+14=50$(개)이다.

04 텐트의 개수를 x라 하면 텐트 1개에
3명씩 들어갈 때 학생 수는 $3x+2$(명),
4명씩 들어갈 때 학생 수는 $4(x-1)+1$(명)이므로
$3x+2=4(x-1)+1$
$3x+2=4x-4+1$
$-x=-5$, $x=5$
따라서 텐트는 5개이다.

21 도형, 일에 대한 일차방정식의 활용

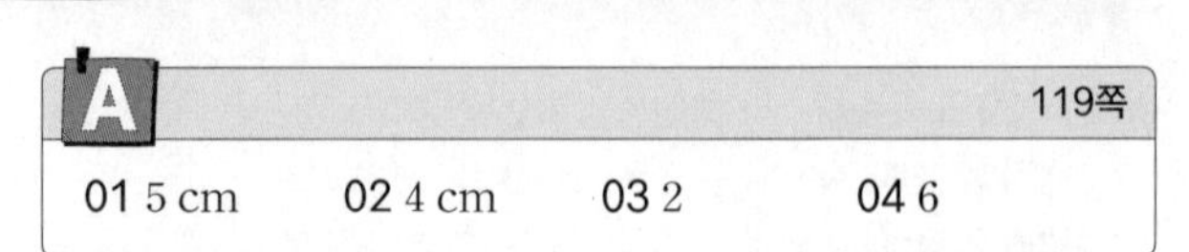

A 119쪽

01 5 cm 02 4 cm 03 2 04 6

01 직사각형의 세로의 길이를 x cm라 하면 가로의 길이는 $(x+\boxed{3})$cm이므로

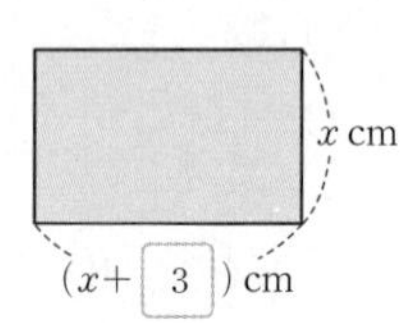

$2\times\{(x+\boxed{3})+x\}=26$ …… ㉠
㉠에서 $2(2x+\boxed{3})=26$
$4x+\boxed{6}=26$
$4x=\boxed{20}$, $x=\boxed{5}$
따라서 직사각형의 세로의 길이는 $\boxed{5}$ cm이다.

직사각형의 세로의 길이는 $\boxed{5}$ cm, 가로의 길이는 8 cm이므로 직사각형의 둘레의 길이는 $2\times(8+5)=26$(cm)로 문제의 뜻에 맞는다.

02 사다리꼴의 윗변의 길이를 x cm라 하면 아랫변의 길이는 $(x+2)$cm이므로

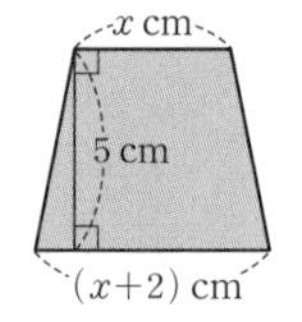

$\frac{1}{2}\times\{x+(x+2)\}\times5=25$
$\frac{1}{2}\times(2x+2)\times5=25$
$(x+1)\times5=25$, $x+1=5$, $x=4$
따라서 사다리꼴의 윗변의 길이는 4 cm이다.

사다리꼴의 아랫변의 길이는 $4+2=6$(cm)이므로 사다리꼴의 넓이는 $\frac{1}{2}\times(4+6)\times5=25(\text{cm}^2)$로 문제의 뜻에 맞는다.

03 가로의 길이가 1 cm, 세로의 길이가 x cm 늘어난 직사각형에서 가로의 길이는 $4+1=5$(cm), 세로의 길이는 $(\boxed{4+x})$cm이므로

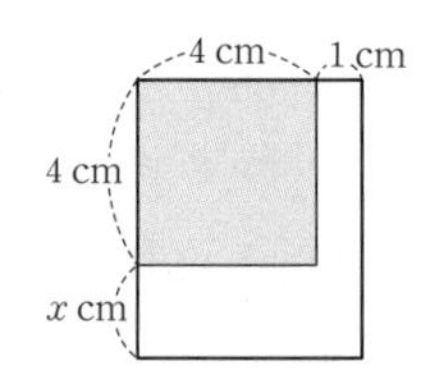

$5\times(\boxed{4+x})=30$ …… ㉠
㉠에서 $20+\boxed{5}x=30$, $\boxed{5}x=10$
따라서 $x=\boxed{2}$

처음 정사각형에서 가로, 세로의 길이를 늘인 직사각형의 넓이는 $(4+1)\times(4+\boxed{2})=30(\text{cm}^2)$로 문제의 뜻에 맞는다.

04 처음 직사각형의 넓이는 $6\times4=24(\text{cm}^2)$

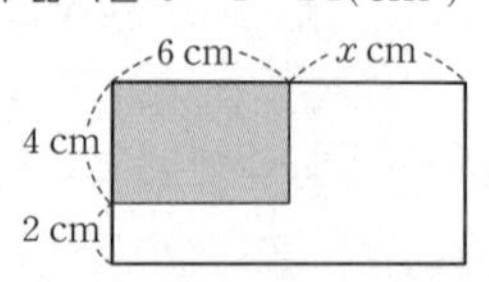

가로의 길이를 x cm, 세로의 길이를 2 cm 늘인 직사각형의 가로의 길이는 $(6+x)$cm, 세로의 길이는 $4+2=6$(cm)이다.
가로와 세로의 길이를 늘인 직사각형의 넓이는 처음 직사각형의 넓이의 3배이므로
$(6+x)\times6=3\times24$, $36+6x=72$, $6x=36$
따라서 $x=6$

처음 직사각형에서 가로, 세로의 길이를 늘인 직사각형의 넓이는 $(6+6)\times(4+2)=72(\text{cm}^2)$로 처음 직사각형의 넓이 24 cm^2의 3배가 되므로 문제의 뜻에 맞는다.

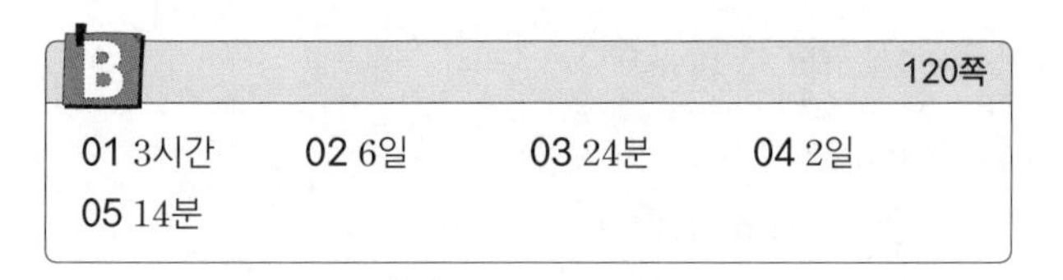

B 120쪽

01 3시간 02 6일 03 24분 04 2일
05 14분

01 전체 일의 양을 1이라 하면 찬혁이와 수현이가 1시간 동안 하는 일의 양은 각각 $\frac{1}{4}$, $\frac{1}{\boxed{12}}$이다.
둘이 함께 이 일을 완성하는 데 x시간이 걸린다고 하면

$\left(\frac{1}{4}+\frac{1}{\boxed{12}}\right)x=1$ …… ㉠

㉠에서 $\frac{1}{\boxed{3}}x=1$, $x=\boxed{3}$

따라서 둘이 함께 이 일을 하면 완성하는 데 $\boxed{3}$시간이 걸린다.

$\left(\frac{1}{4}+\frac{1}{\boxed{12}}\right)\times\boxed{3}=1$이므로 문제의 뜻에 맞는다.

02 전체 일의 양을 1이라 하면 세미와 준희가 하루에 하는 일의 양은 각각 $\frac{1}{10}$, $\frac{1}{15}$이다.

둘이 함께 이 일을 완성하는 데 x일이 걸린다고 하면

$\left(\frac{1}{10}+\frac{1}{15}\right)x=1$, $\frac{1}{6}x=1$, $x=6$

따라서 둘이 함께 이 일을 하면 완성하는 데 6일이 걸린다.

$\left(\frac{1}{10}+\frac{1}{15}\right)\times 6=1$이므로 문제의 뜻에 맞는다.

03 물통에 물을 가득 채웠을 때의 물의 양을 1이라 하면 A, B 호스로 1분 동안 받을 수 있는 물의 양은 각각 $\frac{1}{60}$, $\frac{1}{40}$이다.

A, B 두 호스로 동시에 물을 받을 때, 물통에 물을 가득 채우는 데 걸리는 시간을 x분이라 하면

$\left(\frac{1}{60}+\frac{1}{40}\right)x=1$, $\frac{1}{24}x=1$, $x=24$

따라서 A, B 두 호스로 동시에 물을 받으면 이 물통에 물을 가득 채우는 데 24분이 걸린다.

$\left(\frac{1}{60}+\frac{1}{40}\right)\times 24=1$이므로 문제의 뜻에 맞는다.

04 전체 일의 양을 1이라 하면 수빈이와 민석이가 하루에 하는 일의 양은 각각 $\frac{1}{5}$, $\frac{1}{10}$이다.

둘이 함께 일한 기간을 x일이라 하면

$\frac{1}{5}\times 2+\left(\frac{1}{5}+\frac{1}{10}\right)x=1$, $\frac{2}{5}+\frac{3}{10}x=1$

$\frac{2}{5}+\frac{3}{10}x=1$의 양변에 10을 곱하면

$4+3x=10$, $3x=6$, $x=2$

따라서 둘이 함께 일한 기간은 2일이다.

$\frac{1}{5}\times 2+\left(\frac{1}{5}+\frac{1}{10}\right)\times 2=\frac{2}{5}+\frac{3}{5}=1$이므로 문제의 뜻에 맞는다.

05 물통에 물을 가득 채웠을 때의 물의 양을 1이라 하면 A, B 호스로 1분 동안 받을 수 있는 물의 양은 각각 $\frac{1}{30}$, $\frac{1}{50}$이다.

A 호스로만 물을 받은 시간을 x분이라 하면

$\left(\frac{1}{30}+\frac{1}{50}\right)\times 10+\frac{1}{30}\times x=1$, $\frac{8}{15}+\frac{1}{30}x=1$

$\frac{8}{15}+\frac{1}{30}x=1$의 양변에 30을 곱하면

$16+x=30$, $x=14$

따라서 A 호스로만 물을 받은 시간은 14분이다.

$\left(\frac{1}{30}+\frac{1}{50}\right)\times 10+\frac{1}{30}\times 14=\frac{8}{15}+\frac{7}{15}=1$이므로 문제의 뜻에 맞는다.

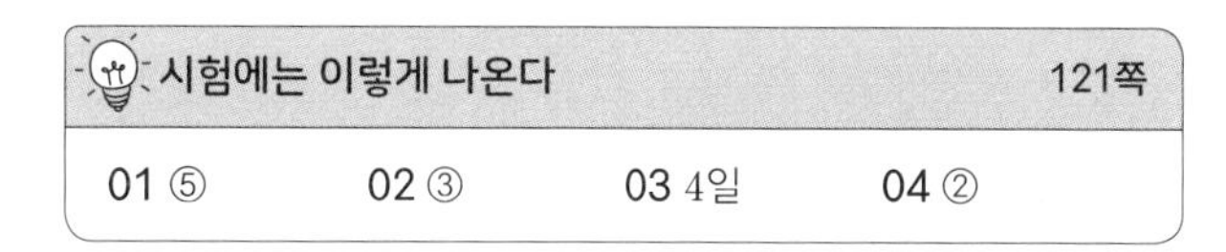

시험에는 이렇게 나온다 121쪽

01 ⑤ 02 ③ 03 4일 04 ②

01 직사각형의 세로의 길이를 x cm라 하면 가로의 길이는 $2x$ cm이므로

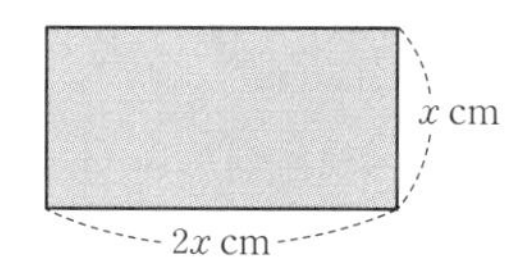

$2\times(2x+x)=24$

$6x=24$, $x=4$

따라서 직사각형의 세로의 길이는 4 cm, 가로의 길이는 8 cm이므로 넓이는

$8\times 4=32(\text{cm}^2)$

02 처음 정사각형의 넓이는

$12\times 12=144(\text{cm}^2)$

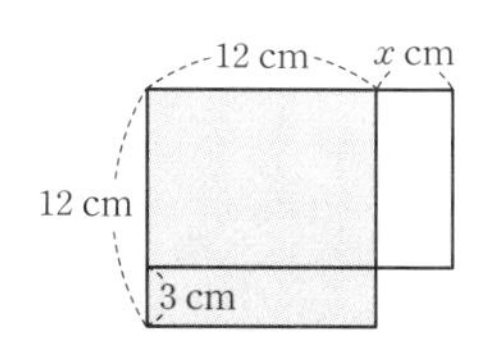

처음 정사각형에서 가로의 길이를 x cm 늘이고, 세로의 길이를 3 cm 줄여서 만든 직사각형의 가로의 길이는 $(12+x)$cm, 세로의 길이는 $12-3=9$(cm)이고 그 넓이가 처음과 같으므로

$(12+x)\times 9=144$, $108+9x=144$, $9x=36$

따라서 $x=4$

03 전체 일의 양을 1이라 하면 A 팀장과 B 사원이 하루에 하는 일의 양은 각각 $\frac{1}{5}$, $\frac{1}{20}$이다.

둘이 함께 이 일을 완성하는 데 x일이 걸린다고 하면

$\left(\frac{1}{5}+\frac{1}{20}\right)x=1$, $\frac{1}{4}x=1$, $x=4$

따라서 둘이 함께 이 일을 하면 완성하는 데 4일이 걸린다.

04 전체 일의 양을 1이라 하면 봄이와 여름이가 1시간 동안 하는 일의 양은 각각 $\frac{1}{20}$, $\frac{1}{30}$이다.

둘이 함께 일한 시간을 x시간이라 하면

$\frac{1}{20}\times 10+\left(\frac{1}{20}+\frac{1}{30}\right)x=1$, $\frac{1}{2}+\frac{1}{12}x=1$

$\frac{1}{2}+\frac{1}{12}x=1$의 양변에 12를 곱하면

$6+x=12$, $x=6$

따라서 둘이 함께 일한 시간은 6시간이다.

22 거리, 속력, 시간에 대한 일차방정식의 활용 (1)

A

123쪽

01 1 km　　02 1 km　　03 2 km

01 집과 도서관 사이의 거리를 x km라 하면

	갈 때	올 때
거리	x km	x km
속력	시속 3 km	시속 6 km
시간	$\frac{x}{3}$시간	$\frac{x}{\boxed{6}}$시간

왕복하는 데 걸린 시간이 총 30분, 즉 $\frac{30}{60}=\frac{1}{2}$(시간)이므로

$\frac{x}{3}+\frac{x}{\boxed{6}}=\frac{1}{2}$ ...... ㉠

㉠의 양변에 분모의 최소공배수인 6을 곱하면

$2x+\boxed{x}=3$, $\boxed{3}x=\boxed{3}$, $x=\boxed{1}$

따라서 집과 도서관 사이의 거리는 $\boxed{1}$ km이다.

집과 도서관 사이를 왕복하는 데 걸린 시간은

$\frac{\boxed{1}}{3}+\frac{\boxed{1}}{6}=\frac{1}{2}$(시간), 즉 30분이므로 문제의 뜻에 맞는다.

02 두 지점 A, B 사이의 거리를 x km라 하면

	갈 때	올 때
거리	x km	x km
속력	시속 2 km	시속 3 km
시간	$\frac{x}{2}$시간	$\frac{x}{3}$시간

왕복하는 데 걸린 시간이 총 50분, 즉 $\frac{50}{60}=\frac{5}{6}$(시간)이므로

$\frac{x}{2}+\frac{x}{3}=\frac{5}{6}$ ...... ㉠

㉠의 양변에 분모의 최소공배수인 6을 곱하면

$3x+2x=5$, $5x=5$, $x=1$

따라서 두 지점 A, B 사이의 거리는 1 km이다.

두 지점 A, B 사이를 왕복하는 데 걸린 시간은

$\frac{1}{2}+\frac{1}{3}=\frac{5}{6}$(시간), 즉 50분이므로 문제의 뜻에 맞는다.

03 올라간 거리를 x km라 하면

	올라갈 때	내려올 때
거리	x km	x km
속력	시속 3 km	시속 4 km
시간	$\frac{x}{3}$시간	$\frac{x}{4}$시간

등산을 하는 데 걸린 시간이 총 1시간 10분, 즉

$1+\frac{10}{60}=1+\frac{1}{6}=\frac{7}{6}$(시간)이므로

$\frac{x}{3}+\frac{x}{4}=\frac{7}{6}$ ...... ㉠

㉠의 양변에 분모의 최소공배수인 12를 곱하면

$4x+3x=14$, $7x=14$, $x=2$

따라서 올라간 거리는 2 km이다.

등산을 하는 데 걸린 시간은 $\frac{2}{3}+\frac{2}{4}=\frac{2}{3}+\frac{1}{2}=\frac{7}{6}$(시간), 즉 1시간 10분이므로 문제의 뜻에 맞는다.

B

124쪽

01 240 m　　02 300 m　　03 4000 m　　04 180 m
05 4 km　　06 150 km　　07 2 km

01 두 지점 A, B 사이의 거리를 x m라 하면

	갈 때	올 때
거리	x m	x m
속력	분속 40 m	분속 60 m
시간	$\frac{x}{40}$분	$\frac{x}{60}$분

왕복하는 데 걸린 시간이 총 10분이므로

$\frac{x}{40}+\frac{x}{60}=10$ ...... ㉠

㉠의 양변에 분모의 최소공배수인 120을 곱하면

$3x+2x=1200$, $5x=1200$, $x=240$

따라서 두 지점 A, B 사이의 거리는 240 m이다.

두 지점 A, B 사이를 왕복하는 데 걸린 시간은

$\frac{240}{40}+\frac{240}{60}=6+4=10$(분)이므로 문제의 뜻에 맞는다.

02 두 지점 A, B 사이의 거리를 x m라 하면

	갈 때	올 때
거리	x m	x m
속력	초속 12 m	초속 15 m
시간	$\frac{x}{12}$초	$\frac{x}{15}$초

왕복하는 데 걸린 시간이 총 45초이므로

$\frac{x}{12}+\frac{x}{15}=45$ ...... ㉠

㉠의 양변에 분모의 최소공배수인 60을 곱하면

$5x+4x=2700$, $9x=2700$, $x=300$

따라서 두 지점 A, B 사이의 거리는 300 m이다.

두 지점 A, B 사이를 왕복하는 데 걸린 시간은

$\frac{300}{12}+\frac{300}{15}=25+20=45$(초)이므로 문제의 뜻에 맞는다.

03 서연이네 집과 도서관 사이의 거리를 x m라 하면

	갈 때	올 때
거리	x m	x m
속력	분속 100 m	분속 200 m
시간	$\frac{x}{100}$분	$\frac{x}{200}$분

왕복하는 데 걸린 시간이 총 1시간, 즉 60분이므로

$\frac{x}{100}+\frac{x}{200}=60$ ...... ㉠

㉠의 양변에 분모의 최소공배수인 200을 곱하면

$2x+x=12000$, $3x=12000$, $x=4000$

따라서 서연이네 집과 도서관 사이의 거리는 4000 m이다.

서연이가 집과 도서관 사이를 왕복하는 데 걸린 시간은

$\frac{4000}{100}+\frac{4000}{200}=40+20=60$(분), 즉 1시간이므로 문제의 뜻에 맞는다.

04 민규네 교실과 교무실 사이의 거리를 x m라 하면

	갈 때	올 때
거리	x m	x m
속력	초속 2 m	초속 3 m
시간	$\frac{x}{2}$초	$\frac{x}{3}$초

왕복하는 데 걸린 시간이 총 2분 30초, 즉

$2\times60+30=150$(초)이므로

$\frac{x}{2}+\frac{x}{3}=150$ ...... ㉠

㉠의 양변에 분모의 최소공배수인 6을 곱하면

$3x+2x=900$, $5x=900$, $x=180$

따라서 민규네 교실과 교무실 사이의 거리는 180 m이다.

민규가 교실과 교무실 사이를 왕복하는 데 걸린 시간은

$\frac{180}{2}+\frac{180}{3}=90+60=150$(초), 즉 2분 30초이므로 문제의 뜻에 맞는다.

05 올라간 거리를 x km라 하면

	올라갈 때	내려올 때
거리	x km	$(x+1)$km
속력	시속 2 km	시속 5 km
시간	$\frac{x}{2}$시간	$\frac{x+1}{5}$시간

등산을 하는 데 걸린 시간이 총 3시간이므로

$\frac{x}{2}+\frac{x+1}{5}=3$ ...... ㉠

㉠의 양변에 분모의 최소공배수인 10을 곱하면

$5x+2(x+1)=30$, $5x+2x+2=30$, $7x=28$, $x=4$

따라서 올라간 거리는 4 km이다.

등산을 하는 데 걸린 시간은 $\frac{4}{2}+\frac{4+1}{5}=2+1=3$(시간)이므로 문제의 뜻에 맞는다.

06 시속 60 km로 간 거리를 x km라 하면

	시속 60 km로 이동	시속 100 km로 이동
거리	x km	$(200-x)$km
속력	시속 60 km	시속 100 km
시간	$\frac{x}{60}$시간	$\frac{200-x}{100}$시간

A 지점에서 B 지점까지 가는 데 총 3시간이 걸렸으므로

$\frac{x}{60}+\frac{200-x}{100}=3$ ...... ㉠

㉠의 양변에 분모의 최소공배수인 300을 곱하면

$5x+3(200-x)=900$, $5x+600-3x=900$, $2x=300$

$x=150$

따라서 시속 60 km로 간 거리는 150 km이다.

A 지점에서 B 지점까지 가는 데 걸린 시간은

$\frac{150}{60}+\frac{200-150}{100}=\frac{5}{2}+\frac{1}{2}=3$(시간)이므로 문제의 뜻에 맞는다.

07 지민이네 집에서 마트까지의 거리를 x km라 하면

	갈 때	올 때
거리	x km	x km
속력	시속 8 km	시속 6 km
시간	$\frac{x}{8}$시간	$\frac{x}{6}$시간

물건을 25분, 즉 $\frac{25}{60}=\frac{5}{12}$(시간) 동안 샀고 마트에 다녀오는 데 총 1시간이 걸렸으므로

$\frac{x}{8}+\frac{5}{12}+\frac{x}{6}=1$ ...... ㉠

㉠의 양변에 분모의 최소공배수인 24를 곱하면

$3x+10+4x=24$, $7x=14$, $x=2$

따라서 지민이네 집에서 마트까지의 거리는 2 km이다.

지민이가 마트에 다녀오는 데 걸린 시간은

$\frac{2}{8}+\frac{5}{12}+\frac{2}{6}=\frac{1}{4}+\frac{5}{12}+\frac{1}{3}=\frac{3+5+4}{12}=1$(시간)이므로 문제의 뜻에 맞는다.

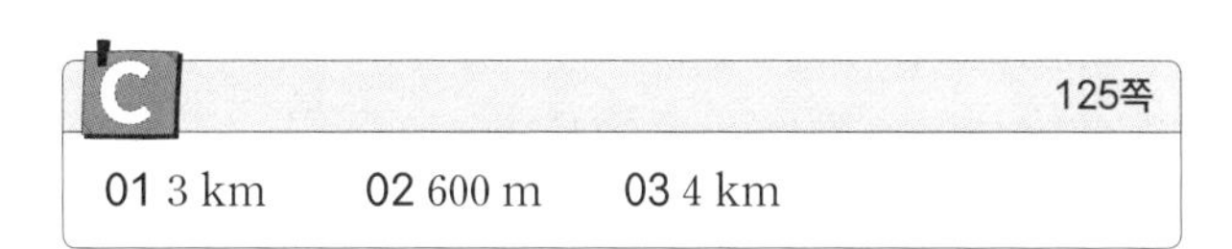

C 125쪽

01 3 km 02 600 m 03 4 km

01 A 지점에서 B 지점까지의 거리를 x km라 하면

	자전거를 타고 갈 때	걸어갈 때
거리	x km	x km
속력	시속 6 km	시속 2 km
시간	$\frac{x}{6}$시간	$\frac{x}{\boxed{2}}$시간

걸어가면 자전거를 타고 가는 것보다 1시간 더 걸리므로

$\frac{x}{\boxed{2}}-\frac{x}{6}=1$ ...... ㉠

㉠의 양변에 분모의 최소공배수인 6을 곱하면

$\boxed{3}x-x=6$, $\boxed{2}x=6$, $x=\boxed{3}$

따라서 A 지점에서 B 지점까지의 거리는 $\boxed{3}$ km이다.

자전거를 타고 가면 $\frac{\boxed{3}}{6}=\frac{1}{2}$(시간), 즉 30분이 걸리고, 걸어

가면 $\frac{3}{2}$시간, 즉 1시간 30분이 걸리므로 문제의 뜻에 맞는다.

02 집에서 약속 장소까지의 거리를 x m라 하면

	분속 60 m로 갈 때	분속 40 m로 갈 때
거리	x m	x m
속력	분속 60 m	분속 40 m
시간	$\frac{x}{60}$분	$\frac{x}{40}$분

분속 40 m로 걸어가면 분속 60 m로 걸어가는 것보다 5분 더 걸리므로

$\frac{x}{40}-\frac{x}{60}=5$ ...... ㉠

㉠의 양변에 분모의 최소공배수인 120을 곱하면

$3x-2x=600$, $x=600$

따라서 집에서 약속 장소까지의 거리는 600 m이다.

집에서 약속 장소까지 분속 60 m로 걸어가면

$\frac{600}{60}=10$(분)이 걸리고, 분속 40 m로 걸어가면

$\frac{600}{40}=15$(분)이 걸리므로 문제의 뜻에 맞는다.

03 올라간 거리를 x km라 하면

	올라갈 때	내려올 때
거리	x km	x km
속력	시속 2 km	시속 3 km
시간	$\frac{x}{2}$시간	$\frac{x}{3}$시간

올라갈 때는 내려올 때보다 40분, 즉 $\frac{40}{60}=\frac{2}{3}$(시간) 더 걸렸으므로

$\frac{x}{2}-\frac{x}{3}=\frac{2}{3}$ ...... ㉠

㉠의 양변에 분모의 최소공배수인 6을 곱하면

$3x-2x=4$, $x=4$

따라서 올라간 거리는 4 km이다.

올라가는 데 걸린 시간은 $\frac{4}{2}=2$(시간), 즉 120분이고, 내려오는 데 걸린 시간은 $\frac{4}{3}$시간, 즉 $\frac{4}{3}\times60=80$(분)이므로 문제의 뜻에 맞는다.

시험에는 이렇게 나온다 126쪽

01 ② 02 ⑤ 03 ④ 04 ③

01 올라간 거리를 x km라 하면

	올라갈 때	내려올 때
거리	x km	$(x+3)$km
속력	시속 3 km	시속 6 km
시간	$\frac{x}{3}$시간	$\frac{x+3}{6}$시간

등산을 하는 데 걸린 시간이 총 3시간이므로

$\frac{x}{3}+\frac{x+3}{6}=3$ ...... ㉠

㉠의 양변에 분모의 최소공배수인 6을 곱하면

$2x+(x+3)=18$, $3x=15$, $x=5$

따라서 올라간 거리는 5 km이다.

02 가을이네 집에서 도서관까지의 거리를 x km라 하면

	갈 때	올 때
거리	x km	x km
속력	시속 6 km	시속 12 km
시간	$\frac{x}{6}$시간	$\frac{x}{12}$시간

책을 1시간 동안 읽었고 도서관에 다녀오는 데 총 2시간 30분, 즉 $2+\frac{30}{60}=2+\frac{1}{2}=\frac{5}{2}$(시간)이 걸렸으므로

$\frac{x}{6}+1+\frac{x}{12}=\frac{5}{2}$ ...... ㉠

㉠의 양변에 분모의 최소공배수인 12를 곱하면

$2x+12+x=30$, $3x=18$, $x=6$

따라서 가을이네 집에서 도서관까지의 거리는 6 km이다.

03 학교에서 편의점까지의 거리를 x m라 하면

	민호	우빈
거리	x m	x m
속력	초속 4 m	초속 5 m
시간	$\frac{x}{4}$초	$\frac{x}{5}$초

민호가 우빈이보다 12초 더 걸렸으므로

$\frac{x}{4}-\frac{x}{5}=12$ ...... ㉠

㉠의 양변에 분모의 최소공배수인 20을 곱하면

$5x-4x=240$, $x=240$

따라서 학교에서 편의점까지의 거리는 240 m이다.

04 집에서 학교까지의 거리를 x m라 하면

	분속 50 m로 갈 때	분속 90 m로 갈 때
거리	x m	x m
속력	분속 50 m	분속 90 m
시간	$\frac{x}{50}$분	$\frac{x}{90}$분

분속 50 m로 걸어가면 분속 90 m로 걸어가는 것보다 16분 더 걸리므로

$\frac{x}{50}-\frac{x}{90}=16$ ...... ㉠

㉠의 양변에 분모의 최소공배수인 450을 곱하면

$9x-5x=7200$, $4x=7200$, $x=1800$

따라서 집에서 학교까지의 거리는 1800 m, 즉 1.8 km이다.

23 거리, 속력, 시간에 대한 일차방정식의 활용 (2)

A 128쪽

01 2분　　02 80초　　03 5분

01 두 사람이 동시에 출발한 지 x분 후에 만난다고 하면

	원영	유진
속력	분속 100 m	분속 50 m
시간	x분	x분
거리	$100x$ m	[$50x$] m

→ $100x+[50]x=300$ ...... ㉠

㉠에서 $[150]x=300$, $x=[2]$

따라서 두 사람은 동시에 출발한 지 [2]분 후에 만난다.

원영이와 유진이가 [2]분 동안 이동하는 거리는 각각

$100\times[2]=200(\text{m})$, $50\times[2]=100(\text{m})$

이므로 그 합이 300 m가 되어 문제의 뜻에 맞는다.

02 두 사람이 동시에 출발한 지 x초 후에 만난다고 하면

	A	B
속력	초속 3 m	초속 4 m
시간	x초	x초
거리	$3x$ m	$4x$ m

→ $3x+4x=560$ ...... ㉠

㉠에서 $7x=560$, $x=80$

따라서 두 사람은 동시에 출발한 지 80초 후에 만난다.

A와 B가 80초 동안 이동하는 거리는 각각

$3\times80=240(\text{m})$, $4\times80=320(\text{m})$

이므로 그 합이 560 m가 되어 문제의 뜻에 맞는다.

03 두 사람이 동시에 출발한 지 x분 후에 만난다고 하면

	진이	지민
속력	분속 250 m	분속 230 m
시간	x분	x분
거리	$250x$ m	$230x$ m

2.4 km=2400 m이므로

$250x+230x=2400$

$480x=2400$, $x=5$

따라서 두 사람은 동시에 출발한 지 5분 후에 만난다.

진이와 지민이가 5분 동안 이동하는 거리는 각각

$250\times5=1250(\text{m})$, $230\times5=1150(\text{m})$

이므로 그 합이 2400 m, 즉 2.4 km가 되어 문제의 뜻에 맞는다.

B 129쪽

01 5분　　02 45초　　03 3분

01 정우가 집에서 출발한 지 x분 후에 찬우를 만날 수 있다고 하면

	정우	찬우
속력	분속 600 m	분속 200 m
시간	x분	$(x+[10])$분
거리	$600x$ m	$200(x+[10])$m

→ $600x=200(x+[10])$ ...... ㉠

㉠에서 $600x=200x+[2000]$, $400x=[2000]$

$x=[5]$

따라서 정우가 집에서 출발한 지 [5]분 후에 찬우를 만날 수 있다.

정우가 [5]분 동안 이동한 거리는 $600\times[5]=3000(\text{m})$,

찬우가 [15]분 동안 이동한 거리는 $200\times[15]=3000(\text{m})$

이므로 문제의 뜻에 맞는다.

02 형이 집에서 출발한 지 x초 후에 동생을 만날 수 있다고 하면

	형	동생
속력	초속 5 m	초속 3 m
시간	x초	$(x+30)$초
거리	$5x$ m	$3(x+30)$m

→ $5x=3(x+30)$ ...... ㉠

㉠에서 $5x=3x+90$, $2x=90$, $x=45$

따라서 형이 집에서 출발한 지 45초 후에 동생을 만날 수 있다.

형이 45초 동안 이동한 거리는 $5\times45=225(\text{m})$,

동생이 $45+30=75$(초) 동안 이동한 거리는 $3\times75=225(\text{m})$

이므로 문제의 뜻에 맞는다.

03 엄마가 집에서 출발한 지 x분 후에 딸을 만날 수 있다고 하면

	엄마	딸
속력	분속 600 m	분속 180 m
시간	x분	$(x+7)$분
거리	$600x$ m	$180(x+7)$m

→ $600x=180(x+7)$ ...... ㉠

㉠에서 $600x=180x+1260$, $420x=1260$, $x=3$

따라서 엄마가 집에서 출발한 지 3분 후에 딸을 만날 수 있다.

엄마가 3분 동안 이동한 거리는 $600\times3=1800(\text{m})$,

딸이 $3+7=10$(분) 동안 이동한 거리는 $180\times10=1800(\text{m})$

이므로 문제의 뜻에 맞는다.

130쪽

01 5분　　02 20초　　03 5분

01 두 사람이 동시에 출발한 지 x분 후에 처음으로 만난다고 하면

	A	B
속력	분속 40 m	분속 60 m
시간	x분	x분
거리	$40x$ m	$60x$ m

두 사람이 걸은 거리의 합이 호수 둘레의 길이인 500 m와 같으므로

$40x+60x=500$ ⋯⋯ ㉠

㉠에서 $100x=500$, $x=5$

따라서 두 사람은 동시에 출발한 지 5분 후에 처음으로 만난다.

A와 B가 5분 동안 이동한 거리는 각각

$40\times5=200(\mathrm{m})$, $60\times5=300(\mathrm{m})$

이므로 그 합이 500 m가 되어 호수 둘레의 길이와 같다. 즉, 문제의 뜻에 맞는다.

02 두 사람이 동시에 출발한 지 x초 후에 처음으로 만난다고 하면

	지안	유진
속력	초속 2 m	초속 3 m
시간	x초	x초
거리	$2x$ m	$3x$ m

두 사람이 뛴 거리의 합이 호수 둘레의 길이인 100 m와 같으므로

$2x+3x=100$, $5x=100$, $x=20$

따라서 두 사람은 동시에 출발한 지 20초 후에 처음으로 만난다.

지안이와 유진이가 20초 동안 이동한 거리는 각각

$2\times20=40(\mathrm{m})$, $3\times20=60(\mathrm{m})$

이므로 그 합이 100 m가 되어 호수 둘레의 길이와 같다. 즉, 문제의 뜻에 맞는다.

03 두 사람이 동시에 출발한 지 x분 후에 처음으로 만난다고 하면

	A	B
속력	분속 200 m	분속 120 m
시간	x분	x분
거리	$200x$ m	$120x$ m

두 사람이 뛴 거리의 차가 트랙 둘레의 길이인 400 m와 같으므로

$200x-120x=400$, $80x=400$, $x=5$

따라서 두 사람은 동시에 출발한 지 5분 후에 처음으로 만난다.

A와 B가 5분 동안 이동한 거리는 각각

$200\times5=1000(\mathrm{m})$, $120\times5=600(\mathrm{m})$

이므로 그 차가 400 m가 되어 트랙 둘레의 길이와 같다. 즉, 문제의 뜻에 맞는다.

시험에는 이렇게 나온다

131쪽

01 ④　　02 ①　　03 ②　　04 ③

01 두 사람이 동시에 출발한 지 x분 후에 만난다고 하면

	선우	민기
속력	분속 300 m	분속 240 m
시간	x분	x분
거리	$300x$ m	$240x$ m

27 km=27000 m이므로

$300x+240x=27000$

$540x=27000$, $x=50$

따라서 두 사람은 동시에 출발한 지 50분 후에 만난다.

02 동생이 집에서 출발한 지 x초 후에 누나를 만날 수 있다고 하면 1분은 60초이므로

	동생	누나
속력	초속 12 m	초속 8 m
시간	x초	$(x+60)$초
거리	$12x$ m	$8(x+60)$m

→ $12x=8(x+60)$ ⋯⋯ ㉠

㉠에서 $12x=8x+480$, $4x=480$, $x=120$

따라서 동생이 집에서 출발한 지 120초, 즉 2분 후에 누나를 만날 수 있다.

03 두 사람이 동시에 출발한 지 x분 후에 처음으로 만난다고 하면

	현수	민수
속력	분속 30 m	분속 50 m
시간	x분	x분
거리	$30x$ m	$50x$ m

두 사람이 걸은 거리의 합이 트랙 둘레의 길이인 400 m와 같으므로

$30x+50x=400$, $80x=400$, $x=5$

따라서 두 사람은 동시에 출발한 지 5분 후에 처음으로 만난다.

04 두 사람이 동시에 출발한 지 x분 후에 처음으로 만난다고 하면

	미란	태윤
속력	분속 250 m	분속 200 m
시간	x분	x분
거리	$250x$ m	$200x$ m

두 사람이 자전거를 탄 거리의 차가 호수 둘레의 길이인 2 km, 즉 2000 m와 같으므로

$250x-200x=2000$, $50x=2000$, $x=40$

따라서 두 사람은 동시에 출발한 지 40분 후에 처음으로 만난다.

24 농도에 대한 일차방정식의 활용

A 133쪽

01 5%　　02 4%　　03 8%　　04 10%
05 25%　　06 20%　　07 3 g　　08 12 g
09 10 g　　10 27 g　　11 30 g　　12 120 g

01 (소금물의 농도)$=\dfrac{5}{100}\times100=5(\%)$

02 (소금물의 농도)$=\dfrac{20}{500}\times100=4(\%)$

03 (소금물의 농도)$=\dfrac{24}{300}\times100=8(\%)$

04 (소금물의 농도)$=\dfrac{10}{90+10}\times100=10(\%)$

05 (소금물의 농도)$=\dfrac{50}{150+50}\times100=25(\%)$

06 (소금물의 농도)$=\dfrac{60}{240+60}\times100=20(\%)$

07 (소금의 양)$=\dfrac{3}{100}\times100=3(\text{g})$

08 (소금의 양)$=\dfrac{12}{100}\times100=12(\text{g})$

09 (소금의 양)$=\dfrac{5}{100}\times200=10(\text{g})$

10 (소금의 양)$=\dfrac{9}{100}\times300=27(\text{g})$

11 (소금의 양)$=\dfrac{20}{100}\times150=30(\text{g})$

12 (소금의 양)$=\dfrac{24}{100}\times500=120(\text{g})$

B 134쪽

01 100 g　　02 50 g　　03 200 g

01 증발시켜야 하는 물의 양을 $x\text{ g}$이라 하면

	3%	4%
소금물의 양(g)	400	$400-\boxed{x}$
소금의 양(g)	$\frac{3}{100}\times400$	$\frac{4}{100}\times(400-\boxed{x})$

물을 증발시켜도 소금의 양은 변하지 않으므로

$\dfrac{3}{100}\times400=\dfrac{4}{100}\times(400-\boxed{x})$　　…… ㉠

㉠의 양변에 100을 곱하면

$1200=1600-\boxed{4}x,\ \boxed{4}x=\boxed{400},\ x=\boxed{100}$

따라서 증발시켜야 하는 물의 양은 $\boxed{100}$ g이다.

3%의 소금물 400 g에 들어 있는 소금의 양이

$\dfrac{3}{100}\times400=12(\text{g})$이므로 물을 $\boxed{100}$ g 증발시키면 소금물의 농도는 $\dfrac{12}{400-\boxed{100}}\times100=\dfrac{12}{300}\times100=4(\%)$가 되어 문제의 뜻에 맞는다.

02 더 넣어야 하는 물의 양을 $x\text{ g}$이라 하면

	5%	4%
소금물의 양(g)	200	$200+x$
소금의 양(g)	$\frac{5}{100}\times200$	$\frac{4}{100}\times(200+x)$

물을 더 넣어도 소금의 양은 변하지 않으므로

$\dfrac{5}{100}\times200=\dfrac{4}{100}\times(200+x)$　　…… ㉠

㉠의 양변에 100을 곱하면

$1000=800+4x,\ -4x=-200,\ x=50$

따라서 더 넣어야 하는 물의 양은 50 g이다.

5%의 소금물 200 g에 들어 있는 소금의 양이

$\dfrac{5}{100}\times200=10(\text{g})$이므로 물을 50 g 더 넣으면 소금물의 농도는 $\dfrac{10}{200+50}\times100=\dfrac{10}{250}\times100=4(\%)$가 되어 문제의 뜻에 맞는다.

03 증발시켜야 하는 물의 양을 $x\text{ g}$이라 하면

	6%	10%
소금물의 양(g)	500	$500-x$
소금의 양(g)	$\frac{6}{100}\times500$	$\frac{10}{100}\times(500-x)$

물을 증발시켜도 소금의 양은 변하지 않으므로

$\dfrac{6}{100}\times500=\dfrac{10}{100}\times(500-x)$　　…… ㉠

㉠의 양변에 100을 곱하면

$3000=5000-10x,\ 10x=2000,\ x=200$

따라서 증발시켜야 하는 물의 양은 200 g이다.

6%의 소금물 500 g에 들어 있는 소금의 양이

$\dfrac{6}{100}\times500=30(\text{g})$이므로 물을 200 g 증발시키면 소금물의 농도는 $\dfrac{30}{500-200}\times100=\dfrac{30}{300}\times100=10(\%)$가 되어 문제의 뜻에 맞는다.

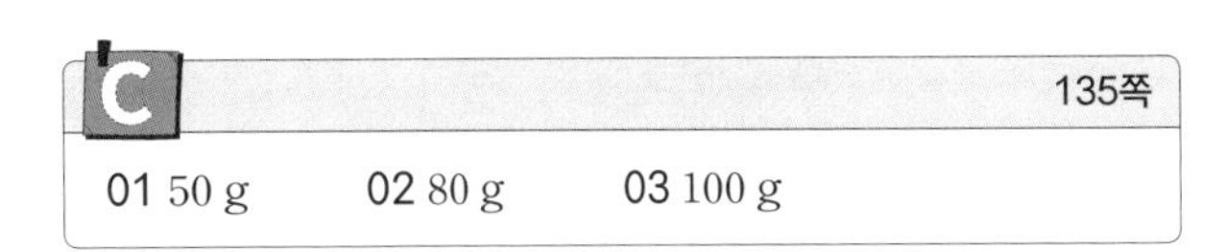

C 135쪽

01 50 g　　02 80 g　　03 100 g

01 소금 $x\text{ g}$을 더 넣는다고 하면

	10%	20%
소금물의 양(g)	400	$400+\boxed{x}$
소금의 양(g)	$\frac{10}{100}\times400$	$\frac{20}{100}\times(400+\boxed{x})$

20 %의 소금물에 들어 있는 소금의 양은 10 %의 소금물에 들어 있는 소금의 양보다 x g만큼 더 많으므로

$\frac{10}{100}\times400+x=\frac{20}{100}\times(400+\boxed{x})$ …… ㉠

㉠의 양변에 100을 곱하면

$4000+100x=8000+\boxed{20}x$, $\boxed{80}x=\boxed{4000}$

$x=\boxed{50}$

따라서 소금 $\boxed{50}$ g을 더 넣으면 된다.

---

10 %의 소금물 400 g에 들어 있는 소금의 양이

$\frac{10}{100}\times400=40(\text{g})$이므로 소금 $\boxed{50}$ g을 더 넣은 소금물의 농도는 $\frac{40+\boxed{50}}{400+\boxed{50}}\times100=\frac{90}{450}\times100=20(\%)$이므로 문제의 뜻에 맞는다.

02 소금 x g을 더 넣는다고 하면

	2 %	30 %
소금물의 양(g)	200	$200+x$
소금의 양(g)	$\frac{2}{100}\times200$	$\frac{30}{100}\times(200+x)$

30 %의 소금물에 들어 있는 소금의 양은 2 %의 소금물에 들어 있는 소금의 양보다 x g만큼 더 많으므로

$\frac{2}{100}\times200+x=\frac{30}{100}\times(200+x)$ …… ㉠

㉠의 양변에 100을 곱하면

$400+100x=6000+30x$, $70x=5600$, $x=80$

따라서 소금 80 g을 더 넣으면 된다.

---

2 %의 소금물 200 g에 들어 있는 소금의 양이

$\frac{2}{100}\times200=4(\text{g})$이므로 소금 80 g을 더 넣은 소금물의 농도는 $\frac{4+80}{200+80}\times100=\frac{84}{280}\times100=30(\%)$이므로 문제의 뜻에 맞는다.

03 소금 x g을 더 넣는다고 하면

	5 %	24 %
소금물의 양(g)	400	$400+x$
소금의 양(g)	$\frac{5}{100}\times400$	$\frac{24}{100}\times(400+x)$

24 %의 소금물에 들어 있는 소금의 양은 5 %의 소금물에 들어 있는 소금의 양보다 x g만큼 더 많으므로

$\frac{5}{100}\times400+x=\frac{24}{100}\times(400+x)$ …… ㉠

㉠의 양변에 100을 곱하면

$2000+100x=9600+24x$, $76x=7600$, $x=100$

따라서 소금 100 g을 더 넣으면 된다.

---

5 %의 소금물 400 g에 들어 있는 소금의 양이

$\frac{5}{100}\times400=20(\text{g})$이므로 소금 100 g을 더 넣은 소금물의 농도는 $\frac{20+100}{400+100}\times100=\frac{120}{500}\times100=24(\%)$이므로 문제의 뜻에 맞는다.

D 136쪽

01 100 g　02 200 g　03 300 g

01 섞은 5 %의 소금물의 양을 x g이라 하면

	2 %	5 %	3 %
소금물의 양(g)	200	x	$200+\boxed{x}$
소금의 양(g)	$\frac{2}{100}\times200$	$\frac{5}{100}\times x$	$\frac{3}{100}\times(200+\boxed{x})$

섞기 전 두 소금물에 들어 있는 소금의 양의 합과 섞은 후 소금물에 들어 있는 소금의 양이 같으므로

$\frac{2}{100}\times200+\frac{5}{100}\times x=\frac{3}{100}\times(200+\boxed{x})$ …… ㉠

㉠의 양변에 100을 곱하면

$400+5x=600+\boxed{3x}$, $\boxed{2}x=200$, $x=\boxed{100}$

따라서 섞은 5 %의 소금물의 양은 $\boxed{100}$ g이다.

---

2 %의 소금물 200 g에 들어 있는 소금의 양은

$\frac{2}{100}\times200=4(\text{g})$, 5 %의 소금물 $\boxed{100}$ g에 들어 있는 소금의 양은 $\frac{5}{100}\times\boxed{100}=5(\text{g})$이므로 이 두 소금물을 섞어서 만든 소금물의 농도는

$\frac{4+5}{200+\boxed{100}}\times100=\frac{9}{300}\times100=3(\%)$가 되어 문제의 뜻에 맞는다.

02 섞은 9 %의 소금물의 양을 x g이라 하면

	6 %	9 %	8 %
소금물의 양(g)	100	x	$100+x$
소금의 양(g)	$\frac{6}{100}\times100$	$\frac{9}{100}\times x$	$\frac{8}{100}\times(100+x)$

섞기 전 두 소금물에 들어 있는 소금의 양의 합과 섞은 후 소금물에 들어 있는 소금의 양이 같으므로

$\frac{6}{100}\times100+\frac{9}{100}\times x=\frac{8}{100}\times(100+x)$ …… ㉠

㉠의 양변에 100을 곱하면

$600+9x=800+8x$, $x=200$

따라서 섞은 9 %의 소금물의 양은 200 g이다.

---

6 %의 소금물 100 g에 들어 있는 소금의 양은

$\frac{6}{100}\times100=6(\text{g})$, 9 %의 소금물 200 g에 들어 있는 소금의 양은 $\frac{9}{100}\times200=18(\text{g})$이므로 이 두 소금물을 섞어서 만든 소금물의 농도는 $\frac{6+18}{100+200}\times100=\frac{24}{300}\times100=8(\%)$가 되어 문제의 뜻에 맞는다.

03 섞은 3 %의 소금물의 양을 x g이라 하면

	3 %	7 %	4 %
소금물의 양(g)	x	100	$x+100$
소금의 양(g)	$\frac{3}{100}\times x$	$\frac{7}{100}\times 100$	$\frac{4}{100}\times(x+100)$

섞기 전 두 소금물에 들어 있는 소금의 양의 합과 섞은 후 소금물에 들어 있는 소금의 양이 같으므로

$\frac{3}{100}\times x+\frac{7}{100}\times 100=\frac{4}{100}\times(x+100)$ ······ ㉠

㉠의 양변에 100을 곱하면

$3x+700=4x+400,\ -x=-300,\ x=300$

따라서 섞은 3 %의 소금물의 양은 300 g이다.

3 %의 소금물 300 g에 들어 있는 소금의 양은 $\frac{3}{100}\times 300=9(\text{g})$, 7 %의 소금물 100 g에 들어 있는 소금의 양은 $\frac{7}{100}\times 100=7(\text{g})$이므로 이 두 소금물을 섞어서 만든 소금물의 농도는 $\frac{9+7}{300+100}\times 100=\frac{16}{400}\times 100=4(\%)$가 되어 문제의 뜻에 맞는다.

시험에는 이렇게 나온다 137쪽

01 ② 02 ① 03 ③ 04 ④

01 증발시켜야 하는 물의 양을 x g이라 하면

	12 %	15 %
소금물의 양(g)	300	$300-x$
소금의 양(g)	$\frac{12}{100}\times 300$	$\frac{15}{100}\times(300-x)$

물을 증발시켜도 소금의 양은 변하지 않으므로

$\frac{12}{100}\times 300=\frac{15}{100}\times(300-x)$ ······ ㉠

㉠의 양변에 100을 곱하면

$3600=4500-15x,\ 15x=900,\ x=60$

따라서 증발시켜야 하는 물의 양은 60 g이다.

02 소금 x g을 더 넣는다고 하면

	4 %	20 %
소금물의 양(g)	200	$200+x$
소금의 양(g)	$\frac{4}{100}\times 200$	$\frac{20}{100}\times(200+x)$

20 %의 소금물에 들어 있는 소금의 양은 4 %의 소금물에 들어 있는 소금의 양보다 x g만큼 더 많으므로

$\frac{4}{100}\times 200+x=\frac{20}{100}\times(200+x)$ ······ ㉠

㉠의 양변에 100을 곱하면

$800+100x=4000+20x,\ 80x=3200,\ x=40$

따라서 소금 40 g을 더 넣으면 된다.

03

	x %	8 %	6 %
소금물의 양(g)	200	300	500
소금의 양(g)	$\frac{x}{100}\times 200$	$\frac{8}{100}\times 300$	$\frac{6}{100}\times 500$

섞기 전 두 소금물에 들어 있는 소금의 양의 합과 섞은 후 소금물에 들어 있는 소금의 양이 같으므로

$\frac{x}{100}\times 200+\frac{8}{100}\times 300=\frac{6}{100}\times 500$

$2x+24=30,\ 2x=6,\ x=3$

04 섞은 4 %의 소금물의 양을 x g이라 하면

	4 %	12 %	6 %
소금물의 양(g)	x	200	$x+200$
소금의 양(g)	$\frac{4}{100}\times x$	$\frac{12}{100}\times 200$	$\frac{6}{100}\times(x+200)$

섞기 전 두 소금물에 들어 있는 소금의 양의 합과 섞은 후 소금물에 들어 있는 소금의 양이 같으므로

$\frac{4}{100}\times x+\frac{12}{100}\times 200=\frac{6}{100}\times(x+200)$ ······ ㉠

㉠의 양변에 100을 곱하면

$4x+2400=6x+1200,\ -2x=-1200,\ x=600$

따라서 섞은 4 %의 소금물의 양은 600 g이다.

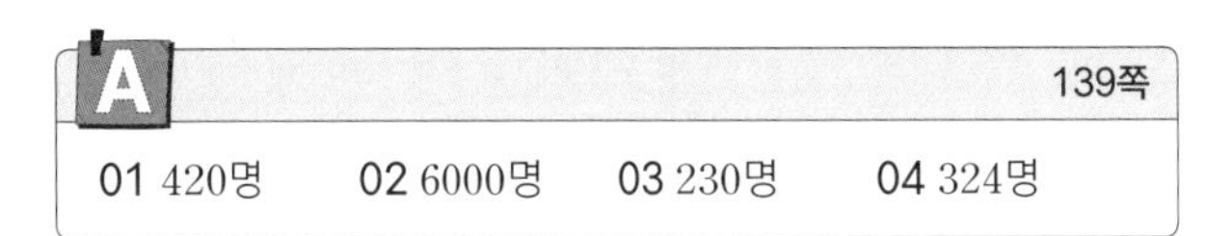

25 증가와 감소, 원가와 정가에 대한 일차방정식의 활용

A 139쪽

01 420명 02 6000명 03 230명 04 324명

01 작년의 남학생 수를 x명이라 하면 작년의 여학생 수는 $(1000-\boxed{x})$명이다.

올해 증가한 남학생	올해 감소한 여학생
$\frac{5}{100}\times x$(명)	$\frac{3}{100}\times(1000-\boxed{x})$(명)

전체 학생 수는 작년보다 2명 증가했으므로

$\frac{5}{100}\times x-\frac{3}{100}\times(1000-\boxed{x})=2$ ······ ㉠

㉠의 양변에 100을 곱하면

$5x-3000+\boxed{3}x=200$

$\boxed{8}x=3200,\ x=\boxed{400}$

따라서 작년의 남학생 수가 $\boxed{400}$명이므로 올해의 남학생 수는

$\boxed{400}+\frac{5}{100}\times\boxed{400}=\boxed{420}$(명)

작년의 여학생 수는 $1000-\boxed{400}=600$(명)이므로 올해의 여학생 수는 $600-\frac{3}{100}\times 600=582$(명)이다.

	남학생	여학생	전체
작년	400명	600명	1000명
올해	420명	582명	1002명

즉, 올해의 전체 학생 수는 작년보다 2명 증가했으므로 문제의 뜻에 맞는다.

02 어제의 구독자 수를 x명이라 하면 25 % 증가한 오늘의 구독자 수가 7500명이므로

$x+\frac{25}{100}\times x=7500$

양변에 100을 곱하면

$100x+25x=750000$, $125x=750000$, $x=6000$

따라서 어제의 구독자 수는 6000명이다.

오늘의 구독자 수는

$6000+\frac{25}{100}\times 6000=6000+1500=7500$(명)

이 되므로 문제의 뜻에 맞는다.

03 작년의 남학생 수를 x명이라 하면 작년의 여학생 수는 $(440-x)$명이다.

올해 증가한 남학생	올해 감소한 여학생
$\frac{15}{100}\times x$(명)	$\frac{10}{100}\times(440-x)$(명)

전체 학생 수는 작년보다 6명 증가했으므로

$\frac{15}{100}\times x-\frac{10}{100}\times(440-x)=6$ …… ㉠

㉠의 양변에 100을 곱하면

$15x-4400+10x=600$

$25x=5000$, $x=200$

따라서 작년의 남학생 수가 200명이므로 올해의 남학생 수는

$200+\frac{15}{100}\times 200=200+30=230$(명)

작년의 여학생 수는 $440-200=240$(명)이므로 올해의 여학생 수는 $240-\frac{10}{100}\times 240=240-24=216$(명)이다.

	남학생	여학생	전체
작년	200명	240명	440명
올해	230명	216명	446명

즉, 올해의 전체 학생 수는 작년보다 6명 증가했으므로 문제의 뜻에 맞는다.

04 작년의 여학생 수를 x명이라 하면 작년의 남학생 수는 $(620-x)$명이다.

올해 증가한 여학생	올해 감소한 남학생
$\frac{8}{100}\times x$(명)	$\frac{10}{100}\times(620-x)$(명)

전체 학생 수는 작년보다 8명 감소했으므로

$\frac{8}{100}\times x-\frac{10}{100}\times(620-x)=-8$ …… ㉠

㉠의 양변에 100을 곱하면

$8x-6200+10x=-800$

$18x=5400$, $x=300$

따라서 작년의 여학생 수가 300명이므로 올해의 여학생 수는

$300+\frac{8}{100}\times 300=300+24=324$(명)

작년의 남학생 수는 $620-300=320$(명)이므로 올해의 남학생 수는 $320-\frac{10}{100}\times 320=320-32=288$(명)이다.

	남학생	여학생	전체
작년	320명	300명	620명
올해	288명	324명	612명

즉, 올해의 전체 학생 수는 작년보다 8명 감소했으므로 문제의 뜻에 맞는다.

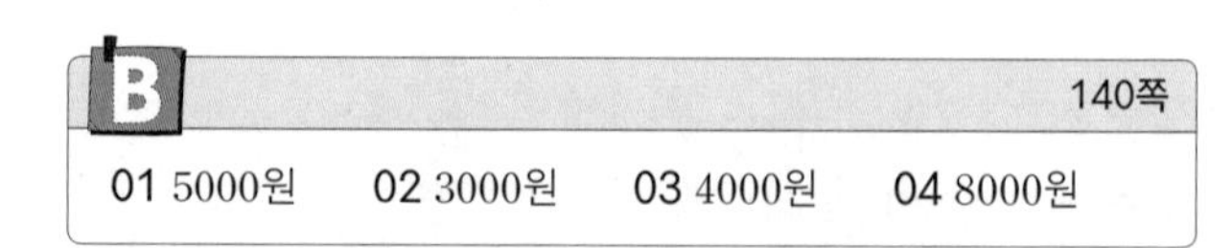

B 140쪽

01 5000원　02 3000원　03 4000원　04 8000원

01 원가를 x원이라 하면 원가에 30 %의 이익을 붙여서 정가를 정했으므로

(정가)$=x+\frac{30}{100}x$(원)

정가에서 600원을 할인하여 판매했으므로

(판매 가격)$=x+\frac{30}{100}x-\boxed{600}$(원)

1개를 팔 때마다 900원의 이익을 얻으므로

(판매 가격)$-$(원가)$=$(이익)에서

$\left(x+\frac{30}{100}x-\boxed{600}\right)-x=\boxed{900}$ …… ㉠

㉠에서 $\frac{30}{100}x=\boxed{1500}$, $x=\boxed{5000}$

따라서 원가는 $\boxed{5000}$원이다.

(정가)$=\boxed{5000}+\frac{30}{100}\times\boxed{5000}=6500$(원),

(판매 가격)$=6500-600=5900$(원)이므로

(이익)$=5900-\boxed{5000}=900$(원)이 되어 문제의 뜻에 맞는다.

02 원가를 x원이라 하면 원가에 40 %의 이익을 붙여서 정가를 정했으므로

(정가)$=x+\frac{40}{100}x$(원)

정가에서 500원을 할인하여 판매했으므로

(판매 가격)$=x+\frac{40}{100}x-500$(원)

1개를 팔 때마다 700원의 이익을 얻으므로

(판매 가격)$-$(원가)$=$(이익)에서

$\left(x+\frac{40}{100}x-500\right)-x=700$

$\frac{40}{100}x=1200$, $x=3000$

따라서 원가는 3000원이다.

$(\text{정가})=3000+\frac{40}{100}\times3000=3000+1200=4200(\text{원})$,

$(\text{판매 가격})=4200-500=3700(\text{원})$이므로

$(\text{이익})=3700-3000=700(\text{원})$이 되어 문제의 뜻에 맞는다.

03 원가를 x원이라 하면 원가에 20 %의 이익을 붙여서 정가를 정했으므로

$(\text{정가})=x+\frac{20}{100}x(\text{원})$

정가에서 600원을 할인하여 판매했으므로

$(\text{판매 가격})=x+\frac{20}{100}x-600(\text{원})$

1개를 팔 때마다 원가의 5%, 즉 $\frac{5}{100}x$원의 이익을 얻으므로

(판매 가격)−(원가)=(이익)에서

$\left(x+\frac{20}{100}x-600\right)-x=\frac{5}{100}x$

$\frac{20}{100}x-600=\frac{5}{100}x$

양변에 100을 곱하면

$20x-60000=5x$, $15x=60000$, $x=4000$

따라서 원가는 4000원이다.

$(\text{정가})=4000+\frac{20}{100}\times4000=4800(\text{원})$,

$(\text{판매 가격})=4800-600=4200(\text{원})$이므로

$(\text{이익})=4200-4000=200(\text{원})$이 되고, 이 값은 원가의 5 %인 $\frac{5}{100}\times4000=200(\text{원})$과 일치하므로 문제의 뜻에 맞는다.

04 정가를 x원이라 하면 정가에서 25 %를 할인하여 판매했으므로

$(\text{판매 가격})=x-\frac{25}{100}x(\text{원})$

1개를 팔 때마다 원가의 20 %, 즉 $\frac{20}{100}\times5000=1000(\text{원})$의 이익을 얻으므로 (판매 가격)−(원가)=(이익)에서

$\left(x-\frac{25}{100}x\right)-5000=1000$

$\frac{75}{100}x=6000$

$x=8000$

따라서 정가는 8000원이다.

$(\text{판매 가격})=8000-\frac{25}{100}\times8000=8000-2000=6000(\text{원})$이므로 $(\text{이익})=6000-5000=1000(\text{원})$이 되고, 이 값은 원가의 20 %인 $\frac{20}{100}\times5000=1000(\text{원})$과 일치하므로 문제의 뜻에 맞는다.

시험에는 이렇게 나온다 141쪽

01 ④ 02 ② 03 ⑤ 04 ①

01 작년의 회원 수를 x명이라 하면 16 % 증가한 올해의 회원 수가 406명이므로

$x+\frac{16}{100}x=406$

양변에 100을 곱하면

$100x+16x=40600$, $116x=40600$, $x=350$

따라서 작년의 회원 수는 350명이다.

02 작년의 남학생 수를 x명이라 하면 작년의 여학생 수는 $(780-x)$명이다.

올해 증가한 남학생	올해 감소한 여학생
$\frac{4}{100}\times x(\text{명})$	$\frac{5}{100}\times(780-x)(\text{명})$

전체 학생 수는 작년보다 3명 감소했으므로

$\frac{4}{100}\times x-\frac{5}{100}\times(780-x)=-3$ …… ㉠

㉠의 양변에 100을 곱하면

$4x-3900+5x=-300$

$9x=3600$, $x=400$

따라서 작년의 남학생 수가 400명이므로 올해의 남학생 수는

$400+\frac{4}{100}\times400=400+16=416(\text{명})$

03 원가를 x원이라 하면 원가에 24 %의 이익을 붙여서 정가를 정했으므로

$(\text{정가})=x+\frac{24}{100}x(\text{원})$

정가에서 3000원을 할인하여 판매했으므로

$(\text{판매 가격})=x+\frac{24}{100}x-3000(\text{원})$

1개를 팔 때마다 1800원의 이익을 얻으므로

(판매 가격)−(원가)=(이익)에서

$\left(x+\frac{24}{100}x-3000\right)-x=1800$

$\frac{24}{100}x=4800$, $x=20000$

따라서 원가는 20000원이다.

04 정가를 x원이라 하면 정가에서 10 %를 할인하여 판매했으므로

$(\text{판매 가격})=x-\frac{10}{100}x(\text{원})$

1개를 팔 때마다 원가의 8 %, 즉 $\frac{8}{100}\times10000=800(\text{원})$의 이익을 얻으므로 (판매 가격)−(원가)=(이익)에서

$\left(x-\frac{10}{100}x\right)-10000=800$

$\frac{90}{100}x=10800$, $x=12000$

따라서 정가는 12000원이다.

MEMO

바빠 중학연산·도형 시리즈

기초 완성용 가장 먼저 풀어야 할 **'허세 없는 기본 문제집'**

교재	**1학기용**(연산 영역)		**2학기용**(도형 영역)
	바빠 중학연산 1권	바빠 중학연산 2권	바빠 중학도형
중1 과정	• 소인수분해 • 정수와 유리수	• 일차방정식 • 그래프와 비례	• 기본 도형과 작도 • 평면도형 • 입체도형 • 통계
중2 과정	• 수와 식의 계산 • 부등식	• 연립방정식 • 함수	• 도형의 성질 • 도형의 닮음 • 피타고라스 정리 • 확률
중3 과정	• 제곱근과 실수 • 다항식의 곱셈 • 인수분해	• 이차방정식 • 이차함수	• 삼각비 • 원의 성질 • 통계

기본을 다지면 더 빠르게 간다!

'바쁜 중2를 위한 빠른 중학연산'

2학년 1학기 과정 | 1권 <수와 식의 계산, 부등식>

2학년 1학기 과정 | 2권 <연립방정식, 함수>

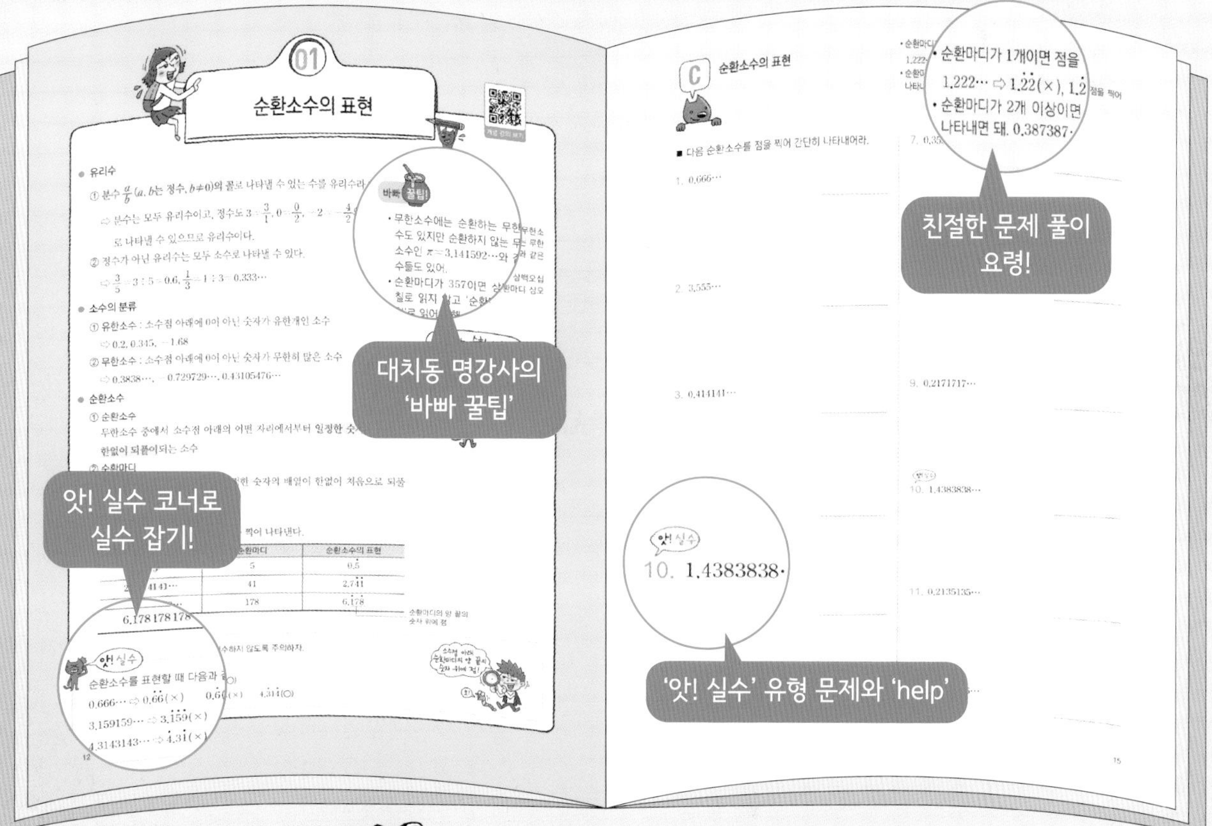

영역별 최다 문제 수록! 기초가 탄탄해져요.